複雑な世界、

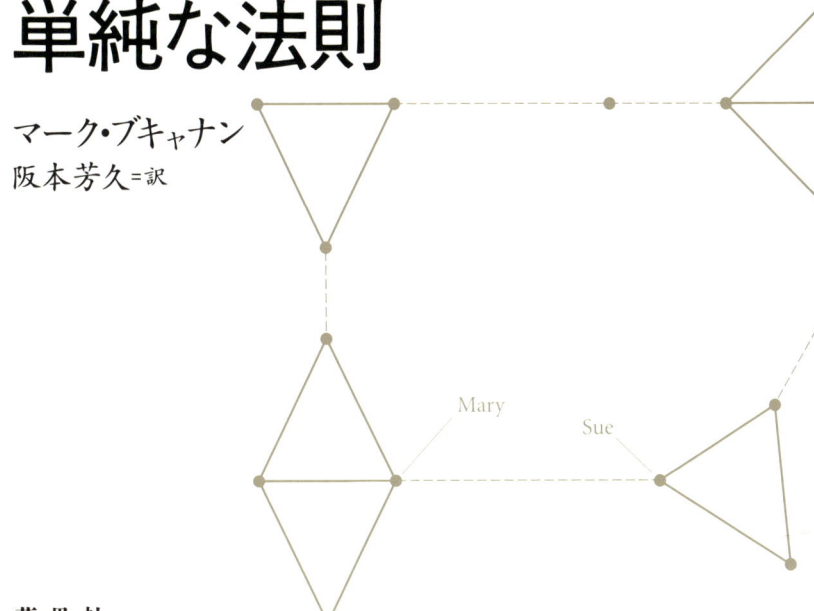

NEXUS: Small Worlds and the Groundbreaking Science of Networks

ネットワーク科学の最前線

単純な法則

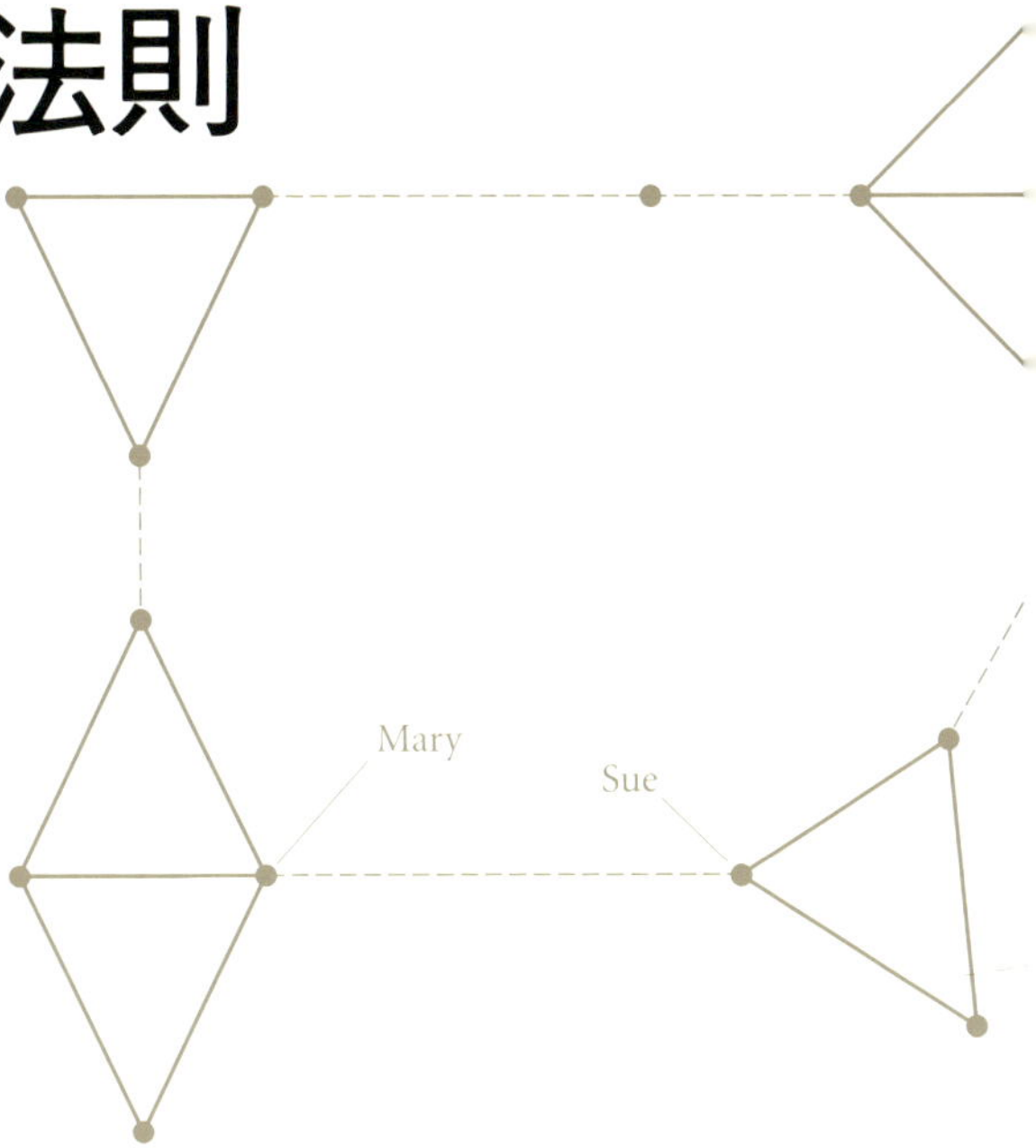

マーク・ブキャナン
阪本芳久＝訳

草思社

Nexus : Small Worlds and the Groundbreaking Science of Networks
by
Mark Buchanan

Originally published by W. W. Norton & Company, Inc., New York
Japanese translation rights arranged with Mark Buchanan c/o The Geramond Agency, Newton,
Massachusetts through Tuttle-Mori Agency, Inc., Tokyo.

複雑な世界、単純な法則　もくじ

第5章　インターネットがしたがう法則

第6章　偶発性が規則性を生みだす

第7章　金持ちほどますます豊かに

第8章　ネットワーク科学の実用的側面

第13章　偶然の一致を越えて

序章

複雑な世界を読み解く新しい方法

石を積み上げて家を作るのと同じように、科学も事実の積み重ねの上に成り立つ。けれども、事実を集めれば科学になるのではない。石を山のように集めても家にならないのと同じことだ。

アンリ・ポアンカレ[1]

意志ある者は法則にしたがうか

四〇年ほど前の冷戦のさなか、哲学者のカール・ポッパーはマルクス主義を批判した『歴史主義の貧困』と題する小冊を著した。ポッパーは歴史主義という言葉を使うことで、カール・マルクスの哲学のように歴史の展開はあらかじめ予測可能だとする思想すべてを取り上げようとした。マルクスが、世界は社会的・政治的な必然の定めとして共産主義に行きつくと主張したことはよく知られている。その生涯にわたって共産主義を憎悪しつづけたポッパーは、マルクスの主張を論破することを目論んでいた。

ポッパーの論法は巧妙であると同時に明快でもあった。まずポッパーは、人間の知識の成長が歴史の進展に影響をおよぼすことはだれもが認めていると言う。一九三〇年代、科学者たちは原子核の基本的な物理学を理解し、人類はそれから間もなく、核兵器の脅威に直面しなければならなくなった。このことからも知識の変化が歴史に影響をおよぼすことは明らかである。同じように、知識がどのように成長するかを予期できないことも確かだとポッパーは言う。なぜなら知識の獲得とは、予測されていない新しい何かを発見することだからである。もしいまの時点で、将来何が発見されるのかを予測できるのであれば、われわれはそれらのことについてすでに知っていることになる。

したがって、知識の変化は歴史の進み方に影響をおよぼすけれども、そのような変化を予知することができないのなら、歴史は予測を超えたものだと言わざるをえない。「歴史の定めを信じるのはまったくの迷信であり……」とポッパーは言う。「科学をはじめとするいかなる合理的な手段をもってしても、人間の歴史がどう展開するかを予測することはできない[2]」。

ポッパーの議論の進め方が理にかなっているかどうかはおくとして、大半の人は彼の結論は受けいれるだろう。人類は六〇億を超える人々の複雑きわまりないネットワークである。一人の人間ですら恐ろしいほど複雑であることを考えれば、集団としての人類の未来がどのようなものになるか予見できなくても、なんら驚くことはない。歴史を記述する方程式がないことは確かだ。実際、物理科学は不変の科学法則で表せる規則性を多数明らかにしているけれども、感情に支配され、何をするか予測できない人間が舞台の中心を占める世界では事情は異なるように思われる。歴史学や経済学から政治科学、心理学にいたるまで、人間の生活と行動を扱うすべての分野を寄せ集めても、物理学や化学の法則のような簡単な少数の法則で要約できる単一のテーマを見つけだすことはできない。

人間の社会に当てはまる数学的な法則があると考えられるだろうか？　可能性を考えることにすら、明らかな不安を覚える人も多いだろう。個人としてのわれわれが重んじるのは、望むがままに思考・行動する自由だ。対照的に数学は、厳密で限定されたものについての思考であり、数学記号の厳格さは知性も魂もない物質の記述にはうってつけだろうが、生命にあふれ活気に満ちた人間の世界にはそぐわない。

それでも、本書で伝えたいことの一つは、人間の社会に数学的な法則と意味あるパターンを発見できるかもしれない、ということなのだ。社会・政治科学者の故ハーバート・サイモンがかつて述べたように、科学の目的は「秩序なき複雑性のうちに意味ある単純性を見いだすこと」である。[3] そしてここ五、六年のあいだに、社会学者、物理学者、生物学者をはじめとするさまざまな分野の科学者たちは、人間社会の営みと、一見それとは関係のないように見えるもの――生体細胞や地球規模の生態系からインターネットや人間の脳にいたるまで――の機能の仕方とのあいだに、多数の予期されなかったつながりが存在することを明らかにしてきた。われわれには自由意志がないとか、カール・ポッパーはまちがっていて、歴史は予測できると言うのではない。けれども、こうした発見から、人間社会に固有の複雑さの多くは、複雑な人間の心理学とは実際にはほとんど関係ないのかもしれないことがうかがえるのは確かだ。事実、意識をもつ存在がなんの役割も演じていない状況でも、同じようなパターンが生じる場合が多いのである。

意外なことに、これらの発見に先鞭をつけたのは純粋な数学分野の研究だった。それがいまや、こうした研究のおかげで、科学のさまざまな分野での長年の問題や人間社会に関する大昔からの謎のいくつかを洞察できるようになっている。

なぜ世間はこんなにも狭いのか

一九九八年冬のある日、ニューヨーク州イサカにあるコーネル大学の数学者、ダンカン・ワッツとスティーヴン・ストロガッツは、ストロガッツの研究室のテーブルを囲んで一枚の紙に点(ドット)を書き込んでいた。そのあと二人は、いくつかの点を線で結び、数学者が「グラフ」と呼ぶ単純なパターンを作りだした。これがまじめな数学だとは思えないかもしれない。たしかに、何かを発見する実り多いやり方には見えない。しかし、二人の数学者はやがて自覚することになるのだが、彼らの点の結び方は実は特別なものであり、それは、いままで数学者のだれ一人として思い描かなかったものだったのだ。点を結んでいるうちに、彼らは偶然にも、これまで見たことのない興味深いグラフに出くわした。

ワッツとストロガッツは、人間社会の興味深い謎の一つを理解しようとするなかで、そのグラフに行き着いたのだった。一九六〇年代、スタンレー・ミルグラムという名のアメリカの心理学者は、人々をコミュニティに結びつけている複雑な人間関係の構図を捉えようとしていた。そのためにミルグラムは、カンザス州とネブラスカ州の住民から何人かをランダムに選び出して手紙を送りつけ、その手紙をボストンにいる彼の友人の株仲買人に転送してほしいと依頼した。ただし、友人の住所は知らせなかった。手紙を転送するにあたっては、それぞれの人の個人的な知り合いで、その株仲買人と社会的に「近い」と思われる人にだけ送るように頼んだ。最終的には、なんと手紙の大半がボストンの友人のもとに届いたのである。けれどもさらに驚かされるのは、手紙が着いた速さだった。手紙の多くは何百回も投函されてではなく、六回前後で着いたのだ。アメリカには何億もの人がおり、そのうえ、ネブラスカもカンザスも社会的にはボストンからかなり隔たっているから、この結果は信じがたいように見える。ミルグラムの発見は有名になり、多くの人が「六次の隔たり」(six degrees of separation) という言葉で口にするようになった。作家のジョン・グエアは近年、同名の舞台劇のなかで、この発想を次のように表現している。「この地球上のだれでも、たった六人分、隔たっているだけなんですって……大統領でもヴェネチアのゴンドラ乗りでも……有名人だけじゃないわ、だれとでもなのよ。ジャングルの住民とも、ティエラ・デル・フエゴの島民とも、エスキモーとも。私は六人の人をたどれば、地球上のだれとでもつながるの。すごい考えでしょ」[4]［日本の劇団俳優座の公演タイトルは『あなたまでの六人』。また映画として公開されたときの邦題は『私に近い六人の他人』］。

すごすぎる考えだが、実際そのとおりになっているらしい。数年前のこと、ドイツのある新聞社がこのおもしろい試みを取り上げ、フランクフルトに住むシシカバブ店のオーナーと彼の大好きな俳優マーロン・ブランドとを結びつけてみようとした。数カ月後、『ディ・ツァイト』紙のスタッフは、二人を結びつけるのに必要な個人的なつきあいのリンク数は六本でいいことを発見した。イラクからの移民で、サラー・ベン・ガールンという名のシシカバブ店のオーナーには、カリフォルニア在住の友人がいた。たまたま、その友人はある女性のボーイフレンドといっしょに働いていた。そしてその女性は、ブランドが出演した映画『ドンファン』のプロデューサーの娘と大学の女子学生クラブで先輩後輩の仲だったのだ。とまどいを覚えるかもしれないが、六次の隔りはまぎれもなく社会的世界（social world）の特徴の一つであり、より注意深くおこなわれた社会学の研究からは、六次の隔たりが特別な場合だけでなく一般的にも成り立つことを示す有力な証拠が得られている。しかし、どうして六次の隔たりが現実のものとなっているのだろうか？　どのようにすれば六〇億の人々をこれほど緊密に結びつけることができるのだろうか？

ワッツとストロガッツが取り組んでいたのはそうした疑問だった。人々を点で表し、知人とのつながりは点と点とを結ぶ線だと考えれば、社会的世界は一つのグラフになる。そこでワッツとストロガッツは何カ月ものあいだ、さまざまなパターンで点と点とを結んでは、ありとあらゆる種類のグラフを描いてみた。六〇億の人々がきわめて緊密につながっているためにはどうなっていればいいのか。それを明らかにする特異なパターンが見つかるのではないかと考えたのである。点を描いてからでたらめにつないでランダム・グラフも作ってみたが、この場合、グラフはどれもめちゃくちゃな点つなぎゲームのようになってしまった。結局のところ、規則的なグラフとランダム・グラフのどちらも、現実の社会のネットワークの特徴をとらえているようには見えなかった。なぜ世界は狭いのかという謎は、研究者たちの挑戦を跳ねかえしつづけた。

けれども、とうとう一九九八年冬のあの日、二人の研究者は偶然、特異なグラフに行きあたった。彼らが発見した点と点とのつなぎ方は規則的なものでもランダムなものでもなく、両者の中間とでもいうべき微妙なもので、混沌（カオス）と秩序とが拮抗して混在する独特のパターンになっていた。以後数週間、ワッツとストロガッツはこのいっぷう変わったグラフをさまざまに変形させて思案を重ね、このグラフは、六〇億の人々がわずか六本のリンクでつながってしまうのはなぜかを明らかにする鍵を握っていることに気づいたのである。

本書では、こうした驚くべき「狭い世界(スモールワールド)」のグラフをさらに詳しく調べ、スモールワールドがどのようにマジックを使うのかを細かく見ていこうと思う。しかし、好奇心をそそられるこの数学的構造は、さらに重要な発見の序曲でしかない。社会のネットワークはどこが他の種類のネットワークとちがうのかを知りたいと思ったワッツとストロガッツは、アメリカの電力網と線形動物におけるニューロンのネットワークの研究に取りかかった。線形動物はきわめて単純なつくりの動物で、そのため一九八〇年代には生物学者によってすべての神経系を図に示すことが可能になっていた。アメリカの電力網は人間が計画して形作ったものであり、一方、線形動物の神経系は進化の産物である。そうしたちがいがあるにもかかわらず、これらのネットワークも社会的世界の場合と同じく、ほぼ完全に同一のスモールワールドの構造になっていることが明らかになった。理由はわからないものの、ワッツとストロガッツのいっぷう変わったグラフは、われわれの世界の奥深くにある組織化の原理を示しているように見えたのだ。

ワッツとストロガッツが最初に自分たちの発見を発表してから数年のうちに、他の数学者、物理学者、コンピューター科学者による研究が爆発的に数を増し、この世界に存在する他のネットワークの多くでも非常によく似た構造が発見された。社会のネットワークの構造は、ハイパーテキスト・リンクでつながったウェブページで構成されるワールド・ワイド・ウェブ（WWW）とほぼ同一であることもわかった。社会のネットワークもワールド・ワイド・ウェブのネットワークも、その根底においては、あらゆる生態系の食物網や国の経済活動の基盤をなす企業間ネットワークと同じ構造上の特徴をもっている。さらに、信じられないかもしれないが、これらのネットワークはすべて、人間の脳内のニューロンをつないでいるネットワークや生体細胞内で相互作用をしている分子群のネットワークともまったく同じ組織的構造をもっている。

こうした発見によって、本書の焦点でもある「ネットワークについての新たな科学の可能性」が開かれようとしている。意外にも、物理的な世界でも人間の世界でも、まったく同じ設計原理(デザイン)が作用しているらしい。さまざまなネットワークは、それぞれ異なる状況のもとでまったく異なる要求を満たすべく発達してきたのに、構造に関してはほぼ同一であることが明らかになっている。どうしてなのだろうか？ ネットワークを新たな理論的視点から眺めることが、この問いに答える一助となる。また、この視点に立つことで、ほとんどあらゆる分野の研究者が、それぞれの分野のきわめて難解で重要な問題に取り組めるようになりつつある。

何世紀ものあいだ科学者たちは自然をバラバラにし、それぞれの要素をますます詳細に分析してきた。しかし、現在ではほとんど指摘するまでもないことだが、「還元」というこの過程では、あるところから先の理解がほとんど得られない場合もある。たとえば、一個の水の分子について知りたいことをすべて学んだとしても、水の分子の集団が摂氏一度では液体になり、マイナス一度では固体になることは、まったく想像もつかないだろう。突然生じるこの状態の変化には、分子そのものの変化はいっさい伴っていない。分子間の相互作用のネットワークが作る繊細な組織的構造が変わることで生じるのだ。生態系や経済の場合も同じような特徴がある。個々の種や個々の経済活動の主体レベルでの知識がどれだけあっても、現実に集団としての機能を生み出している組織的構造のパターンがわかるなど望むべくもない。いま、きわめて興味深い問題や急を要する問題では、ほとんど例外なく、ネットワークの組織的構造の解明に努力が集中されている。困惑を覚えるほど複雑なネットワークがもつ、繊細で入り組んだ構造を明らかにしようというのである。

オットセイが減れば魚が増えるというのはほんとうか

二〇〇一年二月、研究者たちの国際的な協力で進められていたヒトゲノムの「ドラフトシーケンス（おおまかな配列）」の調査が完了したと発表された。これで、ヒトのDNA中の遺伝子情報について、かなり完璧な地図が完成したことになる。この偉業は、人間がかかる病気の解明にすばらしい前進をもたらす引き金となるだろうが、ゲノムは実際には、何がわれわれをヒトたらしめているのかを知るための一歩でしかない。意外にも、ヒトゲノム計画によって、われわれヒトの遺伝子は約三万三〇〇〇であり、これまで考えられていた約一〇万には遠くおよばないことが明らかになった。この発見がとりわけ不可解に見えるのは、植物のなかには約二万五〇〇〇の遺伝子をもつものがあるからだ。人間はそうあってほしいと願っているほど複雑精妙なものではないのか、あるいは生物の複雑さを決めるのはたんに遺伝子の数ではないかの、いずれかだということになる。

遺伝子にはタンパク質と呼ばれる分子を作るための指令が含まれているのであって、肝臓も心臓も脳も遺伝子そのものでできているのではない。そして、何万もの異なるタンパク質は一種の網構造（ウェブ）のように互いに関係をもっている。各タンパク質はそのなかで固有の位置を占め、どれもが複雑な道筋で相互作用をしている。[5] われわれに命を吹きこんでいるのものは何か、そしてとりわけ何がわれわれを植物から区別しているのかを理解するには、タンパク質が作る広大なネットワーク構造を洞察しなければならないだろう。人間が複雑で精妙なのは、タンパク質のどれかのせいではなく、タンパク質のネットワーク全体が精巧に設計されているからなのである。

生態学の領域でも、研究者たちは同じようにうんざりするほど複雑なネットワークを扱うという困難な戦いに直面している。一例をあげれば、南アフリカの水産業者たちはこれまでずっと、西海岸のオットセイ（ミナミアフリカオットセイ）を間引けば、代表的な商業漁獲種であるメルルーサの数は増えると主張してきた。オットセイはメルルーサを捕食するから、水産業者たちの言い分には、残忍とはいえ道理があるように見える。だが状況はそんなに単純なものではない。オットセイとメルルーサは、計りしれないほど複雑な食物網を構成している多数の生物のうちの二種である（図1）。そして、生態系へのいかなる干渉も、その影響を一部分だけにとどめておくことはできない。カナダのグエルフ大学の生態学者ピーター・ヨジスは、オットセイの数が変化すればメルルーサの個体数に影響を与えるだろうが、その影響は両者のあいだにいる多数の種を経由するから、そのドミノ倒しのような因果の道筋は二億二五〇〇万通りを超すだろうと推測している。[6] オットセイを間引けばメルルーサは増えるのだろうか？　現時点では知識に基づいた大胆な推論さえできない。もしも水産業者がオットセイを大量に殺戮すれば、メルルーサは以前より減ってしまうかもしれないのだ。

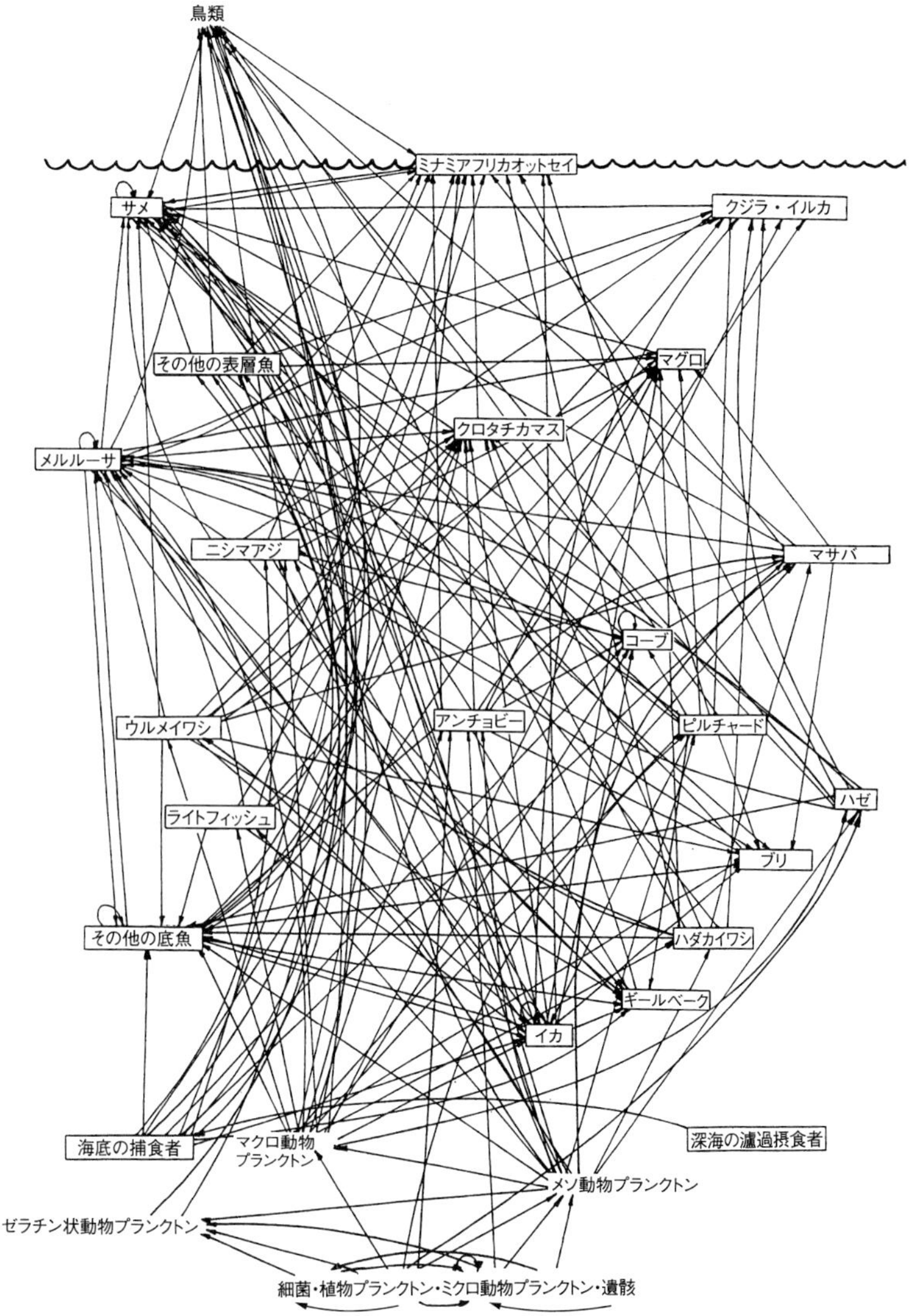

図１　南アフリカ西岸の沖合、ベンゲラ生態系の食物網の一部。

オットセイとメルルーサをつないでいるネットワークは、地球の生態系の途方もない複雑さを示す一例にすぎない。もちろんこれ以外にも、知識がないためにほんとうに破滅的な結果がもたらされてしまう場合がありうる。大量絶滅という大事件は地質時代の歴史を通じて少なくとも五回あり、そのさいには地球上の全種の五〇パーセント以上が突然、姿を消してしまった。最近では、現在は六度目の大量絶滅のさなかにあり、今回の大量絶滅の引き金となったのは人間が地球環境をひどくかき乱したことだと示唆する科学者もいる。そのような痛ましいシナリオの可能性を判定し、どうすれば回避できるかを学ぶために、科学者たちには複雑なネットワークの働きをいま以上に理解することが求められている。

原因と結果が織りなす複雑な網構造（ウェブ）に対する理解は、社会的世界についても悲しいくらい欠けている。経済学を例にしてみよう。世界のどの国でも、人々のあいだの富の分布は明らかにいびつで、富の大半をごく少数のグループが所有している。この基本的な事実は一〇〇年以上も前から知られていた。これは何が原因なのか？　資本主義経済の原理には、そのような富の集中をもたらす何かが深く根づいているのだろうか？　それとも人間の性質にかかわりがあるのだろうか？　富の分布は、人々の蓄財能力の分布を反映しているのだろうか？　政治信条を異にする経済学者たちは、いろいろな見解を支持して声高く感情的に論じているけれども、正統とされる経済学の理論はこの問題にはほとんど口を出せないでいる。たとえ経済を「進化する複雑なネットワーク」として理解しようとしても、経済学理論にはそのための手だては何もなく、したがって、現実の経済でもっとも普遍的に見られ、社会的にも重要なこの富の偏在という事実を説明することができない。

経済学者や生態学者、生物学者たちに必要なのが、複雑に絡み合ったネットワークの構造と働きを洞察するための手だてであることは明らかだ。ネットワークがどんな要素から構成されているかにかかわりなく、なんらかの理解を与えてくれる理論が求められている。幸いというか、たぶん驚くべきことなのだろうが、そうした方向性と一致する理論がいま姿を現しつつあるように思われる。

歴史上初めて科学者が手に入れた「方法」

ネットワークの研究は、「複雑性の理論」と呼ばれる科学の広範な領域の一部である。抽象的な見方をすれば、相互作用をする要素——原子、分子から細菌、歩行者、株式市場のトレーダー、さらには国家まで——の集合体はいずれも一種の物質になる。何からできているかにかかわらず、こうした物質には形態に関するある種の法則が当てはまるのだ。複雑性の理論が目指しているのは、その法則を明らかにすることである。複雑さに関する普遍的な科学の探究は夢物語だとばかにする科学者もいるが、本書の核心をなす考え方を知れば、複雑性の理論にはしっかりした根拠をもつ固有の原理があることがわかる。われわれの世界のもっとも深遠な真理は、どのような種類のものが世界を作り、それぞれがどのように振舞うかではなく、実は組織的構造に関する真理であるということになるかもしれない。スモールワールドという考え方は、形態の科学における最新のもっとも重要な発見の一つだが、この科学の起源は古代にまでさかのぼる。

ギリシアの哲学者プラトンにとって、完全無比の形相（フォルム）の世界は、触知できるあらゆる現実の物体の背後に存在した。プラトンによれば、あらゆる「正しい思考」の目的は、欠陥のある不完全な物理的現実の現れによって道を惑わされることなく、それらの形相を知ることだった。ドイツの哲学者イマヌエル・カントも、外見の背後にはさらに深遠な実在が隠れていると考えていた。カントが指摘したのは、あらゆる物理的物体の背後にあって触ることのできない一種の本質、すなわち「物自体(Ding an sich)」の実在である。姿を現しつつあるネットワーク理論、そしてもっと一般的に複雑性の理論に見られる一つの考え方は、哲学ではなく数学や実験科学に基礎をおいているとはいえ、こうした観念に精神的な類縁性をもっている。

歴史上いま初めて、科学者たちは、あらゆる種類のネットワークの構造について有意義に論じる方法を学びはじめ、以前は何も見つけることができなかったところにも重要なパターンと規則性が存在することに気づきだした。そのことを理解しただけで、いくつかの注目すべき洞察がもたらされている。なぜ富の大半はつねに、最後は少数のもっとも富める者の懐に入るのか？　あとで見るように、経済学のこの古くからの謎にはきわめて簡単な答えがある。その答えは経済学の理論とはほとんど関係なく、すべてネットワークの基本的な働きに関係しているのだ。なぜワールド・ワイド・ウェブはあれほど効率的に機能し、ごくまれにしかクラッシュしないのだろうか？　分子レベルでさまざまな手ちがいやミスが起きているにもかかわらず、生体細胞はなぜ生きていくことができるのだろうか？ネットワークの視点に立てば、これらの疑問に対する重要なヒントがたちどころに見えてくる。企業における業務のネットワークをどのように組織すれば同じような効率的な設計原理を利用できるかについても、同じことが言える。

ダンカン・ワッツとスティーヴン・ストロガッツが最初に発見したスモールワールド・ネットワークだけでなく、これとよく似た別種のネットワークも、自然界と人間社会のいずれにも広く存在しているらしい。ワールド・ワイド・ウェブのページ数はいまでは優に一〇億を超えているが、それでも、あるページから別のページに行くのに何時間もかかりはしない。ふつうは数回のクリックで十分だ。これは、地球上のどんな二人であろうと、仲立ちをするのには六人が手を握ればいいのとまったく同じ理由からなのである。あとの章で見るように、これらのネットワークの構造にはいわば固有の知性のようなものがあり、ネットワークの構造はあたかも聖なる建築家の手によって見事に作られ整えられたかのようだ。科学者たちはいま、この知性が何に由来し、どうして自然に生じるのか、そしてとりわけ重要なことだが、そこからどのように学べばいいのかについて、ようやく理解しはじめたにすぎない。

公平を期すために言っておけば、姿を現しつつあるネットワークの科学は、まだ先にあげたような難問のすべてに答えられるわけではない。ある生物が絶滅してしまうと生態系の他の生物にどのように影響がおよぶのか、どうすれば経済が後退するのを防ぐことができるのか、なぜ三万の遺伝子をもつ人間は二万五〇〇〇の遺伝子をもつ植物よりはるかに複雑なのか。これらの謎は何年も解明されないままかもしれない。けれども、ネットワークの科学は少なくとも、こうした疑問の解明への道に希望のもてる出発点を与えてくれる。

私は前著『歴史の方程式——科学は大事件を予知できるか』で、形をとりつつあるネットワークの科学の別の側面をいくつか考察した。近年の数学に基づく考え方は、地震や株式相場の暴落、大規模な軍事衝突にいたるまで、大きな混乱をもたらすあらゆる種類の事件の背後に一つの論理的枠組みが存在する可能性を示している。ここ一〇年間になされた発見から、経済、政治組織、生態系など世界の非常に重要なネットワークのほとんどは、例外なく、不安定さと混乱をもたらす激変に転落する崖っぷちのところで平衡を保っていることがうかがわれるのだ。したがって、一見すると説明できそうもない激変によって歴史の流れがしばしば区切られてしまうのは必然であり、それは自然の普遍的な法則に類似したものなのである。

これが歴史の性質についての理論的な要点である。つまり、相対的に静謐で変化もゆっくり進行する時期が長くつづくとはいえ、そのような時代は、社会および政治の風景をすみずみまで一変させてしまう途方もなく大きな事件によって途切れてしまうと考えるべきなのだ。この問題の具体的な例は、テロリストによる二〇〇一年九月一一日の攻撃と、その後の一連の出来事である。事件の一年ほど前、少なくともアメリカ人の大半が思い描いていたのは、豊かで平和な未来だった。高度な技術が経済に拍車をかけ、世界じゅうに民主主義が圧倒的に行きわたり、人類を何か歴史の目的のようなものへと導く、そんな未来である。夕方のニュースは、消費支出とかインターネット関連株の動向、マイクロソフト社の命運といった話題に集中していた。世界規模でのテロや炭疽菌、特殊部隊による奇襲、B52戦略爆撃機などは、何にもまして遠いことのように思われた。しかし、いつもそうだったように、歴史は唐突でしかも大きな混乱をもたらす展開の仕方をする。カール・ポッパーが論じたように、歴史はたんなる新たな経験ではなく、恐ろしいほど大きなかたまりになって不意にやってくる新たな経験なのだ。

九月一一日のテロ攻撃以降、われわれは、西側世界が闘っているのは「テロリスト集団のネットワーク」であり、このネットワークには階層性に基づく命令構造はなく、世界じゅうに分布しているとごくふつうに考えるようになった。インターネットの人間版とでも言えそうなテロのネットワークは有機的な構造をもち、そのためきわめて攻撃を受けにくくなっている。アメリカが軍事面で精力を注いだ主たる焦点はウサマ・ビン・ラディン（少なくとも二〇〇一年の一一月の時点では）だが、一人の人物が中心になっていると見るのは幻想かもしれない。イギリスのケンブリッジ大学国際研究センターのジョージ・ジョフィーによれば、ビン・ラディンのグループはむしろ、エジプト、アルジェリア、ソマリア、イエメン、サウジアラビア、フィリピンなどの国々に散らばっている他の「イスラム主義グループに、資金、訓練、物資援助を与える一種の集配センターとしての役割をしている」[7]。ビン・ラディンを拘束したり殺害したりすれば、テロリストのネットワークの能力に相当な制約を課すことになるかもしれないが、ほとんど影響を与えない可能性もある。

ホワイトハウスが打ちだしたスローガンは、アメリカは「これまでとは異なる種類の戦争」に直面している、というものだった。相手にしているのは雲のような敵、悪魔のような連中が作る正体不明のネットワークであり、どこにもいると同時にどこにも存在しない敵である、というのだ。これは当たっているかもしれないが、地域性がないという性質は、テロ組織のネットワークに特有のものではない。長いあいだ君臨してきた伝統的な民族国家は、テロ組織だけでなく、株主の利益にしか忠誠を示さない世界企業の脅威にもさらされているのであり、こう認識することが国際政治を理解するうえでますます重要になってきている。コンピューター・ネットワークやインターネットは、テロ組織や世界企業などのネットワークに基盤をおく勢力が世界的規模での協調した動きを容易にとれるようにすることで、世界の秩序に大きな変化をもたらしている。

ネットワーク理論で明らかになる事実を利用すれば、テロリストのネットワークを有効な手段で攻撃できるようになると言うのはばかげているかもしれない。けれども、テロリスト自身は明らかにわれわれのネットワークを使ってわれわれに敵対しているのだから、皮肉と言うしかない。悪名高きビン・ラディンはアフガニスタンがソ連と戦っているころ、ＣＩＡから軍事訓練と広範な資金援助を受けていて、彼と仲間たちは親愛をこめて「自由の戦士」と呼ばれていた。アメリカの納税者の金は、米軍の爆弾が破壊したテロリスト養成キャンプの建設を手助けしたのだ。また別の次元では、他のテロリストたちは、現代世界を支えているネットワークの中心部に攻撃を加えている。炭疽菌の付いた手紙がこっそり忍び寄った郵便事業とは異なり、ここにはわれわれを互いに結びつけているものは何もない。九月一一日の最初の攻撃で利用されたのは航空輸送網だったが、この攻撃はインターネット上での間接的な金融取引と通信によって組織された。このように協調して力を集中させることは、一〇年前だったらはるかに困難だったろう。

こうした理由からネットワークは話題になっているのであり、それはたぶんこれからも変わることはないだろう。われわれの世界を理解するには、この「ネットワーク」という言葉で考えはじめなければならない。本書では、世界のきわめて重要な多数のネットワークのみならず、いくつかの重大な疑問にも焦点を当てている。世界の生態系の健全さにとってどの種が決定的に重要なのか？　エイズをはじめとする病気の流行と闘うにはどんな戦略がもっとも有効なのか？　企業の情報収集能力を向上させるためには、社会のネットワーク構造をどのように利用すればいいのか？　そして、電話網、電力網からインターネットにいたるまで、われわれが依存しているネットワークを守る最善の方法は何か？　こうした問いをはじめとする多くの疑問に対して、いま姿を現しつつあるネットワークの科学は、より根元的な見方を与えてくれる。われわれの世界で「つながり」というものがどれほど決定的な重要性をもっているかを教えてくれるのだ。

第1章

「奇妙な縁」はそれほど奇妙ではない

数学史は……歴史家や数学者をはじめ、教育を受けた人々の「教養」からは抜けおちていることが多い。……虹を賞賛するように、数学を賞賛するのはかまわない。だが、特に知識人のあいだでは実生活や儀礼的な会話からは遠ざけるべき話題だ。

イヴォール・グラッタン＝ギネス[1]

知り合いの知り合いに出会う頻度

一九九八年の春、ロンドンにある『ネイチャー』誌の編集室は、通常とはやや性格を異にする草稿を受け取った。『ネイチャー』は地球温暖化や人間の遺伝子をはじめ、人類の未来に広範な影響を与える多くの領域について、最新の科学研究成果を掲載する世界第一級の雑誌である。けれどもこの論考は、「いつもの」話題を何ひとつ扱っていなかった。ニューヨーク州イサカのコーネル大学に籍をおく二人の数学者が送ってきた論考は、数式が皆無に近く、とうてい数学者による研究には見えなかった。数値が出てくるのは、過去五〇年間に俳優のだれとだれが同じ映画で共演したかなど、いっぷう変わったいくつかのテーマについてデータを提示している表だけだった。

「『スモールワールド・ネットワーク』における集団力学」と題されたその論考には、奇妙な円形の図形もいくつか含まれていた。その図形は円環状に並べられた多数の点（ドット）が互いに曲線で結ばれ、装飾用の壁紙やレース地、あるいは一三世紀の錬金術の本に見られるようなパターンにそっくりだった。けれども、この論考はけっして喰わせものではなかった。論題はまじめなもので、すぐに編集部の注目を引くところとなり、数カ月後に掲載された。[2] 二人の数学者、ダンカン・ワッツとスティーヴン・ストロガッツは、古くからの謎、狭い世界（スモールワールド）の不思議な現象とでも呼べるものを、数学的にどう説明するかを明らかにしたのである。

われわれはいろいろな機会に世界が狭いことを経験している。デンヴァーからニューヨークへ向かう飛行機であなたの隣の席に座った男性が、四〇年前に父親の同級生だったとか、休日のパリで女性と話を始めたら、彼女はあなたの妹の親友といっしょにアイダホ州のボイシで暮らしていることがわかったとか、こうした話ならだれもが提供できるだろう。私にも経験がある。私は『ネイチャー』誌の編集に携わるため、数年前にアメリカからロンドンへ赴いた。渡英後数週間して、友人の何人かとパーティーに出席した。出席者の大半はイギリス人だったが、たまたま、私より数年前にアメリカから来ていた男性の隣に座ることになった。出身はどこか聞いてみると、意外にも、私が住んでいたのと同じヴァージニアだった。ヴァージニアのどちらですか、と尋ねると、驚いたことに、シャーロッツヴィルからだという。私も、たいして大きくないこの都市を後にしてきたのだ。シャーロッツヴィルでのお住まいは？　男性とは一度も顔を合わせたことはなかったが、彼が住んでいたのは私がいたのと同じ通りを数軒、南に下ったところだった。

地球上には膨大な数の人々がいて、その大多数は私が訪れたり住んだりした場所の近くはおろか、その周辺にすら暮らしたことがないのを考えると、このような偶然の出会いは信じられないもののように思われる。だが実際にそうだったのだ。だれもが同じような経験を一度ならず何度もしているのだから、こうした奇妙な縁はわれわれに何かを教えようとしているのではないか、と考えてみてはどうだろうか。人類全体を表す社会のネットワークは疑いもなくきわめて大きなものである。国連経済社会局によると、世界の人口は一九九九年一〇月一二日に初めて六〇億を超えたという。この純然たる数字にもかかわらず、世界が実際には見かけよりもはるかに「狭い（スモール）」といえる道理のようなものがあるのだろうか？　われわれが知らないだけで、不思議な巡り合わせを説明する何かが存在しているのだろうか？

コーネル大学の数学者たちが例のいっぷう変わった三ページの短い論考で、数式も使わず簡単な数点のグラフのみを用いて取り組んだのがこれらの疑問だった。ワッツとストロガッツが提示した答えによると、われわれが暮らしている社会のネットワークは、これまで予想されていなかった特別の構造になっていて、それが実際に世界を狭いものにしているという。この構造は「何かわれわれの見知らぬもの」である。そこで本書の前半では、ワッツとストロガッツの発想をやや詳細に検証しようと思う。また、彼らの着想が社会のネットワークに対するわれわれの理解だけでなく、ネットワークの科学全般、生物学、コンピューター科学、経済学、そして日常の暮らしにどんな意味をもつのかについても順次、話をしていくことにしよう。

ただし、中心にある考え方を見る前に、興味をそそられる謎についてもう少し詳しく眺めておく必要があるだろう。偶然で説明するにはあまりに不思議な巡り合わせが多すぎることを示すには、二、三の逸話や、もしくはたくさんの逸話を並べても不十分だ。スモールワールドの不思議な現象が実際にあり、それは説明を要することだと確信するしかない。そのような現象が存在することに、何か科学的な証拠はあるのだろうか？

世間の狭さを示すミルグラムの実験

スタンレー・ミルグラムが序章で簡単に述べた有名なスモールワールドの実験に着手したのは、一九六〇年代のハーヴァード大学でのことだった。当時は若手の助教授だったが、彼はきわめて創造的な実験家として急速に名声を築きつつあった。この実験の数年前、ミルグラムは「遺失手紙法」と名づけた手法を考案していた。遺失手紙法とは、社会的な影響やうわべだけの非差別など、しばしば聞き取りやアンケートの結果を曖昧にしてしまう典型的な問題点を回避しながら、特定のコミュニティ内の人々の心的態度を調べる手法である。この手法を実証するため、ミルグラムは数人の大学院生と共同で、ナチ党友好協会、共産党友好協会、医学研究協会、さらに純然たる個人であるウォルター・カーナップ氏宛の、それぞれ一〇〇通からなる四群の手紙を用意した。そして、これらの手紙を不特定多数の人が気づきそうな場所に「落とした」のである。数週間後、医学研究協会とウォルター・カーナップ氏宛の手紙は約七〇パーセントが戻ってきたが、これ以外の宛先の手紙は最終的に約二五パーセントしか返ってこなかった。この遺失手紙法は社会心理学の分野でまたたく間に広がり、微妙な問題にコミュニティがどのような態度をとるのかを調査するさいに広く用いられるようになった。[3]

主眼となるのが人々の態度ではなく、人々を互いに結びつけている社会のネットワーク構造について知ることだった点を除けば、スモールワールドの実験は、遺失手紙法のやり方をほんの少し修正しただけのものだったと言える。ミルグラムは、わずかな数の封筒と切手だけでアメリカの郵便事業を実験の協力者として利用することができた。そして社会のネットワーク構造を調べた結果、世界が社会的な意味でわれわれが考えていたよりもはるかに狭いことを示す文句のつけようのない実験的証拠を提示した。ミルグラムは一六〇通の手紙を出したのだが、最終的な宛先である株仲買人のもとに届いた手紙のほとんどすべてが、仲買人の友人三人のうちのだれかが投函したものだったのである。それは、あたかもその男性に集まる社会的なルートのほとんどが、数本の狭いチャンネルに収斂しているかのようだった。さらに驚くべきことに、ほぼすべての手紙が六段階で届いていた。このことは、社会的世界は実際にはわれわれが考えているよりもはるかに狭いことを示していた。[4]

ミルグラムは実験を考案することに関して、二〇世紀のもっとも独創的な社会心理学者の一人だった。ミルグラムの名に言及するのなら、彼の名声を不朽のものにするとともに、生涯にわたって彼を論争に巻きこむもとにもなった実験に触れておかなければ片手落ちというものだろう。スモールワールドの研究の数年前におこなわれたその実験で、ミルグラムは協力者たちに、ボタンを押して、電気ショックで一人の男性に苦痛を与えてほしいと要請した。協力者たちは、男性が実験室の椅子に縛られている姿を見ることができた。また、この男性は実験の「被験者」で、研究の目的は学習に対する罰の効果を調べることにあると教えられていた。けれども、椅子に座っている男性は俳優で、ほんとうに被験者となっていたのは「協力者」のほうだったのだ。

ミルグラムが考えたのは、ごくふつうの人が他人の権威のもとで——この場合はミルグラムの権威のもとで——行動する場合、なんの罪もない男に大きな苦痛を与えることを、どのくらいまでなんのためらいもなくやってしまうかを調べることだった。実験中、ミルグラムは椅子に縛られている男——「学習者」——にさまざまな質問をし、正解を答えられない場合は電気ショックで罰を与えるよう協力者に要請する。実験室の電圧発生器には、「軽微なショック」というラベルの貼られた一五ボルトから「危険——激しいショック」というラベルの貼られた四五〇ボルトまで連続した目盛りがついていた。電圧は一五ボルトから始まって、実験が進むにつれ、ミルグラムの要請に応じて段階的に上げられていく。七五ボルトで、男は衝撃を与えられるたびに「うーっ」とうなり声を発するようになった。一二〇ボルトになると、うめいて口頭で苦痛を訴え、一五〇ボルトでは実験から解放してくれと懇願した。さらに電圧を上げると男の叫びと泣き言はいっそう切羽つまったものとなり、二八五ボルトの段階での反応は「苦しみの金切り声」だった。

ミルグラムは実験の核心である被験者たちのジレンマを次のように記している。「被験者にとって、状況はゲームではない。葛藤の激しさは一目瞭然だ。椅子に縛られた学習者は明らかに苦しんでおり、被験者は罰を与えるのを止めるべきだと責めたてられる。他方では、被験者は合法的な権威者である実験者に対してある種の義務を感じており、その権威者は罰をつづけるよう要求する……被験者がこの状況から解放されるには、権威者ときっぱり袂を分かたなければならない。この研究の目的は、道徳的な衝動に直面したとき、人はいつ、どのように権威者に反抗するのかを見いだすことにあった」[5]。実験の結果は困惑を覚えるものだった。実験のある時点で、協力者の大半は、男は苦しんでいるから実験を止めるべきだと不満を漏らしたし、数人はとうとう実験者と決定的に決別してしまったのだが、四〇人の被験者のうちの二六人は、四五〇ボルトの電圧までずっとショックを与えつづけたのである。

実験結果からは結局のところ、ふつうの人が道徳の問題を権威への服従よりも上位におくことができるかどうかについて、勇気づけられるようなものはほとんど得られていない。これについて、ミルグラムは次のように結論している。「ショックを与えられている人の懇願がどんなに熱心でも、またそのショックがどんなに苦痛に見えようとも、さらに犠牲者が解放してくれとどんなに嘆願しようとも……被験者の多くは実験をつづけるだろう。権威者の命令とあれば、ほとんどどんなことでも躊躇することなく、とことんやってしまうおとなたちの過激さこそが、この研究の主たる発見であり、また何にもまして早急な説明が求められる事実なのだ[6]」。

あとで見るように、ミルグラムは最終的にこの現象に説明を与えることができたのだが、驚くべきことに、彼の説明は、個々の人間の心理だけでなく、社会的な相互作用のパターンにも焦点を当てている。しかもそのパターンは、機能している社会的ネットワークであればどんな種類のものでも必然的に出現するらしいのだ。

さて、スモールワールドの実験に戻って、もう少し詳しく述べておくに値することが二、三ある。結局のところ、スモールワールドの実験の結果は見かけほど決定的なものではないことがわかっている。実験で多くの手紙がミルグラムの友人に届かなかったのは、おそらく、途中で無関心な人がくずかごに投げ入れてしまったからにすぎない。したがって、実際にボストンについた手紙が与える図式は、偏ったものだったと思われる。届いた手紙が六段階を要したのなら、それ以外の手紙は一〇、二〇あるいは三〇段階の道筋をたどって近づいていたものの、結局はくずかごで最期を迎えてしまったということもありうる。そうだとすると、ミルグラムの結果は、実際の隔りの次数を少し小さく見積もっているかもしれない。ことによると、社会的世界はミルグラムの結果から単純にうかがえるよりも大きいのではないだろうか？

ケヴィン・ベーコンまでの距離を測る

一九七〇年、ミルグラムは自分が得た実験の結果を補強しようとして、もう一つの実験を試みた。一部のペアが六次の隔たりでつながっていたとしても意外ではないし、多数のペアがそうなっていても驚くべきこととは言えない。だが、もしもすべての人が同じように数段階でつながっているとしたら仰天ものだ。ミルグラムは、アメリカには人種差別があるために、白人と黒人とは互いに社会的にきわめて遠く隔たっているだろうと考えた。そこで今回の実験では、手紙はランダムに選んだロサンゼルス在住の白人からスタートして、ランダムに選んだニューヨーク在住の黒人に配達されるようにした。これは、社会のネットワーク内での最大の隔たりがどのくらいになるかを探る実験としては、前回にもまして優れたやり方に思えるかもしれない。しかし、手紙がつき出すと、結果には前回の実験となんのちがいもなかった。今回も手紙の大半は約六段階で宛先についたのだ。

根っからの懐疑主義者でないかぎり、少なくともアメリカ国内では社会的世界は驚くほど狭いと思うはずだ。アメリカが何か特別なのだろうか？　そんなことがあるようには思えない。アメリカ人はまったく独特のやり方で友人・知人を作るので、アメリカ社会のネットワークはスイスやブラジル、日本、あるいはその他の国の場合と完全にちがったものになっているなどとは考えにくい。さらに重要なことに、ミルグラムがおこなったいくつかの実験は、たんに世界が狭いことの証拠を提示するだけにはとどまらなかった。間接的とはいえ他の多くの証拠から、スモールワールドの特性は、どうやらあらゆる種類の社会的ネットワークの一般的な特徴らしいことが見えてきたのである。

一例だが、一〇年ほど前に、ヴァージニア大学でコンピューター科学を専攻していた二人の大学院生が、個人的な遊びとしてちょっとしたアイデアを思いついた。ブレット・チャーデンとグレン・ウォソンは、ほんの遊び心から「ケヴィン・ベーコンの神託」と名づけたゲームを考案し、ワールド・ワイド・ウェブに載せた。ケヴィン・ベーコンの神託とはどんなものか？　男優あるいは女優のだれでもいいから二人の俳優を考え、以前に同じ映画で共演したことがあれば二人はつながっているとしよう。たとえば、エルヴィス・プレスリーからケヴィン・ベーコンまで行くには、そのようなリンクは何本必要だろうか？　ギリシア演劇のなかでは、デルフォイの神託が偉大な英雄のために大事な問いに答えを与えてくれる。それと同じように、ケヴィン・ベーコンの神託は、ある俳優とケヴィン・ベーコンとの関係について驚くほど賢明な答えを授けてくれる。この神託ときたら、なんとか答えに詰まらせようとしてもまず不可能だ。それどころか、困らせることすら難しい。

最近の俳優の名、ウィル・スミスを入力すれば、神託はものの数秒で答えをはじき出してくれる。ウィル・スミスは『インデペンデンス・デイ』（一九九六年）でハリー・コニック・ジュニアと共演し、コニック・ジュニアは『マイドッグ・スキップ』（二〇〇〇年）でケヴィン・ベーコンと共演したことがわかる。スミスからベーコンまでたった二段階しかかからない。もっと前の時代、たとえばビング・クロスビーで試しても、同じようにすぐに答えが出る。ビング・クロスビーは『ひとこと云って』（一九九八年）にロバート・ワグナーとともに出演しており、ワグナーはのちに『ワイルド・シングス』（一九九八年）でケヴィン・ベーコンと共演している。これまた、たったの二段階だ。神託がうろたえることはない。ではエルヴィス・プレスリーは？　プレスリーは『スピードウェイ』（一九六八年）でコートニー・ブラウンと共演し、彼女は『マイドッグ・スキップ』でケヴィン・ベーコンといっしょだった。

チャーデンとウォソンは、自分たちで遊ぶためにこのゲームを考案したのだが、「そのあとぼくらは、すでに大学を卒業した友人二人にこの話をした」とチャーデンは語っている。「その話が外に漏れて……それからすぐ、多くの人が『神託』を利用するようになったんだ」。二週間もしないうちにこのゲームはアメリカじゅうの評判となり、チャーデンはディスカヴァリー・チャンネルから出演依頼を受けてロサンゼルスまで飛ぶことになった。そしてロスに滞在中、チャーデンはケヴィン・ベーコンの神託をケヴィン・ベーコン本人とプレイするという、たぐいまれな幸運に恵まれたのだった。

ベーコンの神託の秘密はなんだろうか？　そう、実際にはなんの秘密もないのだ。俳優の世界は、結局のより広い一般の社会的世界の小宇宙にすぎず、したがって神託がしなければならない作業は、結局のところ簡単な場合がほとんどなのである。ベーコンは一四七二人の男優・女優と共演している。彼らはベーコンからは一リンクのところにいる。このほかに一一万三一五人がリンク二つ分、また二六万一二三人がリンク三つ分、ベーコンから隔たったところにいる。巨大な「インターネット・ムービー・データベース」[7]に登録されている五〇万件ほどの名前を篩（ふるい）にかけて答えを捜すこの神託は、数百人の俳優を除けば、全員が六段階以内でケヴィン・ベーコンとつながってしまうことを教えてくれる。実際、リンクの数にして約一〇よりも遠くにいる俳優は一人もいない。だから、どんな俳優の名前を入力しようと、神託はすぐに下るのだ。平均すると、すべての俳優からベーコンまでのリンク数はわずか二・八九六である。

なぜケヴィン・ベーコンは俳優の世界でこのような特別な位置を占めているのだろうか？　ベーコンが特別な位置を占めているわけではないのだ。俳優業のネットワーク全体はスモールワールドになっているから、事実上どんな俳優の名を使ってもベーコン・ゲームをプレイすることができる。ベーコン・ゲームにはスター・リンクスと呼ばれる変形版もある。これも同じウェブサイトで利用でき、ランダムに二人の俳優、たとえばアーノルド・パーマーとキアヌ・リーヴスを選ぶと、コンピューターがわずか数段階で二人を結びつけてくれる。ちなみに、この二人の場合、リンク数はたったの三である。アーノルド・パーマーは『腰抜けアフリカ博士』（一九六三年）にイーディ・アダムスといっしょに出演し、アダムスは『スモーキング作戦』（一九七八年）でロドニー・ビンゲンハイマーといっしょだった。そしてビンゲンハイマーは『メイヤー・オブ・サンセットストリップ』（二〇〇一年）でリーヴスと共演したのである。

言うまでもないことだが、俳優もまた人間であり、俳優たちのネットワークはまさしく、社会のネットワーク全体の一部なのである。チャーデンとウォソンが得た結果は、五〇万人ほどの俳優に関する実際の統計データに基づいたものであり、したがって、ミルグラムの発見にいっそうの信憑性を与えている。この他、もっとお遊び的な性質の二、三の調査も同じようにミルグラムを支持している。一九九八年二月、『ニューヨーク・タイムズ』紙は「モニカ・ルインスキーまでの六段階」という名のゲームをしようというおもしろい記事を掲載した。[8] たとえば、スパイス・ガールズからモニカ・ルインスキーまでの隔たりは何段階になるだろうか？　これはわずか数段階であることがわかる。スパイス・ガールズは『スパイス・ザ・ムービー』（一九九七年）に出演したが、この映画には俳優のジョージ・ウェントが登場する。ウェントはテッド・ダンソンとともにテレビのショー番組『チアーズ』にも出ていたが、ダンソンはのちにメアリー・スティーンバージェンと結婚することになる。ダンソンとスティーンバージェンがマーサス・ビニヤードで挙式した際、クリントン大統領もその場に出席していた。そしてご承知のとおり、クリントンはモニカ・ルインスキーとはかなり深い社会的関係でつながっているのだ。

これはまったくの遊びだし、とりたてて言うほどのことではないけれど、ミルグラムの結果とぴったり一致している。六〇億の人々を結びつけるのに必要なリンクは六本では足りないようにも思えるが、どうもそうではないらしい。だとすると、そこにはどんな秘密があるのだろうか？

世界の秘密をネットワークから読み取れるか

この謎が概念的にはどんなものなのか、なんとかその核心に到達するべく努めてみよう。問題を視覚化するために、人々を点で表し、互いにつきあいのある二人を線でつなぐとしよう。つきあいの定義を明確にするために、道で出会えば挨拶を交わして名前で呼びあう仲なら、その人たちはつきあいがあるとする。もしこの種の情報をことごとく集める手だてと十分に大きな紙が一枚あれば、アメリカやヨーロッパ、あるいは全世界についてこれを実行することができる。おそらく、かなりごちゃごちゃに見えるものができあがるだろう。けれども、全体のパターンとして、びっくりするような特質があることに気づくだろう。どの点から出発しても、他のすべての点に六段階以下で行くことができるのである。

数学者たちは、点を線で結んだものを専門用語で「グラフ」と呼んでいる。だれしもグラフという言葉はよく耳にするが、数学者たちはこの言葉を若干異なる意味で使っている。新聞の経済欄では、株価のグラフやアメリカの国内総生産（ＧＤＰ）のグラフにしょっちゅうお目にかかる。こうした類のグラフは、グラフという言葉の日常的な用法と合致している。グラフとは情報を手軽な形で表示したものなのだ。しかしながら数学では、グラフはこれよりもやや抽象的で、線で結ばれた点からなるネットワーク以外の何ものでもない。数学のグラフはいかなる意味ももつ必要がない。グラフはたんなる論理的な構造であって、現実の世界との直接的なつながりは捨象されている。

グラフという言葉をこのように理解することで、スモールワールドの根本にある数学的な謎に到達することができる。わずか六本のリンクを伝って進むだけでどんな二点もつながるように、六〇億の点からなるグラフを描くことはできるだろうか？　そしてもし可能なら、どのようにすれば描けるのだろうか？　六〇億の点が描いてある紙をもらったとき、グラフにわれわれの社会のネットワークと同じ性質を与えるためには、どのように点をつないでいけばいいのだろう？

何か手がかりを得るために、現実の世界で見られる交友関係のネットワークに注目してみるといいかもしれない。これならだれにでもできる。友人のグループを集めて各人を点で表し、前述の「つきあいのある人」の定義を満たす二人を互いに線で結べばいいのだ。その結果は、図2に示したグラフに似たものになるだろう。この図は、かなり以前の一九七五年に『ザ・フューチャリスト』誌に掲載された図を借用したもので、グループ内のさまざまなメンバー間の交友関係がどのようなつながりになっているかを示したものである。ちなみに元の図のグラフはもう少し込み入っていて、交友関係がいつ確立されたかなどの情報も示されている。さて、図2に何か特別なパターンが見られるだろうか？　もし見えるとしたら、その人は私よりはるかにものの見方が鋭い。私には、そして思うに私以外の多くの人にとって、このグラフは特に意味のあるものではないし、何か得るところがあるわけでもない。互いに結ばれている人もいれば結ばれていない人もいるというだけで、それ以外に言うべきことはほとんどあるまい。

たぶん、もっと高度なものの見方が必要なのだろう。社会学者たちはずっと、社会のネットワークをさまざまな角度から眺めてきたが、最新のコンピューターを使うことで、これまでにはなかった新しい考え方を数多く手に入れることができるようになった。たとえば、数年前にオーストラリアの社

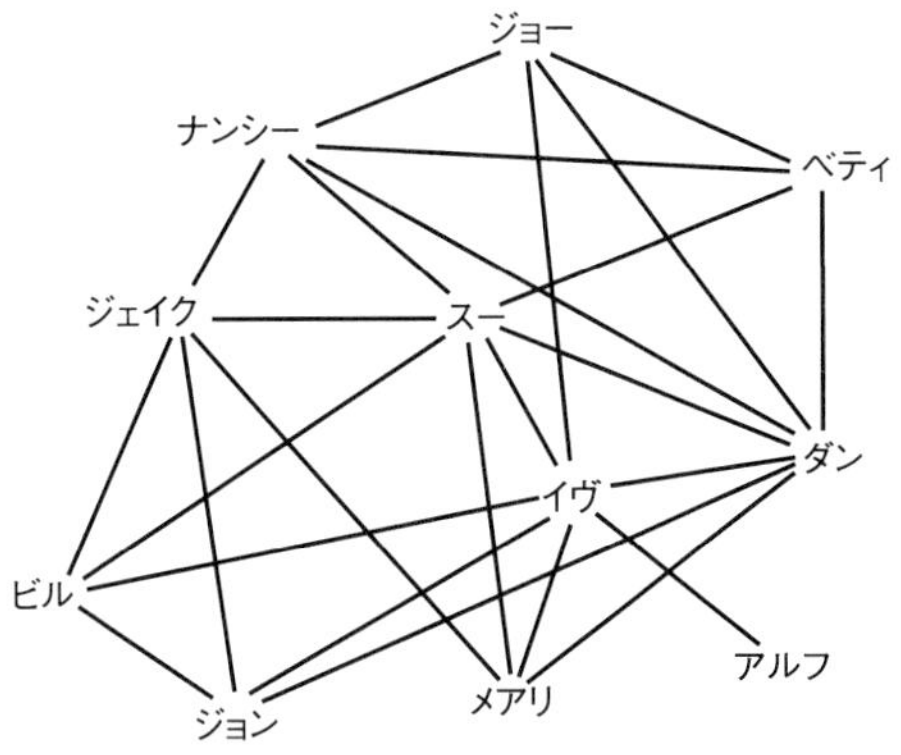

図２　社会のネットワークの一例。友人間のつながりを示している。

図３　ネットワークの３次元表示。オーストラリアのキャンベラの多数の人々をつなぐ社会のネットワークを示したもの。

会学者オールデン・クロヴダールは、強力なグラフィックス・コンピューターを利用し、キャンベラに住む人々の集団について、交友関係のネットワークを示す印象的な三次元の画像（イメージ）を作った（図3）。このイメージは図2に示したものよりもかなり精巧で、見た目には、『スター・トレック』のエイリアンの世界といった趣きがある。ハイテクを使ったこの透視図ならパターンが見えてきて、何がこのネットワークを特別なものにしているのか、ひと目で理解できると思うかもしれない。しかしながらまたしても、ここから明確に学べるものは何もない。この乱雑さのうちに、なんらかの設計原理が隠されているのだろうか？　それとも、ネットワークはたんにランダムにつながっているだけなのか？

　こうしたイメージを見ると、グラフがどのように機能するかを決定づけている特徴は捉えにくく、うわべからすぐに識別できるようなものではないことがわかる。以降の章で、そうした特徴のなかにどのようなものがあるかを見ていくが、その特徴は捉えにくいものであるにもかかわらず、不思議な力のおよぼし方は、これらの図をいろいろ詳しく調べて思いつくものよりはるかに単純なことがわかるだろう。さらに、スモールワールドの不思議な現象は、一見したところでは、むしろ取るに足りない、気楽な好奇心を満たすだけのものに思えるが、じつは最初に想像していたよりもはるかに重要なこともわかるはずだ。スモールワールドでは、ニュース、噂話、流行、ゴシップは、スモールワールドになっていない場合に比べると、はるかに速やかに、しかも簡単に広がっていく。どの株を売ったり買ったりすべきかや、事業を遂行するための新たな技術と戦略に関する考えについても同様のことが言える。もっと不気味なのは、スモールワールドは、エイズなどの感染症が広がるさいの足がかりとなる、きわめて密につながった網構造（ウェブ）ももたらすことだ。スモールワールドの不思議な現象は、じつのところ、たんなるもの珍しさですむような話ではない。スモールワールドは、相互に関連し合った状態を作りだす根元的な原動力を明らかにしてくれる。そして、こうした相互の関連性は、われわれの存在や思考、行動のなかにその姿を現し、けっして消えることはないのである。

第2章

ただの知り合いが世間を狭くする

単純さは科学的研究が成果を上げるための鍵である。

スタンレー・ミルグラム[1]

スモールワールドとエルデシュ数

現代のもっとも偉大な数学者の一人、ハンガリーのポール・エルデシュは、家も妻子ももたず、取り立てて言うほどの財産もなければお金もなかった。エルデシュはかつてこんなことを言っていた。「あるフランスの社会学者は、私有財産とはかすめ取ったものだと言った。ぼくに言わせれば、私有財産はただのお荷物さ[2]」。一九九六年に八三歳で死ぬまでのまる半世紀、エルデシュは漂泊の旅をつづける放浪の天才として異常なペースで世界じゅうをかけまわり、同僚のところに寝泊まりしてはいっしょに非常に難解な問題を解き、一五〇〇篇を超える共著論文をものした。数学者の家に姿を現したエルデシュは、「いまならぼくの頭は営業中なんだけど」と言ったものである。それから、家の主がくたびれきって研究がつづけられなくなるまでの数日間、驚くべきエネルギーで仕事に打ちこむと、新たな問題と別の数学者を求めて立ち去っていくのだった。

エルデシュは、ひっきりなしに飲む濃いコーヒーと常用していたアンフェタミンで思考力を刺激し、ブダペストのデパートで安く手に入れた「使い古しのスーツケースと、さえないオレンジ色のビニール製バッグ」だけで生涯を暮らした。いっしょに問題に取り組んだことのあるAT&T（アメリカ電話電信会社）研究所のピーター・ウィンクラーが思い出を語っている。「エルデシュはノートを手にして、うちの双子の成人式（バル・ミツバー）の儀式にやってきた。子どもへのみやげももっていて――彼は子どもが大好きだった――とても行儀よくしていた。だが、女房の母は彼を外に追い出そうとした。通りをうろついている奴かだれかが、よれよれの服で敷物を脇に抱えたまま入りこんだと思ったんだ。儀式のあいだに理論の一つや二つを証明したという話も、彼なら十分ありうるけどね」[3]。

多少エキセントリックな点を別にすれば、エルデシュは数学の世界のケヴィン・ベーコンでもあった。数学者たちにとって、自分の「エルデシュ数」を語ることは、ややもすると優越感に関係する問題だった。もしも才能に恵まれて幸運にもエルデシュといっしょに論文を書いたことがあれば、その人のエルデシュ数は一である。エルデシュと論文を書いたことはないが、エルデシュと論文を書いた人物と共著論文を書いたのであればエルデシュ数は二になる、といった具合である。意外なことに、これまでエルデシュ数が一七を超える数学者は一人も見つかっておらず、大半の数学者――一〇万人を超す――のエルデシュ数は五か六である。あらゆる社会のネットワークと同様、数学者の共同研究のネットワークもスモールワールドなのだ[4]。

けれどもエルデシュは、こうした事実のゆえにスモールワールドの不思議な現象と特別の関係があるわけではない。多数の点の集まりを描いて、とにかくでたらめにつないでみたとしよう。できあがるのは数学者たちがランダム・グラフと呼んでいるものである。一九五〇年代後半から六〇年代前半にかけて著した一連の重要な論文で、エルデシュと同僚の数学者アルフレッド・レーニーはランダム・グラフの研究に取り組み、ランダム・グラフに関する疑問に答えを見いだそうとした。前章のいくつかの例で見たように、社会のネットワークのグラフには、それとわかるような構造や規則性はいっさいなかった。どう見ても、まさしくランダムになっているとしか思えなかった。だから、ランダム・グラフからスモールワールドの不思議な現象を洞察するためのなんらかのヒントが得られるかもしれないと考えるのは自然なことである。

前に述べたように、スモールワールドの問題をたんにもの珍しいものにすぎないと見たり、これまでも時間とやる気さえあれば数学者なら簡単に理解することができただろうと考えるのはたやすい。だが、事実はかなり異なる。グラフ理論は数学の一分野をなすもので、「もの」の集まりをどうつなぎ合わせることができるか、そのさまざまなつなぎ方に関する問題を扱う。しかも「もの」がなんであっても適用することができる。ここで、スモールワールドの謎について、グラフ理論から何を引きださなければならないかを手短かに眺めることにしよう。どうすれば六〇億の人々をあれほど緊密に結びつけることができるのか。この問題を明らかにするための探究に乗りだすうえで、ランダム・グラフはすばらしく明確な出発点を与えてくれる。

二四人の知り合いがいれば世界は一つになる？

発展途上国で町と町を結ぶ道路建設の仕事を任されたと想像してほしい。引き受けた時点では道路は一本もなく、ただ五〇の町が孤立した状態で地図全体に点在している。これらの町を連結するのが仕事なのだが、ことはそう簡単ではない。いくつかの制約にも直面している。まず、たとえ場所を正確に指定して道路の建設を要求しても、およそ無能な道路局は無視するばかりで、どこか別のところ、行き当たりばったりで選んだ二つの町のあいだに道路を造ってしまうかもしれない。要求すれば道路は建設されるのだが、どこにできるかはいっさいわからないのだ。

さらにわるいことに、この国は資金にきわめて乏しく、そのため建設する道路の本数は可能なかぎり少なくしなければならない。したがって問題はこうなる。最低、何本の道路があれば十分か？　財源の制約がなければ、二つの町がすべてつながるまで道路の建設をつづけるよう道路局に命じることもできるだろう。その場合、五〇の町のすべてが他の四九の町と道でつながるためには、一二二五本の道路が必要になる。だが、どの二つの町であろうと、道から一度もはずれることなくほぼ確実に車で行けるようにするには、最低で何本の道路を造ればいいのだろうか？

これは、グラフ理論ではもっともよく知られた問題の一つである。もちろん、必ずしも町と道路の必要はない。家と電話回線、人と人との交友関係、ひもでランダムにつながれた犬の群れなど、他にもいろいろな形で表すことができる。基本的な問題はどれも同じだが、問題を解くのはけっして簡単ではない。だから答えがわからなくても気にする必要はない。実際、この難問を解くにはポール・エルデシュ並の才能が求められるのだ。ちなみに、エルデシュが解いたのは一九五九年のことで、大多数の町を確実に結ぶには、九八本の道路をランダムに配備すれば十分なことがわかったのである。九八本はかなりの本数のように思えるかもしれないが、五〇の町のあいだに建設可能な一二二五本の道路の八パーセントにすぎない。道路局がかんばしくない評判どおりの仕事をしたとしても、ランダムにリンクを張るのは、思ったほど非効率的ではないのだ。

　数学者は一般的な問題に比べると特別な問題にはあまり関心を示さないのがふつうで、エルデシュも例外ではなかった。数学者からすれば、数学は物理的世界よりも深遠で完全な実在を問題にしている。しかも、数学的実在にあっては、真理の追究は論理的な証明によって可能であっても、その深みは果てしなく、どうやっても最奥に到達することはできない。エルデシュはかつてこう述べている。「数学は人間にとって唯一、終わりのない営みだ。物理学や生物学では、人間は事実上あらゆることを理解するようになるだろう。けれども、人間が数学を知り尽くすことは絶対にありえない。問題が無限にあるからだ。……だから、ぼくがほんとうに興味をもてるのは数学だけなのさ」[5]。

　それでもエルデシュは、ここであげたグラフ理論の一つの問題について、ほぼ完璧な仕事をなしとげた。エルデシュは五〇の点をもつ一つの例だけでなく、考えられるありとあらゆる例に対する解を得た。彼は、どんなに多数の点があろうと、全体が事実上完全につながっているネットワークにするためには、どんな場合も相対的に少数のリンクをランダムに張れば十分であることを発見した。さらに驚くべきことに、ネットワークが大きくなるにつれて、必要とされるリンクの比率はだんだん小さくなることもわかった。三〇〇の点からなるネットワークの場合、点と点とのあいだに張りめぐらすことのできるリンクは約五万だが、この五万のリンクのうちの約二パーセント弱のリンクが張られていれば、ネットワークは完全につながった状態になる。これが一〇〇〇の点になると、このきわめて重要な比率は一パーセントにも満たない値になる。一〇〇〇万の点では、その比はわずか〇・〇〇〇〇〇一六である。[6]

ここで見えてきたことのなかに、地球全体の社会的ネットワークの性質に関する注目すべきヒントが一つある。少なくとも考え方としては、中間に介在するリンクをどうたどってもつながらないペアが何組か存在するとしてもおかしくはない。ウズベキスタンのジャガイモ売りとエクアドルのコーヒー農園の労働者を取り上げてみよう。たとえ長く込みいった交友関係の連鎖を通してであっても、この二人がつながっているとほんとうに確信していいのだろうか？　エルデシュのグラフ理論からすると、答えはイエスのように思われる。結局のところ、六〇億の人々からなるネットワークの場合、エルデシュの計算が与える重要な比は、ほぼ〇・〇〇〇〇〇〇〇〇四、つまり約一〇億分の四なのだ。

この数字は、もしも人々が事実上ランダムにつながっているのなら、世界のすべての人が完全に結合した社会の網構造（ウェブ）でつながっているためには、基本的には一人がほぼ二億五〇〇〇万人に一人の割合でだれかを知っていればいいことを意味している。つまり、一人が二四人を知っていればいいのだ。これはけっして多い数字ではない。常識の範囲で知り合いを定義すれば、たぶんほとんどの人には優に二四人を超す知り合いがいるだろう。したがって数学的には、世界じゅうのどんな二人でも、介在する社会的つながりをたどればつながってしまうのは少しも不思議ではない。エルデシュがもたらした輝かしい成果は、このことをもう少しで証明できるところまできている。

残念ながらここまでの論証の過程は、社会的世界が驚くほど狭いように見えるのはなぜなのかという、よりいっそう不可解な側面は扱っていない。だれもが社会全体とつながっているからといって、どんな二人も数段階でつながっているということにはならないからだ。ウズベキスタンとエクアドル、あるいは遠く離れた別の二つの地域のあいだでは、隔たりが段階にして一〇〇、一〇〇〇あるいは一〇〇万の大きさになる場合もあるのではないだろうか？　真相を知るためには、ランダム・グラフについて別の問いを投げかけなければならない。

六〇億の点を描いた紙に戻って、ランダムに線を引いてみよう。最初にどこかで二つの点をつなぎ、それからまた別のところで二つの点をつなぐ。そして、全部の点が妥当と思われる数の「友人」、一五人とか一〇〇人をもつまでこの作業をつづける。これで六次の隔たりの世界に到達するのだろうか？　それとも何か別の世界になるのだろうか？

友だちの友だちはたいてい直接の友だちだという問題

手はじめに、一人の人物に焦点を絞ろう。かりにフロリダに住んでいるマーベル叔母さんとでもしておこう。さらに議論を進めるために、地球上のだれでも知り合いは五〇人前後いると仮定する。この数は、知り合いの定義次第で大きくもなれば小さくもなるが、あとで見るように、何が世界をこれほど狭くしているのかという問題には、正確な数字はそれほど重要ではない。だからここでは、簡単のために五〇人でよしとしよう。紙のうえに、地球上の一人につき一つの点をおく。全部で六〇億の点だ。さて、マーベル叔母さんはこれらの人々のうちの一人だから、叔母さんは他の五〇人と直接つなぐことができる。さらにその五〇人全員が、それぞれ約五〇人の人とつながっている。この二次の隔たりの段階で、マーベル叔母さんはもう六〇億人のうちの二五〇〇人とつながっている。すごいではないか。

この数字は先へ行けば行くほどいっそうすごいものになる。隔たりの次数が一増すごとに人数は五〇倍になるから、三次では五〇×二五〇〇＝一二万五〇〇〇人、四次なら五〇×一二万五〇〇〇＝六二五万人だ。五次と六次では、人数はそれぞれ三億一二五〇万人と一五六億二五〇〇万人にまで膨れ上がる。六次の隔たりで、すでに一五〇億を超す人数にまで達してしまう。これは地球上のすべての人間がゆうゆう収まってしまう大きさである。ここで覚えておかなければいけないのは、かけ算をくりかえしおこなうと、値はあっという間に大きくなるということである。このことから、これまで取り上げてきた不思議な現象も、実際には謎でもなんでもないように思える。けれども、簡単に納得してしまう前に、このランダム・グラフから読み取れることをもう少し注意深く考えてみる必要がある。なぜなら、ここでの論法、およびその基礎となっている「わかりやすい」説明には、とんでもない誤りとでも言えそうなものがあるからだ。

マーベル叔母さんは小さな町で暮らしていて、教会に通い、地元の店で買い物をし、週に三度は晩にビンゴで遊ぶ。彼女はごくふつうの生活をしている。にもかかわらず、さきほどの論法でいくと、ふつうではないことになる。マーベルの社会的生活は異常とも言えるものになってしまうのだ。ランダム・グラフのリンクには、関係している人々の物理的な近さや同じ趣味をもっていることなどは反映されていない。つまり、同じ職場で働いている人や同じ通りに住んでいる人も、知り合いになる可能性に関しては、エスキモーやアボリジニとまったく変わりがないことになる。このようなランダム・グラフを描けば、結果は絡み合ったスパゲッティの山のようになるだろうし、マーベルは地球の全域にわたって「平等に」人々とつながっていることになる。彼女には、自分の故郷の町よりも、ロシア、中国、インドに大勢の知り合いがいることになるかもしれない。こんなことは、控えめに言ってもばかげている。

社会的存在であるわれわれは、地域や企業、学校、町村、商売仲間の一員である。仕事を通じて私は何人もの同僚を知っているが、彼らどうしもお互いを知っている。マーベルはビンゴで遊べば多くの友人に会うだろう。そして彼らもまた、みんな仲間うちだろう。重要なのは、人々は明らかに、世界全体にわたってランダムなつながりをもっているわけではないということである。そして、社会のつながりが一つの「まとまり」を作り、「クラスター化」が生じるというこの単純な事実のために、ランダム・グラフでおこなった計算は意味を失い、無駄骨を折っただけだったように思えてしまう。

マーベル叔母さんは実際に五〇人前後の人を知っていて、五〇人のそれぞれはまた別の五〇人を知っているかもしれない。しかし、マーベルの近所の人たちや彼女が買い物のさいに出会う人たちと同じく、ビンゴ仲間や教会員どうしが知っているのは同一人物である場合が多いだろう。マーベルの知人全員に五〇人の知り合いがいるとしても、各自が異なる五〇人を知っているわけではない。重複して何度も出てくる人が大勢いるはずだ。ランダム・グラフはこうした社会的世界のもっとも基本的な現実の一つを表すことができない。現実の社会のネットワークでは、単純な計算が示しているのとはちがって、人数があれほどすぐに膨大な数になることはまずありえないだろう。

もしかしたら、状況を複雑にしすぎているのかもしれない。六〇億の点を描いた紙に戻って、もっと現実に近いと思われるやり方で人々を互いにつないでみてはどうだろうか。紙面上の全員から、直近の五〇人へ行く絆(きずな)を書く。このグラフの作り方は、コミュニティをどのようなものと見るか、一つの考え方をはっきりと示している。それは、だれでも近くに住んでいる人と知り合いになる傾向があり、どんな小さな地域内でも、多くの人が共通の友人知人をもっているという考え方である。このようなグラフを描けば、絡み合ったスパゲッティのかたまりよりはるかにあか抜けした網細工のようなものが得られるだろう。このやり方で人々をつなぐことができれば、次はどの程度の「隔たり次数」が得られるかを問えばいい。しかし、残念ながら答えはかんばしいものではない。ペアを選びだしたとき、ペアのそれぞれが集団のほぼ反対側に位置しているケースが多数あるからだ。六〇億の点があるとすれば、一度に五〇段階あるいは一〇〇段階移動しても、紙面のこちら側から向こう側に行くにはざっと一〇〇〇万回を要してしまうだろう。これではスモールワールドに近いものになっているとはとても言えない。

かくして、進退きわまった事態に直面することになる。一方では、エルデシュのランダム・グラフの理論は、六〇億人からなる世界が原理的にはきわめて狭いものになりうることを示している。もしもわれわれの社会的世界が実際にランダムであるなら、六次の隔たりはなんら不思議ではない。しかし、ランダムにつないでしまうと、コミュニティや社会的集団の現実の形を作っているまとまりをもった地域的なつながり、すなわちクラスターをも消し去ってしまう。ランダム・グラフで表せる世界は考えられるものではあるが、現実はちがう。一方、地域的なつながりをもつようにして作った規則的なグラフからは、友人知人のクラスターが現実に近い形をしている社会的世界が得られる。だが、このときのグラフはスモールワールドではない。したがって、スモールワールドの謎は残ったままである。

ひょっとすると簡単な説明などないのかもしれないし、もしかすると、われわれはほんとうに異様で薄気味のわるい現象と向かいあっているのかもしれない。かつて心理学者のカール・ユングは、「集合的無意識（普遍的無意識）」と呼んだものの存在について思索をめぐらせた。これは、人々のあいだの古態的（アルカイック）な心理学的つながりが作るネットワークのようなもので、われわれはふだんその存在に気づくことはない。ユングの考えでは、人々のあいだのこうした隠れたつながりによって、さまざまな偶然の一致——たとえば朝四時にはっとして目が覚め、あとでそれが最愛の人が何千マイルも離れた遠くで死んだ瞬間だったのを知るといったことなど——をうまく説明できるかもしれないのだ。ひょっとすると、集合的無意識は、こうしたスモールワールド的な偶然の一致と何か関係があるのかもしれない。このような出来事は、不思議な巡り合わせなどではまったくなくて、何か心理学的な本質の隠れた一面を指し示しているのかもしれない。

しかしこの説明は、ちょっと超常現象と戯れすぎというものだ。そんなことより、もっと簡単な可能性がある。社会的世界を表現するのに必要なネットワークの種類は、規則性をもったものでもランダムなものでもなく、両者の中間的なものだということはありえないだろうか？　両極端のあいだに、何か特別な組織的構造と特異な性質をもったネットワークがあるのではないだろうか？　つまりスモールワールドであると同時に、われわれの社会的世界をいまある姿にしているクラスター化にも現実に即した説明を与えるグラフである。われわれの社会のネットワークは、だれかの手によって設計されたものではない。無数の歴史的出来事を通じて進化してきたものである――つまり、人と人とは偶然に出会うのだ。どれほどランダムに見えようとも、かなり精巧に作られた特別な構造が、ネットワーク内に自然に湧き出してきたのだろう。

残念なことに、このやっかいな中間の世界は、あの伝説的なポール・エルデシュを含めて、グラフ理論の研究者たちがまったくといっていいほど手をつけなかった領域である。何も、数学者たちは重要な進歩をなしとげようと挑戦して失敗したということではない。むしろ彼らは、中間的な世界がとりわけ研究に値するものだと気づくことすらなかった。その結果、三〇〇年近い歴史をもつグラフ理論には、混沌と秩序の中間にあるぼんやりとした世界にどう取り組んだらいいのか、その手がかりを与えてくれるものすらない。それでも三〇年ほど前、一人の社会学者がコミュニティを一つに結びつけている非常に重要な社会の絆の研究に取りかかった。この研究に取り組んだマーク・グラノヴェターには、グラフ理論のまったく新しい世界の戸口にいたる道を歩むつもりなど毛頭なかった。にもかかわらず、彼はまさしくその道を歩んでいたのだ。

世間を狭くしているのは「たんなる知り合い」の関係

一九七一年、マーク・グラノヴェターはボルチモアにあるジョンズ・ホプキンズ大学に若手の助教授として勤務していた。スタンレー・ミルグラムがスモールワールドの現象を扱った決定的な論文を発表したのはその三年前で、当時の社会学者の多くがそうだったように、グラノヴェターもミルグラムの発見に興味を引かれ、驚きすら覚えた。けれども大半の社会学者とはちがって、グラノヴェターは、スモールワールドの秘密とはこんなことなのではないだろうかという一種の直観を抱いていた。ここまで述べてきた社会のネットワークでは、人々のあいだの絆の強さは問題にしていなかった。しかし、絆のなかには、他の絆より強いものがあることは明らかだ。おおざっぱに言えば、家族や親友、同僚など、長い時間をともに過ごす人々のあいだの絆は「強い」絆と呼べるだろう。「弱い」絆のほうは、たんなる知り合いを結んだものにすぎない。いままで、絆にはいろいろな強さがあるということの些細な事実が、重大な影響をはらんでいるようには見えなかった。しかしながら、優れた科学者というものは、常識やだれもが知っている事実なり考えなりから出発しながら、直観的だが的確な分析によって、一見、水も涸れはてたかに見える砂漠に洞察の湧き出る泉を見つけだすことが往々にしてあるものなのだ。グラノヴェターの仕事は、その格好の例である。

グラノヴェターが述べたのは、たとえば私にポールとビルという二人の親友がいたとすれば、彼ら二人も互いに友人であるという公算が大きいということだった。結局のところ、友人どうしでは共通の知人が大勢いる傾向が見られる。彼らは隣近所に住み、いっしょに仕事をし、あるいはしょっちゅう同じパブに顔を出すかもしれない。私の友人の二人に私と共通するものがあるのなら、彼ら二人にも互いに共通するものがある場合が多い。さらに、どちらの友人も私といっしょに時間を過ごすことがあるのだから、彼らもまた二人で時間を過ごすことがあるだろう。ごくまれには、三人がいっしょのこともある。したがって、もしも一人の人間が二人の人と強くつながっているなら、その二人もまた互いに強くつながっている傾向があるだろう。例外はあるかもしれないが、このことは一般的に当てはまるにちがいない。

いま述べた原則は、強い絆はグラフ上ではけっして孤立した状態になっていないことを意味する。むしろ、強い絆は三角形の配置になる傾向がある。人々のあいだの強い絆は、ほぼどんな場合もこのようにして生じるはずで、三角形の一辺が欠けた状態はめったに見られない（図4）。この考え方はちょっと的はずれで、机上の理論にすぎないと思われるかもしれない。しかし、グラノヴェターが指摘しているように、この考え方は逆説的な結論を導くのである。

なんらかの方法で、社会のネットワークから強い絆を一つ、除去することができたとしよう。このとき、隔たりの次数にどのような影響がおよぶだろうか。じつは、ほとんどなんの影響も与えないのだ。三角形の残っている辺づたいに移動すれば、消えた絆の一端から他の端まで、きっかり二段階で行くことができる。つまり、ネットワークの「社会的距離」に大きな影響を与えることなく、強い絆のどれでも取り除くことができるのである。

なぜこれが逆説的かというと、強い社会的絆はネットワークを一つにまとめるきわめて重要なリンクのように思えるからである。しかし、隔たり次数に関しては、強い絆は実際のところ、まったくといっていいくらい重要ではない。グラノヴェターがつづけて明らかにしたように、重要なリンクは人々のあいだの弱い絆のほうであり、特に彼が社会の「架け橋（ブリッジ）」と呼んだ絆なのである。

ふだん使っている言葉では、橋とは二地点のあいだの行き来を容易にしてくれるもののことだ。激

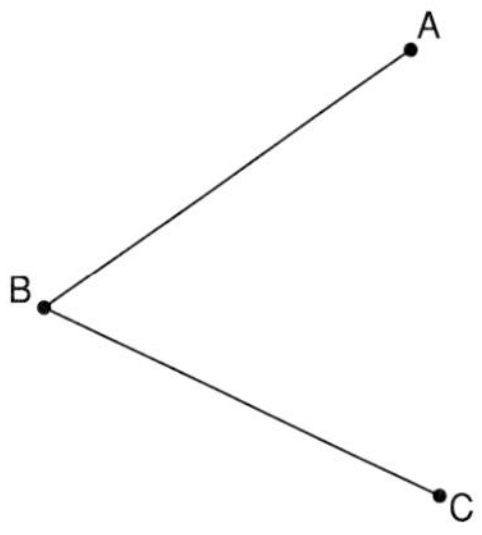

図4　ありそうもない社会的状況。Bが A、Cの2人と強い社会的絆で結ばれていれば、まずまちがいなくAとCとのあいだにも強い絆が存在するはずだ。

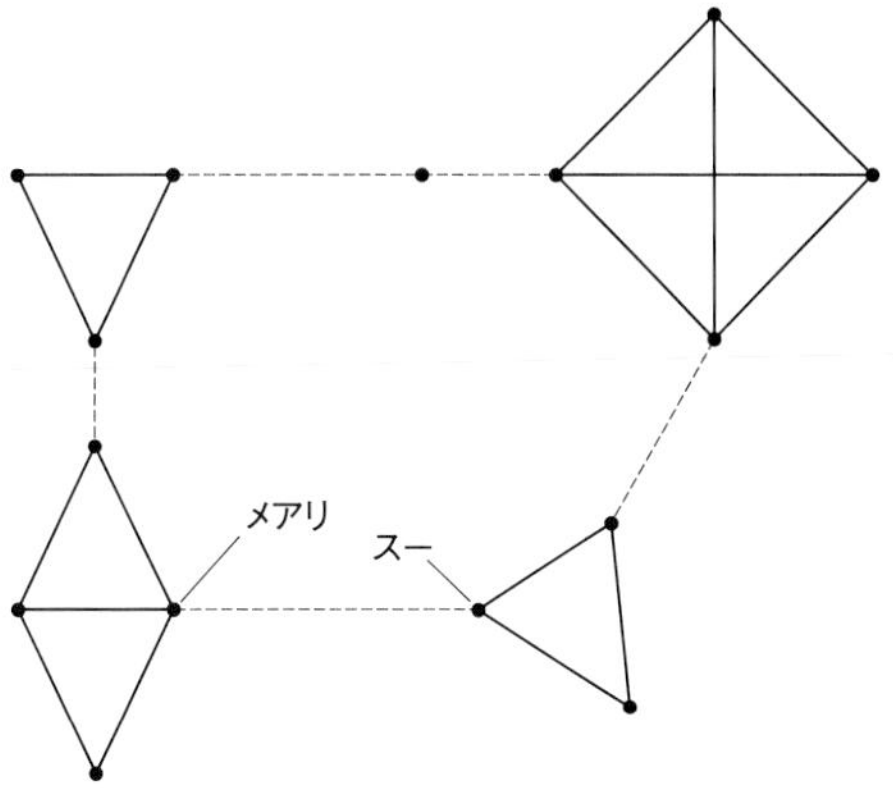

図5　社会の「架け橋」の概念を表すネットワーク。図に示した状況では、メアリとスーを結ぶリンクが架け橋になる。このリンクを取り除くと、両者の社会的距離に劇的な影響がおよぶからである。このリンクがあれば距離は1だが、なくなってしまうと、メアリからスーまで行くには全部で8本のリンクをたどらなければならなくなる。

流や深い峡谷をまたいでいることもあるだろう。もしそこに橋がなかったら、反対側に渡るのははるかに困難になる。社会的な文脈でも、橋は同じような意味で使われることがある。メアリとスーが知り合いなら、社会を表すグラフでは、二人は直接一本のリンク（直通リンク）でつながっていることになる。けれども、突然この直通リンクが取り除かれてしまうと、他の人を介してメアリとスーをつなげるにはかなりの段階が必要になってしまう（図5）。グラノヴェターの論文をもとに描いたこの図では、強い絆を実線のリンクで、弱い絆を破線のリンクで示してある。メアリとスーのあいだの一本のリンクを取り除いただけで、二人のあいだの隔たり次数は一から八に跳ね上がってしまう。つまり、メアリとスーとのあいだの絆は社会の「架け橋」であり、社会構造のある部分を一つに束ねている重要なつながりなのである。

グラノヴェターが取り上げたいちばんのポイントは、不可解に思えても非常に重要だ。社会の架け橋は社会のネットワークを一つにつなげるうえできわめて大きな力となるから、架け橋になっているのは強い絆、たとえば親友間の絆のはずだと思うかもしれない。しかしすでに見たように、強い絆はこの点に関してはほとんどの場合、まったく重要でない。なくなってもたいして影響はないのだ。事実は正反対で、架け橋となるのはほとんどどんな場合でも弱い絆である。グラノヴェターは単純な論理のもつ鋭い刃先を巧みにあやつって、驚くべき結論に到達することができた。すなわち、強い絆よりも弱い絆のほうが重要性をもつ場合が多いのは、弱い絆は社会のネットワークを縫い合わせるうえで不可欠な紐帯（ちゅうたい）の役割をしているからだというのである。弱い絆は社会の「近道（ショートカット）」で、これらが失われてしまうとネットワークはバラバラに崩れ落ちてしまうだろう。「弱い絆の強さ」は、グラノヴェターのきわめて重要な一九七三年の論文の絶妙なタイトルになっている。[7] 論文の中心をなす考え方は不思議な印象を与えるが、実世界の状況に置きかえれば直観的に理解できるようになる。

だれでも、家族や仕事の同僚、友人などとは強い絆で結ばれている。かりにこれらの人々とのあいだの直接の絆の一つがなくなっても、他の人たちとはまだ共通の友人や家族の別のメンバーなどを通じて短い道筋でつながっているだろう。したがって、個人的なレベルでは交友関係がどれほど重要なものであろうと、また、その交友関係がその人の社会的な活動にどれほど大きな役割を果たしていようとも、そのような強い絆がきわめて重要な社会の架け橋となり、社会のネットワークを一つに貼り合わせる接着剤の役割をしているとは考えられない。他方、めったに顔を合わすことも連絡を取り合うこともない知人もいるだろう。たとえば大学の同窓生で、当時もそれほど親しくなかった人たちである。こうした人たちとのつながりは弱い絆ということになる。一〇年前の夏にいっしょに仕事をした男性が、いまはオーストラリアのメルボルンの水産会社で働いているなら、こちらから見れば、彼はすべての面で異なる社会的世界で活動していることになる。この男性との絆が社会の架け橋になるかもしれない。男性とは二、三年に一度、手紙をやりとりする程度かもしれない。しかし、もしこのかすかなつながりが壊れてしまえば、お互いの消息を聞くことも、思いがけず再会することも二度とないだろう。

橋渡しをするこの種の絆は、たんにだれかを一人の人物に結びつけるだけではないことに注意してほしい。この絆は、遠く離れた社会的世界、絆がなかったならまったく無縁だった世界への架け橋なのだ。メルボルンのたった一人の男性との細い絆がなくなったら、メルボルンのだれともつながらないだろう。しかしその男性との絆のゆえに、彼の知人のすべてと二段階で、さらに彼らが知っている人とは三段階でつながっている、等々ということになる。強い絆には、このような「急激な広がり」をもたらす効果はない。強い絆が結びつけてくれるのは、いずれにせよ自分が緊密なつながりをもっている人たちである。

したがって、世界と世界をまたぐ架け橋は劇的な結果をもたらす。そして明らかに、社会の架け橋は、世界がきわめて狭いものになっている理由となんらかの関係があるはずだ。六次の隔たりがまさしく真実であるなら、だれから始めても別の人までたどるには六段階で十分である。このことを可能にするうえで、社会の構造は重要な役割を果たしているにちがいない。この点をさらにはっきりさせるために、グラノヴェターはもう一つ、巧妙な仕掛けを密かに用意していた。

就職のつては、だれから得られるのか

人脈や情報網、連絡網の形成を意味する「ネットワーキング」という言葉には専門的な響きがある。この言葉は一九八〇年代の流行語になった。その考え方によると、仕事を探しているときや、進むべき方向が皆目見当がつかないような難解な問題へのアドバイスを求めているなら、最善の選択肢は社会のネットワークの広範な広がりを利用することだという。友人や知人に探りを入れ、ラインの先のほうのどこかから、有用な情報が少しずつ首尾よく流れ戻ってくるのを心待ちにする。叔父さんの近くに住んでいる人の知り合いが、自分の探し求めていた当の人物だったということもあるだろう。

さて、橋渡しをする弱い絆が社会のネットワークにおいてきわめて重要なら、弱い絆は人脈を作るうえでも決定的に重要と考えられるかもしれない。仕事を探しているとき、親友に話したほうがうまくいく公算が大きいだろうか？　それとも遠い知り合いに話したほうがいいのだろうか？　有能な社会学者グラノヴェターは、答えをあれこれ考えるだけでは飽きたらず、答えを見つけるための独創的な調査法を考案した。彼は縁故によって最近職を得た多数の人に聞き取り調査をした。それぞれのケースについて、彼らがどのようにして仕事を見つけたのかを尋ね、さらに、雇い主にコネをつける仲立ちをした縁故者とどんな関係だったのかを調べた。素朴に考えれば、強い縁故のほうが重要なはずだと思うだろう。なんといっても、友人のほうが人となりをよく知っているし、しょっちゅう会ってもいるし、親身になって助けてくれるからだ。

けれども、グラノヴェターの聞き取り調査では、対象者のうちの一六パーセントが「しょっちゅう」会っている人のつてで仕事を得たのに対し、八四パーセントの人は「時たま」あるいは「ごくまれに」しか会わない人のつてで就職していた。職を得た人たちがネットワークに送りだした情報――私は仕事を探していますという意志表示――は、強い絆ではなく、むしろ弱い絆を通って伝わっていくことで、より効果的に、そしてより大勢の人に広がったらしい。このことはかなりはっきりと説明できるように思われる。親友に打診するのはたしかに簡単だが、ニュースはあまり遠くには広がらない。親友たちは互いに共通の知人をもっているから、彼らの多くはすぐに、そのニュースを二度三度と聞くことになるだろう。しかし、自分が何を必要としているかを、たとえば遠くにいて一度も会ったことのない親戚など、あまり親密でない知人に広めれば、少なくともそのニュースはより広くいきわたる可能性がある。ニュースは自分が属す社会集団を閉じこめている境界を越えて流れ出し、きわめて大勢の人々の関心をひくのだ。「個人の観点からすれば、弱い絆は重要な財産なのである」とグラノヴェターは結論している。[8]

これより前におこなわれた奇抜な研究が、ほぼ同じことを明らかにしている。一九六一年、社会心理学者のアナトール・ラポポートとW・ホーヴァトは、ミシガン州のある中学校を訪れ、一〇〇〇人ほどの生徒全員に、親友八人をあげて、一番の親友はだれで、二番目に親しいのはだれという具合に親しさの順に並べてほしいと頼んだ。そしてこのリストを使って、生徒たちのあいだの社会的つながりを明らかにしようとしたのである。緊密につながりあって一つのまとまりを作っている一〇人の生徒、つまり一〇人からなるクラスターから始めて、彼らが一番目と二番目にあげた親友の名を書きだし、次にこれらの友人についても同じように一番目と二番目の親友を書きだしていく。この作業を次々につづけて強い絆づたいに外側へたどっていくことで、ラポポートとホーヴァトは最終的に、全生徒のうち最初の一〇人と強い絆で結ばれている生徒はどのくらいになるかを把握することができた。この「強くつながっている」クラスターに入るのは、生徒全体のほんの一部でしかなかった。

ラポポートとホーヴァトはつながりの薄いほうの友人についても同じことをやっている。今度は七番目と八番目に親しい生徒の名前を書きだしていく。そして前と同じく、弱い絆を通じて最初の一〇人と結びついているすべての生徒が明らかになるまでクラスターを成長させていった。この「弱くつながった」クラスターに含まれる生徒の割合は、強い絆の場合よりもはるかに大きかった。[9] したがって、もし最初の一〇人が親友だけに噂を流したなら、親友どうしのあいだを伝わっていくだけだから、彼らが属している社会集団内には広まっても、そこから先へ広がることはないだろう。対照的に、弱い絆を通って伝わっていく噂は、はるかに遠くまで広まるだろう。仕事を探している人の場合も同じように、弱い絆を伝わって広がる情報のほうが多数の人に届く可能性は高いのである。

グラノヴェターは一九八三年に再度、社会のネットワークの問題に戻って、強い絆と弱い絆とを区別することがどのような意味をもつかを簡明に描きだした。グラノヴェターはエゴという名の仮想の人物を思い浮かべ、エゴの社会的世界の構造を考察した。

> エゴには固く結ばれた友人の一団がいるだろうし、彼らの大半はお互いにこまめに連絡を取り合っているだろう――つまり、社会構造のなかで濃密に結ばれた「かたまり」を形成しているのである。エゴには、別の知人たちの集団もいるが、こちらの集団では互いに知っている人はほとんどいない。けれども、これらの知人には、その人独自の親友がいるだろうから、彼らも社会的構造のなかで固く結ばれた「かたまり」に組み込まれていると考えられる。ただし、エゴが属すものとは別の「かたまり」である。したがって、エゴと彼らとのあいだの弱い絆は、たんなる些細な知人間の絆ではなく、むしろ、親しい友人たちが緊密に結びついている二つの集団間をつなぐ重要な架け橋になる……実際、これらの集団は、弱い絆が存在しなければ互いに結びつくことはけっしてないだろう。[10]

これがグラノヴェターが到達した基本的な洞察である。つまり、社会という織り物では、なじみの薄い知人どうしの橋渡しをする絆が非常に大きな重要性をもっているということだ。弱い絆なしでは、コミュニティは無数の孤立したバラバラの小集団になってしまうだろう。

科学革命までの長い道のり

科学史家トマス・クーンによれば、革命的な科学と通常の科学のちがいは、「伝統を守る」のではなく「伝統を徹底的に破壊する」ような変化が伴っているかどうかにある。通常の科学研究では、理論は拡張され、観測はより精確になされるようになり、知識は蓄積という過程を通して成長していく。一方、科学革命には、大事に育んできた考え方の破棄と、新しい考え方への置きかえが伴う。科学者たちは世界に対して、これまでとは異なる見方をするようになる。

グラノヴェターの研究は、少なくともすぐに重要な科学革命を誘発することはなかった。彼は社会のネットワークの性質と弱い絆、とりわけ社会の架け橋となる一部の絆の重要性について、簡潔だが印象的な洞察を得たけれども、それらは事実上三〇年近く、他の科学者たちからは注目されずにいた。一方、ミルグラムが発見した六次の隔たりという奇妙な事実の説明も、見つからないままだった。実際、ほとんどの科学者は、スモールワールドの問題が真剣な考察に値する重要なものだと見なすことすらなかった。けれどもグラノヴェターとミルグラムに発する二つの考え方は、ともに、一つの革命のお膳立てをする方向に向かって、長い道のりを歩みつづけたのである。そして、いまその革命のうねりは、疫学、神経科学、経済学などはるかに遠くの分野にまで押し寄せつつある。

かつて数学者のジョージ・ポリアが冗談めかして言ったように、「発見の第一法則は頭と幸運を手に入れること。発見の第二法則は、椅子にしっかり座って、鮮明な考えが浮かぶまで待つこと」[11]である。スモールワールドの謎に関して言えば、科学者集団のなかのだれかが鮮明な考えを抱くまでに三〇年ほどの待ち時間を要したわけだ。さて、第一章で述べた論考、ある春の日に『ネイチャー』誌の編集者の机に届いたあのいっぷう変わった論考に戻るときがきたようだ。その論考のなかで、コーネル大学の研究者、ダンカン・ワッツとスティーヴン・ストロガッツは、グラノヴェターの考えとミルグラムの考えを一つに結びつける巧妙な手法を明らかにし、科学者たちに、概念の修羅場、つまり秩序と混沌のはざまに息づく複雑なネットワークの世界への道を歩む方法を提示したのだった。

第3章

スモールワールドはいたるところにある

これこそ数学の驚くべきパラドクスだ。数学者たちはこの世界を無視すべくどんなに固く決意していようとも、たえず世界を理解するための最良の手だてを生みだしているのだから。

ジョン・ターネイ[1]

なぜホタルたちは同時に光を放つことができるのか

パプア・ニューギニアの熱帯雨林の黄昏時、オウムやインコたちの甲高い鳴き声が次第に聞こえなくなり、キノボリカンガルーが長い夜の眠りにつくとき、何百万匹ものホタルが飛びたって、小さな星の瞬きのように空を彩る。ホタルたちはしばらくのあいだ気ままに光を放ち、その優雅な冷光(ルミネッセンス)のカオスが、徐々に夜の色を増していく空に生気を与える。だが黄昏が夜に変わると、この光のカオスに代わって、自然のもっとも不思議な装飾(ディスプレイ)の一つが姿を現す。ホタルたちは、最初は二匹、それから三匹、一〇匹、一〇〇匹というように、ほぼ完璧に同期して集団で光のパルスを放つようになる。

真夜中には、木という木が、茂みという茂みが光を明滅させ、ネオンサインのようにくっきりとその姿を浮かび上がらせる。

実際にこの光景を目にした一人はこう書いている。「一〇メートルほどの高さの木を思い浮かべてほしい。葉の一枚一枚にホタルが一匹ずついるらしく、すべてのホタルがほぼ二秒に三回の割合でいっせいに光を明滅させて……そのきらめきの合い間には木は完全な漆黒の闇につつまれる……一五〇メートルほどにわたってそのようなマングローブの木々が途切れることなくつづく川沿いの道を思い浮かべてほしい。マングローブのどの葉にも、同期して光を明滅させているホタルがいる。マングローブにいるこの昆虫たちは、両端にいてもあいだの木々にいる仲間と完全に同調して行動しているのだ。さて、情景を鮮明に思い浮かべられるだけの想像力があれば、この驚くべき壮観（スペクタクル）な眺めから何か着想が得られるかもしれない」[2]。それはスペクタクルどころではない。科学の謎（エニグマ）でもあるのだ。なぜ個々の雄のホタルが光を明滅させるのかが謎なのではない。雌を引きよせるためだ。いっせいに光を点滅させるのが雄の集団にとって有利になる理由もわからなくはない。統一のとれた集団となってはるかに明るい光の標識を作りだせば、発光を同期させていない集団に比べて、雌を獲得する競争で優位に立つことにつながるからだ。謎は同期を生みだす機構にある。ホタルがふつうにもっている知能などたかがしれていて、問題にもならない。だとすると、個々のホタルは、いつ発光させいつ消せばいいかを事前にどうやって知るのだろうか？

一九九六年冬の凍てつくようなコーネル大学のキャンパスで、ダンカン・ワッツの頭はこの疑問でいっぱいだった。ワッツは数学者である。だから、ホタルの生態に興味を抱くのはちょっと変に見えるかもしれない。けれどもワッツには、ホタルの光の同期はもっと広範に見られる現象のほんの一例にすぎないことがよくわかっていた。コオロギは光の代わりに音——脚をこすり合わせて作るリーリーという鳴き声——をいっせいに送りだす。暑い夏の夜、耳をすませば農場をいっぱいに埋めつくしたコオロギたちが同期して音を出しているのが、すぐにわかる。ワッツは、ホタルやコオロギが示すこうした同期現象と同じように、人間の心臓の細胞の特別な働きも不思議に思っていた。この「心臓ペースメーカー」は心筋細胞の集まりで、それぞれの細胞は心臓の他の部分に電気的な信号を送り出しており、これが収縮を引き起こすもととなる。ホタルやコオロギと同様、これらの細胞は厳密に同期した信号を巧みに発生させ、その信号の集まりが一回ほとばしるたびに心臓の一回の鼓動が生じるのだ。もしも心臓ペースメーカーが乱れれば、たちまち死が訪れる。

では、どのように作動するのか？　コオロギの群れや細胞の集まりは、外部から誘導されたり統制されたりすることなく、どのようにしてうまく行動を同調させているのだろうか？　これは生物学だけの問題ではなく、数学の問題でもある。というのも、この現象はコオロギや細胞といった細部の問題を越えて、自然界には組織化へと向かう何か一般的な傾向があることを示している可能性があるからだ。実際、ここ二〇年のあいだに、神経科学者たちは、知覚のもっとも基本的ないくつかの働きには、人間の脳内の何百万もの細胞が同期して信号を発生させるのが不可欠であるらしいことを明らかにしてきた。数百人の熱狂的な観客の手拍子が完璧にリズムの合ったものになるのも、これときわめてよく似た現象である。ワッツは、数学からアプローチすれば、こうした謎のすべてに一度に決着をつけるすべが見つかるのではないかと考えていた。

彼の目標は非常に困難なもののように見えるかもしれない。だが、幸いにもワッツはゼロから始めたのではなかった。三世紀近く前、オランダの物理学者クリスチアン・ホイヘンスは、朝ベッドに横になっているとき、寝室の反対側の壁にある二つの大きな振り子時計の長い振り子が、不思議なことに完全に調和して動いているのに気づいた。不可解に思ったホイヘンスはベッドから出て、一方の時計の振り子の動きを乱してみた。数分もしないうちに、二つの時計はふたたび完全にリズムの合った状態に戻った。ホイヘンスが時計の一つを部屋の離れたところにおくと、二つの時計はたちまち同期しなくなった。元の場所に戻すと、また同期するようになった。最終的にホイヘンスが答えを出したように、二つの時計は床のかすかな振動を通して互いに影響をおよぼし合い、そのために調和して振れるようになるのである。

一九九六年には、ワッツと彼の博士課程の指導教官だったスティーヴン・ストロガッツは、同じような現象がホタルやコオロギや心筋細胞で起こっていることをほぼ確信していた。その六年前、ストロガッツと数学者のレナート・ミローロはコンピューターを利用して、ホイヘンスの時計とほぼ同じように相互作用をする「仮想ホタル」の群れのシミュレーションをおこなっていた。彼らは、一匹のホタルが光を放ったとき、その光を見た他のホタルは影響を受けて、見なかった場合よりもごくわずかだが早く光るようになると仮定した。このシミュレーションでミローロとストロガッツは、まったくなんの統一もなく光を明滅させているホタルの群れからスタートしても、時間の経過とともに、例の誘因作用——一匹のホタルの発光が他のホタルにわずかに早目の発光を促すこと——のために、一群のなかに同期して光を放ついくつかの集団が出現するのを発見した。そして、それぞれの集団はさらに多くのホタルを集め、大きい集団が小さい集団を「呑みこんで」、最後には群れ全体が同期して明滅する一つのまとまりになる。[3]

けれども、これはコンピューター上でのことだ。数学モデルを作るコツは、どのような働きをしているかを理解できるくらい十分単純でありながら、現実と十分関連をもたせられるだけの詳細さを備えたモデルにすることにある。この点で、ミローロとストロガッツは困難に直面した。彼らは、光を出すことで互いに影響を与えているホタルの一群が、ほとんどどんな場合でも最後には同調するようになることは実証できた。しかし、その数学的推論が所期の成果を上げるようにするために、ミローロとストロガッツは、一匹のホタルが光を出したとき、どれほど近くあるいは遠くにいようとも、すべてのホタルがまったく同じように影響を受けると仮定しなければならなかった。しかし、これはいささかおかしい。観客で満員のフットボールの試合中は、スタンドの反対側にいるファンの叫び声よりも、そばにいる不快な人物のわめき声のほうが耳に入ってしまうものだ。コオロギやホタルにとっても、同じことが言えるはずである。

数学のレベルでは、これがワッツにとってほんとうの問題だった。すなわち、ホタルをもっと現実に近いやり方で「配線」するための方法を探し出して、ミローロとストロガッツによる先行研究を乗り越えることである。ワッツは、実際のところ配線パターンが重要な問題になるという確信さえもてなかった。ホタルの群れは、どのホタルがどのホタルに「話しかけている」かに関係なく同期するようになるのだろうか？　いずれにしても、正しいパターンとはなんなのか？　ワッツは知り合いになったホタルの専門家全員に聞いてみたが、まったくの徒労に終わった。ワッツは当時を思い出して、

「ぼくもたしかにわかっていなかったけれど、他のみんなも同じようだった」と語っている。

スモールワールドとホタルの関連

ある日、この問題についてあれこれ考えていたとき、ワッツはたまたま何年も前に父が言っていたことを思い出した。「知ってるか?」と父は言った。「おまえは、大統領と握手にしてたった六人分しか離れていないんだよ」。当時のワッツが知らなかったことは、ほぼまちがいない。実際、六次の隔たりのこともスタンレー・ミルグラムのことも全然耳にしたことがなく、当時はほんとうにそんなことがありえるのだろうかと率直な疑問を抱いたものだった。しかしいまは、もし六次の隔たりが真実なら、ホタルとのあいだに何か隠れたつながりがあるのかもしれない、そう考えてもよさそうに思えた。この考えは若干こじつけのようにも思えたが、ホタルで行きづまっていたワッツは、ともかくもミルグラムの原論文を調べるために図書館へ行った。それ以後、彼はスモールワールドの問題について調べられるものは全部調べようと、図書館での資料探しにいっそう深くのめり込んでいった。

数週間かかってワッツが見つけたのは、このテーマを扱ったかなり分厚い本一冊と、期待はずれの論文数篇だった。これらの刊行物はたしかにスモールワールドゆえの効果が現実に存在する証拠とはなったものの、どうすればそれを説明できるかはほとんど提示していなかった。ワッツは、想像力に富んだ数人の研究者が非ユークリッド幾何学に目を向けていたことも知った。彼らは、この幾何学なら、社会的世界の幾何学的性質について何か洞察が得られるかもしれないと考えたらしい。アインシュタインの相対性理論の数学的枠組みとなっている非ユークリッド幾何学を使えば、空間が湾曲して、距離がまったく奇妙な作用の仕方をする世界について語ることができる。アインシュタインが科学では「知識よりも想像が大事だ」と述べたのはよく知られているが、今回のケースでは、ワッツが理解したかぎり、社会学と非ユークリッド幾何学を結びつけるはずだった想像力の飛躍がたどり着いたのは不毛の地だったようだ。

スモールワールドの現象の説明に関して、弱い絆を扱ったグラノヴェターの刺激的だが不完全な部分が残っている考え方のほかには、ワッツは過去三〇年の文献にほとんど何も見いだすことができなかった。グラノヴェターは、弱い社会的絆は社会を一つのものにするうえできわめて重要であると論じていて、その説明にはなるほどと思えるところがあった。理由はともかく、結局はこれらの絆のために世界は狭いものになっているのだ。欠けていたのは、社会の構造をはっきりと浮き彫りにする精密な数学的ネットワークの作り方（レシピ）だった。すでに見たように、規則的なネットワークでは、実社会のネットワークに見られるのと同様の集団や仲間の集まりが生じる。だが、規則的なネットワークにはスモールワールドの特質はない。ある地点から別の地点に行くのに、あまりにも多くの段階を要してしまうのである。対照的に、ランダム・ネットワークはスモールワールドを生みだすが、クラスターは存在せず、友人の集団やコミュニティなどがいっさい存在しない世界になってしまう。

すでにワッツは、一カ月以上を図書館通いに費しており、自分であれこれ考えるようになっていた。だが、ホタルの現象にはっきりとつながるものは何一つ得ていなかった。それでも、ワッツは夢中になっていて、だから、ある朝気がつくと、まだ考えも煮詰まっていないのに何枚もの紙を脇に抱え、てくてくと歩いてストロガッツの研究室に入ろうとしていたのだ。「しばらくコオロギやホタルをうっちゃっておいてもいいのではないでしょうか？」とワッツは言った。「代わりに、少数の人が手をつなぎ合えばだれもがそのなかに入ってしまうスモールワールドとはどんなものなのか、明らかにしてみたいと思うんです」。ワッツの回想によれば、彼は自分の意図を「中古車セールスマンの熱意と、おどおどした学生のたどたどしさ」とが入り混じったしゃべり方で説明したが、一笑に付されてすぐに研究室から追い出されるものと一〇〇パーセント予想していた。しかしワッツがこのうえなく驚いたことに、ストロガッツは笑わなかった。ストロガッツもその考えが気に入ったのだ。

そのあとの数時間、ワッツは自分がこれまでに学んだことを一つ残らずストロガッツに教えた。そして、二人の考えは、社会のネットワークを正しく作るには、ともかくも一つのネットワーク内に規則性とランダムさとが独特の混在の仕方をして含まれていなければならないだろうという点で一致した。数学の観点から見れば、中心となる問題は、それをどのようにして実現させるかだった。ここにくるまで、グラフ理論に関する古典的な研究のすべてに目を通していたワッツは、方向を指し示してくれそうなものを何一つ見いだすことができないでいた。しかしながら、ちょっと考えて少しばかりメモを書きとめたあと、二人の数学者についにあるアイデアがひらめいた。それはとりわけすばらしい見事なアイデアではなかったし、実際、数学というよりも粗っぽい工学にずっと近いように見えたが、少なくとも、そのアイデアはスタートを切るための手だてを与えてくれた。

電気工事の技師が配線の一部を手直しするために家を訪れるとき、ふつうはプランを記した図面ももってくる。もしも技師の気がふれて、突然電線をでたらめに引きはじめたら、結果はまずまちがいなく破滅的なものになるだろう。しかし、ワッツとストロガッツが明らかにしたように、少しばかりランダムに配線を手直しするほうがよい結果をもたらす場合もある。

わずかな不規則性がネットワークの性質を変える

混沌と秩序との狭間(はざま)にある現実世界のネットワークを探究するために、ワッツとストロガッツは、それぞれの点が直近の数個の点とのみつながっている、完全に規則的な円周状のネットワークから出発することにした。あとは行き当たりばったりで配線を少しばかり手直しすればいい。二つの点をランダムに選んで、両者を結ぶ新たなリンクを一本加える。それからまた別の二点を選び、同じことをすればいいのだ(図6)。最初の円周に点が一〇〇〇あって、それぞれの点は直近の一〇の点とつながっているとしよう。こうすると、スタート時点では約五〇〇〇本のリンクがあることになる。これに、ランダムに一〇本のリンクを加えると、ほぼ完全な規則性を保ちながら、同時にわずかにランダムさが加わったネットワークを作ることができる。あるいは新たなリンクを五〇〇〇本加えれば、ランダムさと規則性が相半ばしているネットワークが得られる。こうしてワッツとストロガッツは、規則性とランダムさが混在するどんな状態でも、好きなように選ぶことができたのである。

ワッツとストロガッツはコンピューターを利用して、多数のグラフでこのような実験をやりはじめた。どのグラフも規則的なネットワークの状態からスタートし、それから少しずつランダムな配線を加えていった。二人は、ネットワークが進化して性質が変わっていくにつれて、隔たり次数がどう変化するかを追跡し、さらにネットワークがどの程度「群れ」をつくってクラスター化しているかを計算した。規則性とランダムさの両極でどのようなことが生じるかは、もうわかっていた。関心のある領域は両者の中間なのだ。コンピューターはやがて、この領域で興味をそそる意外な事実を明らかにした。

ワッツとストロガッツの最初のネットワークは、各点の近くに一〇の点があり、原理的には一〇点のあいだに全部で四五本のリンクを張ることができる。実際につながっていたのは、どの三点をとってもそのうちの二点で、したがって「クラスター化指数」は三分の二、つまり〇・六七になる。これは実際には相当大きな値で、もしもこの世界に暮らしていたら、友人の大半もまた互いに友人ということになるだろう。この規則的な世界では、隔たり次数、つまり二点間が一般的には何段階になっているかも、かなり大きな値になっていた。ネットワークの一方の側から反対側に行くには、約五〇段階かかってしまうのだ。

ワッツとストロガッツはこのネットワークから出発して、少し不規則性を加えてみた。五〇〇〇本ほどのリンクをもつ最初のネットワークに、コンピューターでさらに五〇本をランダムに加えた。これで生じるのは、まだほぼ完全に規則性が支配しているものの、リンクの約一パーセントはランダムな配線になっているネットワークである。驚くことではないが、このわずかな不規則性が加わっても、ネットワークのクラスター化にはほとんどなんの変化もなかった。コンピューターが計算したクラスター化指数は、最初が〇・六七だったのに対して〇・六五だった。とりたてて興味をそそるものがあるわけではない。

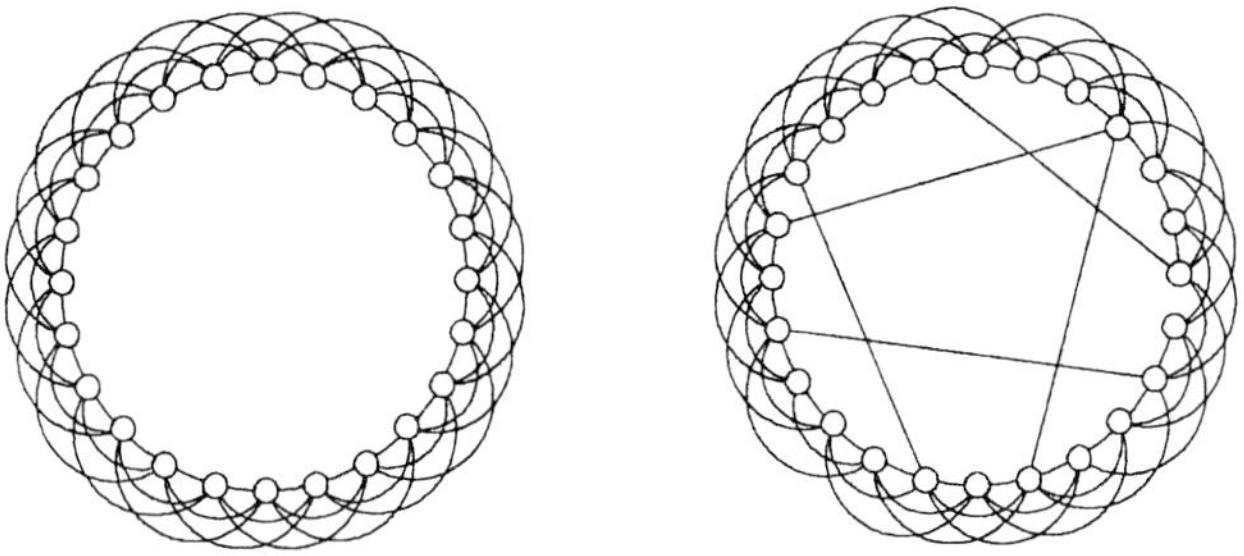

図6　ネットワークの進化。左は完全に規則的なネットワークで、各要素は直近の4つの要素とつながっている。右はリンクの張り方をほんの少し変えたもので、まったくランダムに選んだ2つの要素を結ぶリンクが少数加わっている。

けれどもワッツとストロガッツは、あちらこちらに散らばっているランダム・リンクはネットワークのクラスター化にはなんの影響も与えないが、それにもかかわらず、隔たり次数にはとてつもない影響をおよぼすことに気づいた。ランダム・リンクがまったくない場合、隔たり次数は約五〇だった。それがランダム・リンクを数本投入したとたん、約七へと急激に下がったのだ。二人は何かエラーがあったのではないかと考えてプログラムをチェックしたが、何も見つからなかった。そこで、数週間にわたってこの手順を何百回もくりかえし、さらに大きなグラフや小さなグラフで試したり、円周から離れて点を別のパターンに配置したり、つなげる直近の点の数を変えてみたりした。しかし、どれでもちがいはないようだった。どんな場合でも、スモールワールドを作りだすには、つねにごく少数のランダム・リンクがあれば十分だったのである。

このような中間の世界のネットワークは不思議な芸当（トリック）をやってのけていた。見事に、スモールワールドであると同時に高度にクラスター化した世界になっていたのである。すでに見たように、完全なランダム・ネットワークはスモールワールドの特性をもっている。だが、一〇〇〇人がランダムにつながっている場合、クラスター化指数は約〇・〇一であることがわかっている。[4]これでは、実社会のネットワークに見られる数字に近いとすら言えない。ワッツとストロガッツがスモールワールド・グラフと名づけることになるこの中間のグラフには、二つの世界の最大の長所が混じり合っていた。いまではかなりの後知恵があるから、スモールワールド・グラフがどのようにしてトリックをやってのけたのかは容易に理解できる。

　規則的なネットワーク内で暮らしていて、離れた二つの地点AとBのあいだを移動したいと考えているとしよう。残念ながらこの場合は、しんどくても一歩ずつ進んでいくしかない。結局のところ、規則的なネットワーク内のリンクは近い位置にある点どうしを結んでいるだけで、離れた二点間をつなぐ短絡路（ショートカット）や架け橋（ブリッジ）はいっさい存在しない。けれども、ランダム・リンクを何本か入れてやると、このネットワークの性質は変化する。たまたま、新しく入れたリンクのうちの数本が遠く離れた二地点のあいだに延びていることもあるだろう。遠方へ旅をしなければならないとしても、今度は一種の長距離高速道路を利用して旅の苦労を取り除くことができるし、高速を下りたあとは、短い距離を何段階かたどれば正確な目的地に到着することができる。

　そこで、世界の全人口、六〇億の人からなる円周に戻ることにしよう。ここではだれもが、直近の五〇人の隣人とつながっている。この規則的なネットワークの隔たり次数はざっと六〇〇〇万だ。これは、一回に五〇人分移動したときに、六〇億人からなる円周を半周するのに要する回数に等しい。しかしながら、数本のランダム・リンクを入れると、この数字は急激に小さくなる。ワッツとストロガッツの計算によれば、新たに入れたランダム・リンクの割合が一万本につき二本でも、隔たり次数は六〇〇〇万から約八に下がる。もし一万本につき三本の割合なら、五まで下がる。一方、ランダム・リンクがこれくらい少なければ、社会のネットワークならではの構造を作りだしているクラスター化には目立った影響は生じない。

このようなスモールワールド・ネットワークは不思議な力を発揮する。普遍的な性質という観点から見れば、わずか六次の隔たりであらゆる人を結びつける一方で、現実世界に見られる社会的構造――つまり集団やコミュニティが豊かにクラスターを作って絡み合っている社会的構造――を可能にする。社会的世界をどのようにつなげばいいのかが、スモールワールド・ネットワークから明らかになる。社会的世界の長距離の架け橋である弱い絆は、たとえごく小さな割合しか存在しなくても、隔たり次数に大きな影響をおよぼすのだ。さらに重要なことに、なぜ世界は狭いのかだけでなく、なぜわれわれがたえずそのことに驚きを覚えるのかについても、理由を明らかにしてくれる。結局のところ、長距離を結んでいる社会のショートカットは、世界を狭いものにしているにもかかわらず、ふだんの社会的暮らしのなかではほとんど気づくことがない。われわれにわかるのは、強い絆によってであれ弱い絆によってであれ、直接つながっている人の範囲にかぎられる。友人たちが知っているすべての人を知っているわけではないし、まして友人の友人のそのまた友人知人にいたってはなおさらだ。社会的世界のショートカットは視野の外にある場合がほとんどで、そのようなショートカットの瞠目すべき効果にたまたま出くわしたとき、初めてそれが見えるのは当然のことなのである。

このなんともうまくできた構造は、スモールワールドの不思議な現象にきっぱりと決着をつけてくれそうだ。しかしながらワッツとストロガッツにとって、この発見はいささかも終わりではなかった。事実、それは始まりにすぎなかったのである。

俳優のネットワークと電力系統のネットワークでの検証

スモールワールド・グラフを手にしたワッツとストロガッツは、自分たちが正しい道を進んでいることを少しも疑わなかった。しかし、発見した事実を慎重に検証するために、社会のネットワークのデータ集成として見つけることのできた最大のもの、「インターネット・ムービー・データベース」に着目した。スモールワールド・グラフがほんとうに現実世界の特徴をとらえているのなら、映画の共演によってつながっている俳優たちのネットワークの隔たり次数は、同じ規模のランダム・ネットワークの隔たり次数とほぼ同じ数値になっているはずである。しかしながら同時に、俳優たちのネットワークは、完全に規則的なグラフとほぼ同じくらい高度にクラスター化しているから、ランダム・グラフよりもはるかに大きなクラスター化指数を示さなければならない。ワッツとストロガッツは、実際の映画俳優たちのネットワークについてコンピューターで数値を計算し、隔たり次数は三・六五、クラスター化指数は〇・七九になることを見いだした。

インターネット・ムービー・データベースに基づけば、二二万五二二六人の俳優のそれぞれは、いずれかの時期に共演したことのある他の俳優たちとつながるリンクを平均して六一本もっていると考えられた。ワッツとストロガッツは、比較のために同じ特性をもつランダム・ネットワークを作った

（同じ数値になっていなければ、比較する意味がなくなってしまう）。このネットワークに対して、コンピューターがはじき出した隔たり次数は二・九九、クラスター化指数は〇・〇〇〇二七だった。案の定、俳優の世界は高度にクラスター化した世界であると同時にスモールワールドでもあった。まさに、スモールワールド・ネットワークだったのである。

これらの結果は控えめに言っても満足のいくものだった。だが、きちんと稼働しているコンピュータープログラムを手にしたワッツとストロガッツは、ここまででよしとすることはできなかった。彼らのスモールワールド・ネットワークの作り方は見事で、驚くほど簡単だった。作り方には、人間それ自体、あるいは特に社会的つながりと関係しているようなものはいっさい入っていなかった。むしろそこには、グラフ理論におけるきわめて基本的な構図が反映されていた。だから、ワッツとストロガッツが、実社会の他のネットワークのなかにも同じような構造を示すものがあるかもしれないと考えるのは自然だった。ワッツはたまたま少し前に、アメリカの電力網の構造と歴史を扱った本に出会っていたので、ここから始めるのが最善の策だと考えた。

アメリカ全体の電力網は、実際には電力系統（インターコネクション）と呼ばれる三つのサブネットワークから構成されている。電力系統のうちの一つはアメリカ東部に、もう一つはロッキー山脈の東側地域に、そして三つ目はテキサス州にのみ電力を供給している。それぞれの電力系統の規模や複雑さを考えれば、この三つのネットワークがだれか一人の手ないしは同じ計画グループの手で設計されたものでないことは言うまでもない。実際、これらのネットワークは多数の歴史的出来事の痕跡を反映している。その痕跡は、産業や増大する人口の必要を満たすべく、新たな技術が開発され、次々に発電所や送電線が適所に設置されていった結果である。地図上の電力網は、何本もの線がまったく規則性をもたずにあらゆる方向に広がって、もつれ合っているように見える。けれども、ワッツとストロガッツは直感にしたがい、アメリカ西部の約五〇〇〇にのぼる発電所、変電所、配電所に加えて、これらの施設間を結んでいる不規則な高圧送電線網のデータを集め、そのすべてをコンピューターに入力した。

アメリカ西部全体では、どの施設も平均すると他の三つの施設とつながっていた。これらの施設が他の施設とつながっている割合はどのくらいになっているのだろうか？　この場合も、その割合がクラスター化指数になるのだが、コンピューターの計算から、電力網のクラスター化指数はランダムに建設されたとした場合の一〇倍になっていることがわかった。同時に、ある施設から別の施設までたどるのに必要な送電線の数は、平均ではわずか一八・七だった。六次の隔たりではないが、途方もなく外れているというほどの値でもない。実際、もしもネットワークが完全にランダムにつながっていて、五〇〇〇の要素のそれぞれから平均して三本のリンクが他の要素に出ているなら、隔たり次数は一二になる。ここでもパターンは同じだった。電力網という現実世界のネットワークは、きわめて高度にクラスター化していると同時に、スモールワールドにもなっているのだ。

ちょっと見ただけでは、このことはむしろ奇妙なことのように思える。われわれの社会を一つにつなぎ合わせている絆は、さまざまな社会的影響力がことごとく寄せ集まって生じ、家族や学校、仕事、クラブなどの活動を通じて育まれてきたものである。このどれ一つをとっても、われわれが依存している電力網の構造を形作った経済や技術や人口の増大などの多種多様な影響力と共通するところはほとんどないように見える。にもかかわらず、電力網の基本的な配線図は、われわれの社会と同様のものになっているらしい。もしもわれわれの社会と電力網という二種類のネットワークがどちらも完全にランダムなものであり、それゆえに似ているというのであれば驚くことはないのだが、しかし、スモールワールドの構造はランダムからはほど遠いのだ。

なぜ不思議なほど似かよったものになっているのか、その原因を突き止めることは、ワッツとストロガッツがやろうとしていた課題のリストのなかでも上位におかれていた。けれども、この仕事に取りかかるには、しばらく時間が必要だった。ホタルをもう一度調べるときだったのだ。

スモールワールドで情報処理するホタルと神経細胞

同期発光の謎に初めて挑戦を試みたとき、ミローロとストロガッツは、どのホタルも他のすべての個体を「見て」反応すると仮定した。これだと、一万匹のホタルの群れでは、ホタルどうしのあいだに約五〇〇〇万本の情報伝達リンクがあることになる（考えられるすべての二匹の組み合わせのあいだに一本のリンクがあるということだ）。このように密につながった網構造(ウェブ)なら、集団が全体の秩序を確立・維持するのにほとんどなんの困難もないだろうし、そのこと自体は驚くことでもない。スモールワールドという発想で武装したワッツとストロガッツは、再度この問題を検討することにした。ホタルの群れは、もっと少数の情報伝達リンクでも同様の結果を達成することができるだろうか？

ホタルのうちのごく少数のものは、遠くにいる一匹ないし二匹のホタルの影響も感じとることができるかもしれない。けれども、どのホタルも主として直近の数匹の発光に反応すると仮定したほうが、もう少し現実的だろう。特に明るく発光する少数のホタルがいて、そのため、遠くにいる他のホタルからもよく見えるのかもしれない。あるいは、遺伝的に変異して、明るい発光よりも微かな光のほうに反応するホタルが何匹かいるかもしれない。いずれにしても、ホタルは何かスモールワールドのパターンに似たやり方で相互に作用をおよぼし合っているのだろう。スモールワールドの構造を利用することで、同じ一万匹のホタルは以前の何千分の一という少数の情報伝達リンクでやりくりしようとしているというわけだ。最初の実験のパターンでは、どのホタルも他の九九九九匹のホタルに影響を与えていた。今度は、それぞれの個体は一握り、四匹か五匹ほどの少数のホタルに影響をおよぼすように設定する。配線図をこのように変化させると、結果的にホタルとホタルのあいだを結んでいるリンクの九九・九パーセント強を取り除くことになる。こんな乱暴なことをしたら、情報伝達のネットワークはまず残っていないと予想されるだろうが、どうして、ネットワークはしっかり残っていたのだ。

ワッツとストロガッツはコンピューターによる一連のシミュレーションで、ホタルの群れはまるで各個体が他の個体のすべてと連絡を取り合っているかのように、いともたやすく同期発光を達成してしまうことを見いだした。スモールワールドの構造になっているというだけで、必要とされるリンク数を何千分の一に減らしてくれたのである。この事実の背後には、重要なメッセージが隠れている。それは生物学に関するものではなく、情報処理にかかわるものである。

抽象的な観点から見れば、同期して発光しようとしているホタルの集団は、情報処理に懸命になっていると考えることができる。全体としては、ホタルの集団は個々のホタルのあいだをいきかう無数の信号や応答信号、さらに応答信号に対する応答信号を処理・統御しようとしている。これはすべて、全体の秩序を保とうとしてのことだ。この情報処理の仕事はどの点から見ても、デスクトップ・コンピューターや人間の脳のネットワークがおこなっている処理と同じように、現実のものである。いかなる状況であれ、情報処理を実行するには、情報が異なる場所のあいだを移動しなければならない。そして、隔たり次数は、ある場所と別の場所とのあいだで情報を行き来させるのに要する一般的な時間を表しているから、スモールワールドの構造は、情報処理の能力と速さに寄与することになる。

　もちろん、ホタルが群れのなかで実際にどのように「つながっている」かはだれにもわからない。さらに、同期発光の妙技をやってのけるのは、ホタルのなかでもマレーシア、ニューギニア、ボルネオおよびタイに棲息する少数の種だけである。ワッツとストロガッツはホタルに関する疑問のすべてに答えを出したわけではなく、疑問の多くは答えられないまま残っている。[5] それにもかかわらず、ワッツとストロガッツは、情報処理の仕組みという観点から見ると、スモールワールドの構造形式がきわめて重要な「ほんとうの秘訣」であることを知った。もっとも、情報処理について言えば、人間の脳ほど不思議なものはない。それゆえ、脳もスモールワールドのトリックを利用しているのだろうかと考えるのは自然である。ワッツとストロガッツのどちらも神経科学については十分な知識がなく、大胆な推測すらおこなえなかったのだが、ワッツがふたたび図書館に戻った——今回は生物学を学ぶために——のは幸いだった。

　周知のように、ヒトの神経系の何千億というニューロンのもつれ合ったつながりの解明は、現在でも科学の能力を超えている。しかし一九六〇年代、カリフォルニアのソーク研究所のシドニー・ブレンナーとその同僚たちは、この方向に向かって小さな一歩を踏み出した。当時ブレンナーは、生物学の基本的な疑問の大半にはすでに解答が得られていると確信して、次の段階に目を向けようとしていた。それは、複雑な生物学的なネットワークの働きを理解することである。ブレンナーと彼の同僚たちはこんな意気込みで、線虫の一種、C・エレガンス（*Caenorhabditis elegans*）のニューロンのつながりのネットワークを地図にする仕事に着手したのだった。長さが一ミリメートルほどのC・エレガンスは、世界じゅうのあらゆる腐食質中に繁殖している。この動物は完全に生育しても細胞の数は九七九個にしかならない。ヒトの神経系の呆然とさせられる複雑さとは対照的に、C・エレガンスには二八二のニューロンしかない。

ヒトゲノム計画と同様、C・エレガンスの神経系のネットワーク地図を作るにはまる一〇年を要したが、ブレンナーたちがそれを完成させたとき、生物学者たちは初めて神経系の完全な地図を手にすることになった。ワッツとストロガッツは、ブレンナーらのグループが作った地図を入手して、それをいまやおなじみとなった構造解析にかけた。この線虫の二八二のニューロンは、いずれも、平均すると約一四の他のニューロンとつながっていた。ワッツとストロガッツはコンピューターを使ってクラスター化指数を計算し、〇・二八という大きな数値になっていることを知った。二八二の要素からなり、それぞれから一四本のリンクが出ているランダム・グラフの場合、クラスター化指数は〇・〇五ほどでなければならない。だが、C・エレガンスのニューロンのネットワーク（ニューラル・ネットワーク）は、ランダム・ネットワークに比べると、クラスター化は五倍にもなっているのに、隔たり次数はわずか二・六五だった。この値をランダム・ネットワークの場合の二・二五と比べてみてほしい。

またしても、この発見は解決した疑問に勝るとも劣らない数の疑問を提起する。電力網と同じく、この原始的な動物もスモールワールドの仕掛けを明かしたのだ。これはどういうことなのか？　奇妙な偶然の一致にすぎないのか？　それとも、自然のより深くにあるなんらかの設計原理を指し示しているのだろうか？

一九九八年六月四日発行の『ネイチャー』誌に掲載された三ページの論文で、ワッツとストロガッツはこれらの発見のすべてを、不意を襲うように科学界に解き放った。[6] この論文が口火となって、科学の多くの分野でさらなる研究が次々とおこなわれることになる。以降の章で見るように、人体を作っているタンパク質の重要な構造や生態系の食物網、さらに、われわれが使っている言語の文法や構造の背後にも、ワッツとストロガッツが見いだしたスモールワールドの幾何図形的配列の一類型があるようだ。さらにスモールワールドは、インターネットの構造上の秘密を解く鍵でもある。見かけの単純さにもかかわらず、スモールワールドというのは、あらゆる面において計りしれない重要性をもつ、新たな幾何学的・構造的な考え方なのである。

第4章

脳がうまく働く理由

理論は誤りであるか正しいかのいずれかでしかない。しかし、モデルには第三の可能性がある。正しいけれども無意味かもしれないのだ。

マンフレイト・アイゲン[1]

モジュールの集合としての脳

一八世紀も終わりを迎えた一七九〇年代、ウィーンにいたフランツ・ヨーゼフ・ガルという名の有能な医師が、脳に関する過激な新理論を提唱した。当時、人間の精神の座は不滅の魂にあると考えられており、精神のさらに深遠な本性の検証は哲学者の領分に属す事柄だった。イマヌエル・カントは、時間と空間は精神の自然にして不変の形式であり、精神が実在を純化して認識するさいの根本前提であると主張した。しかし実際の脳のことになると、科学者たちは、この重さ一・五キログラムほどの組織が何からできていてどのように働くのか、まったくわかっていなかった。ガル自身、脳の何千億というニューロンや数百兆にもなる相互作用や一〇〇〇キロメートルを超す「配線」についてなんの知識ももっていなかった。それでも彼は瞠目すべき革命的な発見をなしとげた。というか、自分ではそう考えていたのである。

内科医としての仕事を通して、ガルはあらゆるタイプの特異な気質の患者と出会っていた。際だって無私無欲の穏和な人もいた。残忍で野心的な者もいた。さらに、驚くほど知的で、数学や詩の才能に恵まれている人もいた。ガルは一〇年以上にわたって、患者の性格の特質を記録する一方で、こっそり彼らの頭の大きさと形状のデータを集めた。また、人間や動物の頭蓋骨を何百と集めたり、脳の蠟（ろう）模型を作ったり、カリパス（外径や内径を測定する器具）を友人をはじめ大勢の人間の額に当てたりした。ガルは自らの観察に基づいて、身体と同じように、脳には種類を異にするさまざまな器官があると結論するにいたった。

ガルが論じたのは、「視覚器官を通してものを見、嗅覚器官を通してにおいをかぐのと同一の精神が、記憶器官を通して暗記をし、善行器官を通して善をなす」ということだった。[2] 言うまでもなく、もしもガルが正しく、これらの脳の器官が実在するのなら、位置を突きとめて測定することができるはずだ。ガルはまさにそのとおりだと主張した。これらの脳内の器官を探すために、ガルは相手の頭蓋骨の表面に掌（てのひら）をあてがって、ふつうとは異なる膨らみやへこみを感じとるよう推奨している。発達して大きくなった器官は頭蓋骨を外側に押して隆起部を作り、一方、未発達の器官はへこみを残すだろうと考えたのである。著しい隆起やへこみを探すことで、だれについてもどんな能力が過剰に発達しているか、あるいは未発達であるかを知ることができ、その人の性格をたちどころに読み取ることができるとガルは主張した。

読み取りを容易にするために、ガルはさまざまな器官の位置を図に表し、それぞれの器官に付随する二七の能力をリストにすることさえした。そのなかには、親としての愛情、友情、野望、狡猾さの感覚といったものも入っている。ガルは他にも、音楽や計算の能力、あるいは手先の器用さの能力や詩才の座となる器官もあると述べている。ガルの図を用いれば、熟練の骨相学者——この手法の実践者は間もなくこう呼ばれるようになった——は指と掌を使って、数分のうちに人の性格を評価することができた。ガルはヨーロッパの名だたる大学から講演の招きを受け、また自分の方法を王や女王や政治家たちにやってのけた（ガルはナポレオンの頭蓋骨の輪郭に哲学的才能の著しい欠如を認め、そのことでナポレオンを悩ませたと言われている）。

ガルが唯一残念に思ったのは、研究のための頭蓋骨があまり手に入らなかったことだ。彼は同僚に宛てた手紙にこう書いている。「たとえば、盗んできたものしか食べない犬やどんな遠くからでも主人を見つける犬など、性質をよく観察していた動物の頭蓋骨を送ってくれる人がいると非常にありがたいのだが……」[3]。

言うまでもないことだが、今日、骨相学はまったく信頼できないものとされている。入念におこなわれた科学的研究でも、性格と頭蓋骨の形状とのあいだのつながりはこれまで何一つ見いだされていない。つながりを見つけたと考えたガルは、ずっと思いちがいをしていたようだ。それにもかかわらず、このウィーンの内科医は正しい何かをつかんでいた。実際、ガルの着想を嚆矢（こうし）とする考え方は、科学者たちが描く脳の像では、その中心に位置しているものなのだ。

ガル以前には、だれ一人として、脳が異なった仕事——会話、視覚、感情、言語など——を受けもつ個別の構成部分の集まりだとは考えなかった。しかし現在の神経科学の実験室では、研究者たちはこうしたさまざまなモジュールが活動する様子を見ることができる。機能的磁気共鳴画像法（f－MRI）は、電磁波を利用して脳内の血流パターンを調べる手法で、脳のいろいろな部位が各瞬間にどのくらいの酸素を消費しているかを知ることができる。この消費酸素の量はニューロンの活動レベルを反映している。したがって、この手法を用いれば、被験者が口頭での命令に反応するとか、味を認識するといった異なる仕事を処理するとき、脳の異なる領域がコンピュータースクリーン上で「点灯する」のを観察することができる。被験者が与えられた電話番号を覚えるときには、新たな記憶の形成に深くかかわる脳の領域、「海馬」が活性化する。この他にも脳内には、聴覚や視覚、あるいは怒りや空腹などの基本的な衝動をつかさどる領域がある。これらはガルが思い浮かべた器官とはまったく異なるが、脳の内部にある重要な個別の処理中枢であることはまちがいない。

ガルは、神経科学者たちの目をこれらの中枢が位置している脳の特別な領域に向けさせた最初の人物でもあった。その領域とは、大脳皮質と呼ばれる灰白色の薄い表層である。何世紀ものあいだ、大脳皮質はたいして重要性のない保護層だと考えられてきた。厚さが数ミリメートルを超えないこの層には、実際は脳の大切なニューロンの大半が含まれている。小さな哺乳類をはじめとする下等動物の大脳皮質の表面はなめらかだが、ハツカネズミ程度より大きい動物になると、大脳皮質は著しく内側に巻き込まれ、折り畳まれるようになる。頭蓋骨内に、より大きな脳を収容しなければならないからだ。ヒトの脳の大脳皮質を広げれば、ピクニック用のテーブルの表面を覆ってしまうだろう。複雑に折り畳まれ、精妙に詰めこまれた大脳皮質は、高等知性が宿る場所である。脳のこの部位こそが、われわれに話をさせたり、計画を立てさせたり、計算を覚えさせたり、遅刻の言い訳を考えつかせたりしているのだ。

まさに人間を人間たらしめているのが大脳皮質なのである。大脳皮質は、ガルが考えていたように、一連の器官に似たものに組織化されている。もちろん、脳はほとんどの場合、いくつものモジュールが無秩序に、それぞれ勝手に働くことはない。脳全体の活動を調整するために、これらのモジュールは情報のやりとりをしなければならない。われわれは喋るとき、適切な語を選んで正しく組み合わせるだけでなく、記憶をたどったり、話すタイミングや感情の込め方も調整する。名前を思い出して友人にささやくこともあるだろうし、効果を増すために手ぶりを交えることもあるだろう。これらの行動には、脳の多くの機能部位がそれぞれのあいだで情報をすばやく効率的にやりとりし、容易に結びついていっしょに働くことが必要になる。こうしたすべての活動は、当然のように、ある疑問を提起する。それは、この効率のよさをもたらすために、脳はどのような配線のパターンを利用しているのか、である。

脳もスモールワールド構造になっている

ヒトの脳のビー玉ほどの大きさの領域には、アメリカの人口［三億人弱］と同じくらい多くのニューロンが含まれている。おおざっぱな見方をすれば、それぞれのニューロンは、中心部の細胞体とそこから出ている多数の繊維からなる単一の細胞である。樹状突起と呼ばれる短いほうの突起はニューロンの受容経路であり、長く延びている軸索（軸索突起）と呼ばれる繊維は伝送回線になる。どのニューロンから出ている軸索も最終的には他のニューロンの樹状突起につながり、情報伝達リンクを作っている。どんなニューロンであれ、完全な構造の詳細を述べようとすれば膨大なページ数が必要で、それだけで一冊の本になるほどだが、肝心なのはいま述べた特徴である。

ニューロンの大半は同じ機能部位内の近くにある他のニューロンとつながっている。それは、たとえば「海馬」であろうと「ブロカの部位（ブロカの中枢）」であろうと同じだ。ちなみに、ブロカの中枢というのは話す能力にかかわっている部位で、フランスの神経科学者ポール・ブロカが一八六一年に明らかにしたものである。軸索のなかにはもう少し遠くまで走って、隣接する脳領域のニューロンとつながっているものもある。隣接領域とのつながりは、ほぼこの形で生じる。脳全体で見た場合、脳のさまざまな機能部位をネットワークのノード（結節点）と考えれば、脳はこうした「局所的」な連絡によって、全体がつながった一つのまとまりになっている。これは規則的なネットワークと似ていなくもない。けれども、脳には少数だが遠く離れた部位間を連絡している非常に長く延びた軸索もあり、なかには脳の反対側にまで走っているものがある。したがって、脳の内部には局所的な多数のリンクと、長距離を結ぶ少数のリンクがあるわけだ。この造りは、何かスモールワールドのパターンに近いような感じがする。最近の研究から明らかになったように、数値を使って示すと、このパターンがはっきりと浮かび上がってくる。

心理学者のジャック・スキャネルは、イングランドのニューキャッスル大学で一〇年以上の歳月を費して、大脳皮質の異なる部位間の連絡を示す地図を完成させた。スキャネルの研究はヒトではなくネコとサルの脳に焦点を当てたものだったが、あらゆる哺乳動物の脳には大きな類似性があることを考えれば、彼の研究結果がヒトの脳にも適用できるのはほぼ確実である。[4] スキャネルは以前におこなったネコの研究で、それぞれ異なる役割と結びついた五五の大脳皮質の部位を突き止めていた。マカクサルでは、その数は六九である。ネコとサルの脳には、異なる部位どうしを結んでいる重要なリンクが約四〇〇〜五〇〇本あり、しかも、これらのリンクは単一の軸索で構成されているとはかぎらない。並行して走る何本もの軸索が、もっとはっきりわかる流れを作っていることもある。

こうした脳内のリンクがどのように配置されているかを明らかにするため、パリ大学のヴィト・ラトーラとマサチューセッツ工科大学のマッシモ・マルキオリは、スキャネルの地図を利用することにした。二人はこれらのネットワークをワッツとストロガッツが発表した条件の下で解析し、きわめて効率的なネットワーク構造固有の特徴を見いだしている。[5] たとえばネコの脳の場合、隔たり次数は二と三のあいだになる。この数値はマカクサルの脳でも同じである。ラトーラとマルキオリは同時に、これらのニューロンのネットワークのどれもが、高度にクラスター化していることも見いだした。言いかえれば、親友についていえることが大脳皮質の部位についても当てはまるらしい。つまり、もしも大脳皮質のある部位が他の二つの部位とつながっているなら、これら二つの部位のあいだもつながっている可能性が高いということである。

機能という観点からすると、こうした特徴は生物学的には明らかに理にかなっている。誤って燃えている小枝をつかんだとき、感覚ニューロンは瞬時に、脳へとまっしぐらに突き進む信号を送りだす。この信号が他のニューロンを刺激する連鎖反応の引き金となって、最終的には、指や声帯や舌や口の筋肉に信号を送り返す運動ニューロンに達する。小枝を手から落とし、苦痛の悲鳴を上げるのだ。もしも情報を伝達するのにニューロンとニューロンのあいだをつなぐ何万もの段階が必要だとなると、反射的な反応には実際よりもはるかに長い時間を要してしまうだろう。スモールワールドのパターンは、脳のさまざまな機能部位を互いに数段階の隔たりのところに位置させることで、ネットワーク全体が一つの緊密なまとまりをもった単一体になるのを確実なものにしている。

迅速で効率的な信号の伝達は、スモールワールドの構造がもたらしてくれるもっとも単純かつ明白な利点である。けれども、もう一つ別の利点がある。マーク・グラノヴェターが指摘したように、社会のネットワークでは、親友の集団内で絆が緊密に集まっているということは、たとえそのうちの数人がネットワークから離れても他の人たちはまだ密接なつながりを保っていることを意味する。別の言い方をすれば、クラスター化したネットワークでは、一つの要素の喪失が引き金となってネットワークの劇的な崩壊が起こり、つながりのないバラバラの断片になってしまうことはないのである。脳の内部でもこうした組織的構造が有効な役割を果たしているかもしれないと考えられる。というのは、ある特定の部位が損傷を受けたり破壊されたりしても、信号を駆けめぐらせて他の部位と協調する能力にはほとんど影響が見られないからだ。たとえば、ブロカの中枢に損傷を受けた患者は人が話す言葉を理解することはできないが、聞き取ることは完璧にできるし、計算や将来の計画の立案をなんの苦労もなくおこなうことができる。もしも、この部位へのダメージによって、たとえば視覚野と海馬との連絡も断ち切られてしまうとか、あるいは、少なくとも信号がある部位から他の部位に行くのに長い距離を通らざるをえなくなってしまうのなら、視覚情報の短期的記憶も損なわれてしまうだろう。

スモールワールドの構造形式は、このような事態になるのを防いでくれているように見える。スモールワールドの構造のおかげで、脳は効率的で機敏なだけでなく、欠陥をものともしない能力も獲得したのだ。

ヒトにかぎらず哺乳類の脳は、効果的な反射反応を生みだしたり、災難のもとで力を合わせたりする。だが、脳はそうした巧妙な装置をはるかに超えた能力をもっている。脳内のスモールワールド・ネットワークは、この他にもいろいろなやり方で不思議な力を発揮するのである。

ニューロンの同期発火と意識

意識の本質はいまだに、あらゆる科学の謎のなかでもいちばん当惑させられるものの一つだ。ヒトの脳は、ふつうの細胞でできた物質塊であり、化学的・電気的原理で作動する。複雑なものの一つであることは否定できないけれども、基本的な生物学や物理法則の観点から見れば、完全に物質的な機構の一つで、特別変わったものではない。だが、もし脳が物質的なしろものにすぎず、ごく当たりまえの物理的な働きをしているのだとすれば、一見精神的な実在のように見えるものの源はなんなのだろうか？　精神の実在が、自らを認識して「私は」と語ることを可能にしているのではないのか？　われわれの感情や責任感は、物理学の機械的な法則が、十分な複雑さをもった状況下で組み合わさったとき生じる結果にすぎないのだろうか？　あるいは、脳の働きにはこれ以外の何か不思議な要素があり、そのような要素なしには、意識するということは不可能なのだろうか？

哲学者、心理学者、コンピューター科学者、神経科学者たちは、現在もこの問題をめぐって議論をつづけている。しかし、だれ一人として、意識とは実際のところなんなのかを明確に述べることも、意識がどのニューロンから発するのかを正確に示すことも、どうすれば人工的に意識を作ることができそうかを説明することもできない。それでも神経科学者たちは、意識に付随するニューロンの活動を研究するだけでなく、意識しているときの脳が働くメカニズムの研究でも、注目すべき進歩を重ねている。

脳の驚異的な能力の一部は、外界に反応するとき、きわめて幅の広いさまざまな意識状態を取りうることから生じている。窓越しに外を眺めていて、一人の人物が家のほうに近づいてくるのに気づいたとしよう。脳は一秒もしないうちに、何千というさまざまな意識状態をすばやく走査していくだろう。その人物の位置はたえず変わりつつあるから、それぞれの意識状態には、位置に関してわずかに異なる認識が伴っているはずだ。さらに、感情や次に起こることの予想、音の認識、記憶との結びつきなどが加わるから、意識がとることのできる一連の状態は、明らかに膨大なものになる。それにもかかわらず、脳はどんなときでも瞬時に、これら無数の状態のうち、外界とそれを見ている人の個人的な歴史や状況との微妙な対応から選択された一つの状態に収斂(しゅうれん)する。

この並はずれた柔軟性があるために、人間はこんなにも複雑なものになっているのだし、また、変化しつづける世界のなかでも適応していける大きな力をもっている。さらに、同じくらい印象的なのは、意識を生み出す脳の組織的構造の深遠さである。家に近づいてくるだれかを認めるということは、視覚的なイメージを得、動きの向きを把握して、そのイメージをある特別な「窓」を通して見る状況におくことであり、さらに、そのイメージを件の人物につながりそうな状況や人々についての記憶と結びつけることである。脳はこうした種々の局面をはじめとして、数え切れないほど多数の局面を一つにまとめあげ、単一で不可分の心的情景を作りだす。このようにして作られた心的情景は、個々の要素に分解されてしまえばなんの意味ももたなくなってしまう。言いかえれば、脳は一つのまとまりをもった統一体として驚くほど見事に協調した働きをしており、どんな瞬間にも、完全に統合された意識の反応を一つだけ作りだしているのである。

では、こうしたことの一切を生じさせるニューロンでは何が起こっているのだろうか？　一方では、まさに脳のニューロンの数そのものが、幅広いさまざまな状態をとりうることの説明になるかもしれない。しかしながら、ある意識の情景を構成する種々の要素を一つに結びつけるために、ニューロンは何をしなければならないかを理解するのはそう簡単ではない。神経科学者たちが細部まで理解するようになるのはたぶん何年も先のことだろう。それでもいくつかの重要な手がかりは明らかにされている。たとえば、意識にはどんな場合でも、脳の多くの部位でのニューロンの活性化が必要なことがわかっている——意識というものはニューロンどうしが緊密に協調し、全体として作りだすパターンによって決まるらしいのだ。そして、ニューロンが協調するメカニズムの少なくとも一部は、ニューロンが同時に反応することである。

ニューロンの同時反応の一例として、フランクフルトにあるマックス・プランク研究所脳研究部門のヴォルフ・ジンガーらの神経科学者たちが一九九九年におこなった印象的な実験がある。互いに直角方向に動く二組の縞模様をネコに提示するというもので、二つの縞は明るさを調整することができる。それによってネコが何を認識するかの対照実験をおこなおうというのだ。一方の組の縞が他方より明るいとき、ネコは二組の縞を別々のものと理解するだろう。けれども、もしも明るさが同じなら縞どうしは融合して、あたかもただ一つの模様、チェック模様が第三の方向（二組の縞の動きの中間に当たる斜め方向）に動いているように見えるだろう。

この巧妙な手法によって、ジンガーらのチームは、ネコが別々の縞模様をくっついた一体のものと意識するようになったとき、ネコの脳内のニューロンがどのように反応するかを研究することができた。ジンガーらは徐々に明るさを変えながら、ネコの視覚領の広い範囲にわたって一〇〇以上のニューロンの活動を観察した。その結果、ネコが別々の二組の縞を見ているときには、それらの縞に対応するニューロンの集団が二組生じ、それぞれが「発火」［ニューロン内部の生体電位が突然高くなること。このときパルス電圧がニューロン信号として他のニューロンに伝わる］していることがわかった。注目すべきことに、二組のニューロンは互いに同期状態にはなっていなかった。けれども、ネコが一つの模様（チェック模様）だけを知覚するように明るさを調整すると、二組のニューロンはほぼ同期して発火する状態になった。[6] この同期発火が別個の二つの特徴を合体させ、意識のうえでは一つの要素にしているらしかった。

ジンガーらの研究チームは、一〇〇以上のニューロンの活性を同時に記録できるようになったのだから、この実験は脳研究の最高峰を象徴するものだった。カリフォルニア工科大学でも、生物学者のジル・ローランらのグループが同様の手法を利用してバッタ［サバクバッタ。*Schistocerca americana*］の脳の研究をおこない、ここでもニューロンの同期が重要な役割を果たしている事実が明らかにされた。[7]

バッタの嗅覚系にある触角葉は八〇〇ほどのニューロンの集まりで、「におい」受容器から受け取った情報を上位にある脳部位に伝達している。バッタが何か惹かれるにおいを嗅ぐと、これらのニューロンはきわめて素速く反応し、パターンを同期させて一秒に約二〇回発火するようになる。けれども、これはニューロンの組織的な反応の一部でしかない。集団が統一をとって発火するのに対し、個々のニューロンはそれぞれ固有のタイミング——平均よりほんのわずかに早いか遅いかだが——での反応も維持しているのである。これらの事実は、ニューロンは、集団レベルでの同期発火によって情報を蓄えているのみならず、個々のレベルでも正確なタイミングで発火して情報を蓄えていることを示している。したがって、多量の情報が次の段階の処理のために上位に送られていることになる。

ネコと同じくバッタの場合も、ニューロンのネットワークがその機能を果たすうえで同期発火が重要らしい。こうしたことから、神経系のスモールワールドの構造は、同期発火を可能にするうえで不可欠なのではないかと考えるのは理にかなっているように思える。もう一度、ホタルやコオロギについて考えてみよう。ワッツとストロガッツが発見したように、リンクがスモールワールドのパターンになっていることで、ホタルの集団の発光がうまく同期するようになったのだ。そしてニューロンでも、スモールワールドの妙技（トリック）というのは的を射た着想であるのみならず、脳の基本的な機能のもっとも根本となる前提条件の一つのように思われはじめている。

脳はなぜ素速く大量の情報をあつかえるのか

スモールワールドのトリックは、ほんとうにニューロンのネットワークが同期するのに一役買っているのだろうか？　これ以外の利益や不利益もあるのではないだろうか？　一九九九年にマドリード自治大学のラーゴ＝フェルナンデスらのグループは、ワッツとストロガッツがホタルの集団の研究でおこなったのとほぼ同じやり方でニューロンのネットワークを研究し、その答えを明らかにしようとした。具体的には、バッタの触角葉の仮想モデルを作って能力を検証し、モデルが刺激に対してどのように反応するかを調べたのである。

これまでバッタのニューロンについて、実際の構造がわかるほど詳細に配列を研究した者は一人もいなかった。そこでラーゴ＝フェルナンデスたちは、いくつかの可能性を試してみた。まず、きちんとした規則的なネットワークと同じようにニューロンをつなげてみた。シミュレーションに現実性をもたせるため、八〇〇のニューロンそれぞれの振舞いについては、神経科学の研究者たちが半世紀にわたって骨身を惜しまず努力して作り上げた詳細なモデルを用いることにした。コンピューターを利用することで、ラーゴ＝フェルナンデスらはネットワーク内のニューロンの一部に刺激を与え、活性が全体に広がっていくときのネットワークの様子を観察することができた。

引き金となるインパルス――バッタが重要なにおいを検出したことに対応するもの――をネットワークに加えても、規則的なネットワーク構造はまったく不十分な応答しか示さないことがわかった。たしかに、ニューロンは同期発火の状態になり、本物のバッタで生じるのとほぼ同じように、においを記録するのに必要な統一のとれた応答を生み出すことはできた。しかしながら、重大な問題が一つあった。刺激を与えてからニューロンが同期発火を達成するまでに、バッタのニューロンよりもはるかに長い時間がかかってしまったのだ。もしもバッタの脳がこのように配線されていたなら、なんとも鈍い脳ということになってしまう。

ラーゴ＝フェルナンデスらの研究グループは、次にランダムな配線のパターンを試してみた。しかしこれはさらにうまくなかった。最初のにおいで活性化した少数のニューロンはすぐに他のニューロンを刺激し、活性はネットワーク全体をものすごい速さで駆けめぐった。規則的なネットワークに比べると隔たりの次数がはるかに小さいのだから、驚くことではない。けれども、別の問題があった。ランダム・ネットワークでは、ニューロンは活動を同期化することがまったくできなかったのである。ネットワークは素速く反応したけれども、結局のところ統制のとれた反応の仕方ではなく、検出したにおいを、統一のとれたニューロンの振動現象として記録することはできなかった。

多くの科学者たちと同様、ラーゴ＝フェルナンデスらも、当時すでに論文を読んでワッツとストロガッツの研究のことを知っていたので、スモールワールド・ネットワークで試してみることにした。彼らは最初の規則的なネットワークに戻って、ニューロンとニューロンを結ぶ長距離リンクを少数加え、こうしてできたスモールワールド・ネットワークを再度シミュレーションで検証した。結果はほとんど信じられないくらい上首尾だった。スモールワールド・ネットワークは、ランダム・ネットワークとほぼ同じくらい素速く刺激に反応した。しかも、ニューロンは同期して発火する状態になり、それによって、現実のバッタでは知覚するうえで不可欠の役割をしているニューロンの協調をもたらしたのだ。ここでも、スモールワールドのパターンは、規則性とランダムさという二つの世界の長所を与えてくれているようだ――間接的とはいえ、バッタの神経系がスモールワールドのパターンでつながっていることをうかがわせるものだ。

さらに余禄として、ラーゴ＝フェルナンデスらは、スモールワールドの印象的な効果をもう一つ発見した。実際のバッタでは、ニューロンの反応のさらに不思議な特徴の一つとして、集団での振動に対して個々のニューロンが固有のタイミングで正確に反応することがあげられる。この正確さのおかげで、ネットワークは正確なタイミングを保持していない場合よりもはるかに多くの情報を蓄えることができる。こうした情報はおそらく、同じような非常によく似たにおいを識別したり、においの強さなどの他の特徴を識別するのに役立っているのだろう。ラーゴ＝フェルナンデスらの研究グループはシミュレーションのなかで、スモールワールド・ネットワークは、全体の振動に関連してニューロンの素速い同期を可能にするとともに、それぞれのニューロンに固有の発火のタイミングをもたらすことのできる唯一のネットワークであることを見いだした。このことが神経科学の文脈で実際にどんな意味をもつのかは簡単には言えないが、スモールワールドの構造は、ネットワークが素速く統一をとって反応することを可能にしているのみならず、情報をコンパクトに蓄えることも可能にしているように思われる。[8]

ここにあげた発見のどれ一つとして、実際には、脳がどのように働いているのか、あるいは意識とは何かの説明にはなっていない。それでも、脳はどのようにして意識の根底をなす統一のとれた活性をなしとげるのかについて、いくつかの手がかりを与えていることは確かだ。ニューロンの同期活性は、意識の働きにおいて中心的な役割を果たしていて、スモールワールドの構造がその過程の手助けをしているように思われる。脳の配線図はめちゃくちゃなように見えるかもしれないが、そうではないことはまずまちがいない。スモールワールドと同じく、実際には、脳の内部にはきわめて多くの合理性が隠れているのだ。

「隠れた設計図」を読み解く手がかり

古代アテネのプラトンのアカデメイアには、扉のうえに碑文があり、そこにはこう書いてあった。「幾何学を知らざる者は何人たりとも入るべからず」。ピュタゴラス学派の人々と同様、プラトンにとって幾何学は、実用の目的を目指すためのたんなる手段ではなかった。幾何学の精神的な裏づけは、まさにあらゆる俗事とのかかわりから隔てられた厳密な純粋さと抽象のうちにあった。プラトンによれば、幾何学的実在の絶対真理を熟視するようになれば、その行為のなかで森羅万象の核心の近くに到達し、通常知っている実在よりもさらに奥深い実在に巡り合うことになる。この意味で幾何学は、人を向上させるとともに、魂をその完成に向けて錬磨するための精神の営みでもあったのだ。

プラトンの『国家』のなかでソクラテスは次のように述べている。「自らの精神を外界の実在に真に注いでいる者なら、視線を下方に向けて世俗の些事にかかわっている暇などなく……永遠に変わることのない秩序を保つ事物に目を向け、それらが互いに不正を働くことも不正をこうむることもなく、すべてが理性の命ずるままに調和を保っていることを理解して、それらを模倣し、できるかぎり自分をそれらと似たものに変えよう、同化しようとするだろう……」[9]。こうした課題において幾何学を熟考するための材料は、紀元前三〇〇年ころに著されたエウクレイデス（ユークリッド）の『ストイケイア』に見いだされる。エウクレイデスは単純にして明らかに「自明」の事実、すなわち公理から出発し、天与の理性の才を駆使してさらに複雑な定理を導くことで、幾何学的真理の完璧な形式を追求した。プラトンは宇宙の起源について思いをめぐらし、円、正方形などの規則的な図形を利用する神を思い描いたが、神にとって、こうしたきわめて理性的な幾何学的物体は、申し分のない建築材料だったにちがいない。

数学史家のエリック・テンプル・ベルはかつて、ユークリッド幾何学と、この幾何学がいかに強力に人の心を支配しているかについて、こんなおもしろい比喩を述べたことがある。「カウボーイは雄牛や半野生の仔馬をどう縛り上げればいいかを知っていて、暴れん坊どもが動くことも考えることもできないようにしてしまうことができる。つまり、四肢をがんじがらめにしてしまうのだ。まさしくこれと同じことを、エウクレイデスは幾何学に対してやったのである」[10]。この束縛から最終的に解き放たれたのは、一九世紀の後半にロシアの数学者ニコライ・ロバチェフスキーが、ユークリッド幾何学は唯一の幾何学ではないことを証明したときだった。ユークリッド幾何学では、だれもが学校で教わったように、三角形の内角の和は一八〇度である。ロバチェフスキーは、ユークリッド幾何学以外にも幾何学は多数あり、三角形の内角の和が一八〇度より大きくなる幾何学もあれば小さくなる幾何学もあることを示した。物理的なこの世界についても、どんな幾何学になっているかは、実験によって判定すべき重要な問題である。いまでは、物理的な世界は非ユークリッド幾何学であることがわかっているが、それを最初に認識したのはアインシュタインだった。

前述したように、一部の社会学者は、社会のネットワークの構造が歪んでいるように見えるのを説明するために、非ユークリッド幾何学を使うことを思いついた。しかしながらこの場合には、その着想は誤りであったことが判明している。これに比べると、スモールワールドの幾何学は正しい部類に属す発想のように見える。いまのところ、スモールワールドという考え方は、幾何学図形や時空の構造には適用されていないが、生命に満ちた世界の基本的な構造となっている不規則なネットワーク——社会・経済のネットワークや生物学的ネットワーク——には確実に適用されている。

どうすればヒトの脳など、表面的には無秩序にしか見えない多くの種類のネットワーク内に規則性と計画性が見えてくるのか？　われわれが理解しはじめたように、スモールワールドの視点に立つことでそのための手だてが与えられる。これまでランダムで深遠な設計原理を欠いているも同然のように見えた多くのネットワークには隠れた規則性が宿っていて、かなり巧妙な仕組みの設計図が隠されていることがわかってきたのだ。

第5章

インターネットがしたがう法則

人類は、炭素の知性からケイ素の知性への変化を引き起こす酵素である。

ジェラルド・ブリコーン[1]

スプートニク・ショックが生んだ研究機関ARPA

一九五七年一〇月五日、朝刊を読んだアメリカ全土の読者の目に、不安をかき立てる記事が飛びこんできた。軍の高官を戦慄させ、またアメリカの科学者の多くには寝耳に水だったのだが、ソ連が地球を回る低高度の軌道に人工衛星を打ち上げたのだ。このときスプートニクは、アメリカ本土の上空約九〇〇キロメートルを一日に七回通過していた。ほぼバスケットボール大のこの人工衛星は重量約八三キログラムで、アメリカが人工衛星計画で考えていた装置のいずれと比べても、一〇倍近い重さがあった。スプートニクがどれほど高い位置にあろうと、存在すること自体が脅威だった。スプートニクは、ソ連が宇宙競争で憂慮しなければならないほど先行していることを示していたからである。言うまでもなく、現実の不安はスプートニク自体ではなく、むしろスプートニクによって明らかになった事実にあった。すなわち、ソ連はロケットやミサイル誘導の高度な技術に関する先進的な知識をもっていること、そしてその技術は大陸間弾道核ミサイルの設計・製造にも利用できることである。数日後に共和党の上院議員スチュワート・サイミントンが示唆したように、この人工衛星は「きわめて重要なミサイルの分野で、共産主義者の優位が拡大しつつあることのさらなる証拠」だった。サイミントンはさらにこう警告した。「アメリカの将来は大いなる危機に直面していると言えるだろう」[2]。ドワイト・アイゼンハワー大統領がソ連の不意打ちへの対応に乗り出したのは、このようなヒステリーにも似た恐怖が大きくなりつつあるときだった。

打ち上げのニュースから五日後の一〇月一〇日、アイゼンハワーは記者会見で、ソ連の人工衛星によってアメリカの軍事的安全が損なわれることは「微塵」もないと、確固たる自信を表明した。公にすることはできなかったのだが、アイゼンハワーはU2偵察機がソ連領土の上空から撮影した写真によって、アメリカがミサイル競争でけっして後れをとっていないことを知っていた。それでも彼の言葉は気休めにしかならず、アイゼンハワーは数カ月後にスプートニクへのより有効な対応を示すことになる。一九五八年一月、アイゼンハワーは大統領教書のなかで、アメリカのあらゆる宇宙研究と兵器研究の監督を目的とする新たな機関設立のための財源を議会に要求したのだ。アイゼンハワーの考えでは、科学者はアメリカのもっとも貴重な財産の一つだった。そして、科学分野での彼らの力を結集することを目指して、国防総省に高等研究計画局＝ARPA（アーパ。Advanced Research Projects Agency の略）が設けられたのである。しばしば競合していた軍のさまざまな研究部門を統合することで、ARPAは、アメリカが軍事技術で二度と後れをとることがないようにするはずだった。

人間の歴史で事が予定どおり運んだためしはない。実際にはどうだったかと言えば、ＡＲＰＡは宇宙におけるソ連の脅威に対抗するうえで、大きな役割を果たすことは一度もなかったのだ。なぜなら、一年も経たないうちにアメリカ航空宇宙局（ＮＡＳＡ）が設立され、ＡＲＰＡは財源の大半を取られたうえに、所期の目的も削られたからである。当時のある刊行物はＡＲＰＡのことを「しまい込まれたままの役立たず」と書いている。[3] その結果、ＡＲＰＡは半世紀あまりにわたって存続しているにもかかわらず、そして全歴史を通じてもっとも革命的な発明の一つをそっと世界に提供したにもかかわらず、設立から四十余年を経た現在でも、その名を一度も耳にしたことのない人が大半なのである。

冷戦下の恐怖がインターネットを作った

キューバ・ミサイル危機から二年後の一九六四年、ポール・バランという名のアメリカ人技術者が、カリフォルニア州サンタ・モニカのランド社に提出する一連の技術論文を書いていた。バランはアメリカ空軍から資金援助を受けて、ソ連によるかなり激しい攻撃にも耐えられる全国規模の通信ネットワークの概念図を考える仕事に取り組んでいた。[4] 当時アメリカには、ソ連が北極越しに核による奇襲攻撃を仕掛けてくるという恐怖がまぎれもなくあった。奇襲された場合の被害が計りしれないほど惨憺たるものになるのは疑いようがない。電話網などの基幹通信システムが破壊されれば、アメリカの反撃能力は著しく制限されてしまう。中央集中型のシステムである電話ネットワークはきわめて脆弱で、わずか数カ所の重要な制御中枢を攻撃するだけで、ネットワーク全体を機能停止状態に追い込むことができたのだ。

この問題を回避するためにバランが考えたのは、彼が「分散型」ネットワークと呼んだ方式である。これは、回線でつながった複数のコンピューターなどの通信装置で構成されるウェブで、各装置からは数本の回線が出ているだけである。特別重要な制御中枢はもたないことになっていた。ネットワーク全体について、バランは一要素当たりの平均のリンク数をネットワークの「冗長度」と呼んでいるが、彼が意図していたのは、「さほど大きくない冗長度を用いて、きわめて耐性の高いネットワークを作ることができ……ネットワークの冗長度が三の台になっていれば、非常に激しい攻撃にも耐えられるようになり、通信には無視できる程度の損害しか残らない」のを示すことだった。

ネットワークを通じて、メッセージをA地点からB地点まで伝えなければならないとしよう。ネットワークには、メッセージがたどるべき経路が一本だけ、もしくは複数存在するだろうが、こうした経路は、少数の重要な要素やリンクに支障が生じれば完全に消えてしまうこともある。対照的にバランが考えた構成では、メッセージをどのような経路で伝えるか、前もって定められた計画はない。代わりに、ネットワークのそれぞれの地点におかれたコンピューターが、メッセージの最善の送信経路を独自に決定する。これを実行するために、各コンピューターは独自の「転送先の一覧表(ルーティング・テーブル)」を保持・管理している。この表には、最近のメッセージがネットワーク内の異なる経路をどのくらい短時間あるいは長時間かかってたどったかを示す情報が集積されている。敵の攻撃が少数の要素を破壊したとしても、ネットワークの各コンピューターは、障害地点を迂回するようにメッセージの経路を変更して対応するだろう。このようなネットワークには適応性があるはずだ。ネットワークが、いわば知性のようなものをもつことになるのだ。

その結果、A地点からB地点へ行くメッセージは、多数存在する伝達可能な経路のどれをとってもいいことになる。これがネットワークに大きな融通性を与えるのは、たとえ非常に激しい攻撃を受けても、ネットワーク内には機能可能な少数の経路が必ず残るからだ。バランが述べているように、「構想しているのは、無人のデジタル・スイッチ群で構成するネットワークであり、このネットワークは、環境が変化していくなかで全体のトラフィックを効率的に送るべく、各ノードで自ら学習処理を実行するので、攻撃を受けやすいと思われる集中制御拠点を必要としない」。

このような考え方をしていたのはバランだけではなかった。関心をもつようになった動機はまったく別だったけれども、一九六〇年代半ばにマサチューセッツ工科大学のコンピューター科学者レナード・クラインロックとイギリスの国立物理学研究所の物理学者ドナルド・デーヴィスは、それぞれ独自に同じような仕組みを思いついていた。当時のコンピューターは高価でかさばる大型汎用機だったので、技術者の多くは、コンピューターどうしで情報をやりとりし、かつリソースを共有する方式を考案すべきだと考えていた。[5]すでにARPAの後援を受けた技術者たちはこれを実行に移しはじめており、一九六九年一二月には、四台のコンピューターをつないで情報をやりとりすることに成功していた。これはアーパネット（ARPANET）と呼ばれ、当初はカリフォルニア大学ロサンゼルス校、スタンフォード大学、カリフォルニア大学サンタ・バーバラ校、ユタ大学のコンピューターで構成されていた。一九七二年の末には、アーパネットはアメリカ全土に点在する個別のコンピューター一九台を含むまでに成長した。

当時はだれ一人知るよしもなかったのだが、現代のもっとも大きな技術革新の一つがすぐ間近にせまっていた――皮肉なことに、それは多少なりとも冷戦時代の謀略戦によってもたらされたのだ。いくつものネットワークが集まって作る巨大なネットワーク、いまや二〇〇カ国のほぼ一億台のコンピューターを含むインターネットの起源は、アーパネットだったのである。インターネットと、そこから生まれたワールド・ワイド・ウェブは、われわれの文明が生みだしたもっとも印象的な作品の一つであり、社会史の画期的な出来事をしるす里程標となっている。

このあと見ていくように、これらのネットワークは、それ自体が科学研究の格好の対象でもある。ゼロックス社のインターネット・エコロジー部門のコンピューター科学者たちが最近述べたように、「まさに広がりと構造上の複雑さゆえに、ワールド・ワイド・ウェブは、知識がダイナミックな相互作用する生態系になり、『情報の食物連鎖』が起きている。そうした情報の食物連鎖や相互作用は、自然の多くの生態系ほどではないにしても、すぐに、ほぼそれに匹敵する豊かさをもつようになるだろう」[6]。けれども、「インターネットの生態学的構造」を探究する仕事に取り組む前に、インターネットとワールド・ワイド・ウェブがどれほど広大で強い影響力をもっているか、感覚的につかんでおくのもわるくない。

急成長するインターネットがもたらすもの

インターネットは、この一〇年のあいだ毎年のように規模が倍にふくらんでおり、その結果、インターネットに接続しているコンピューターの数も何千倍という規模で爆発的に増加している。実際、影響力という点では、インターネットは二〇世紀初頭の電話よりもはるかに急速な成長をとげている。アーパネットが始まってから二五年後の一九九四年には、アメリカの人口一人当たりのインターネットのホスト数は、アリグザンダー・グラハム・ベルが電話の発明を発表してから二五年後の時点での一人当たりの電話器数を超えていた。

カリフォルニア州クレアモントにあるクレアモント大学院大学の社会学教授ピーター・ドラッカーは、過去半世紀のなかでは、もっとも経営学の才に富んだ人物の一人である。ドラッカーが見るところでは、コンピューターは蒸気機関に似ていて、情報革命はいま、産業革命の一八二〇年代に相当する時期にさしかかっている。ドラッカーは、産業革命のきわめて広範囲におよぶ変化は蒸気機関が直接もたらしたものではなく、蒸気機関によって可能になったもう一つの先例のない発明、鉄道がもたらしたのだと指摘する。同じように彼は、世界を変えていくのはコンピューターやインターネットではなく、むしろその派生物の一つなのではないかと考えている。「情報革命にとって『電子商取引（eコマース）』は、産業革命にとっての鉄道である――電子商取引はまったく新しく、まったく前例がなく、まったく予期されなかった発展なのだ。そして一七〇年前の鉄道と同様、電子商取引はまぎれもなく、新たな急成長をもたらしており、経済、社会、政治を急速に変えつつある」[7]。

アメリカでは、オンラインのオークション専門会社eベイが、製品の個人売買のやり方を根底から変えてしまった。オンラインでwww.ebay.comに行けば、中古のギターや中古車からピンボール・マシンや家にいたるまで、ありとあらゆるもののオークションに参加できる。同社の商取引は年間一〇億ドルを超えており、アマゾンコムと同じく、だれもがその名を知っている。『ニューヨーク・タイムズ』紙から『クリーヴランド・プレイン・ディーラー』紙にいたるまで、主要な新聞と雑誌はいまではオンラインで入手できるし、大銀行の支出の半分以上はインターネットを利用した取引のための設備開発に充てられている。インターネット経済は三〇〇万人を超す労働者を直接支えており、保険業や不動産業よりも大きな雇用を創出している。しかし、これすら話のごく一部でしかない。企業と消費者とのあいだの売買は、インターネット取引全体の一部でしかなく、残り、すなわち電子商取引の大半は、企業間でおこなわれている。

元IBM会長のロウ・ガースナーは、「『ネットワーク』は急速に、商品、サービス、アイデアの市場として形をとりつつあり、しかもこれは、世界がかつて経験したこともない最大の、もっともダイナミックで、休むこともなく眠ることもない市場であると言っても誇張ではない[8]」と語っている。同じく熱烈なのはEDS社の元最高経営責任者(CEO)レス・アルバーサルだ。「いまでは」と彼は言う。「……われわれはこの革命がけっして下火になることがないのを知っている。この先一〇年のあいだに、われわれは歴史上最大の技術の転換期を目の当たりにすることになる。この転換期のなかで、世界各地の地域別市場は徐々に、一つのダイナミックで複雑な有機体へと容貌を変えていくだろう[9]」。

彼らはインターネットに密接にかかわっている有力企業にいるから、こうした発言をするのだと思うかもしれない。企業の重役の言葉には、ごく当然のこととして、その組織の願望が反映されるものだ。しかし、数字は彼らの楽観的な見方を裏づけている。二〇〇一年にはアメリカの電子商取引は九〇〇〇億ドルを超え、GDPに占める比率では九パーセントに達した。さらに、二〇〇六年にはアメリカの全商取引のほぼ四〇パーセントがインターネット上でおこなわれるようになると予測されているのだ。[10]

インターネットは科学界の様相にも変化をもたらした。何世紀ものあいだ、研究者たちは専門誌に自分たちの研究を論文の形で発表してきた。現在ではそのような専門誌は数千にものぼる。しかしながら二〇〇一年の夏、国際的な科学専門誌『ネイチャー』は、インターネットを考慮して、将来の科学関係の研究成果の発表のあり方について討議する会を主催した。また、二万人を超す科学者が、インターネット上で自由に科学文献を利用できる公共科学図書館創立のための請願書に署名している。さらに、研究論文そのものも変わりつつある。論文はもはやたんなる二次元の、動きのない文書ではない。いまでは、ビデオ、コンピューター・シミュレーション、データベースなど、思いつくありとあらゆるものにリンクさせることができるのだ。

インターネットはなんの制約も受けることなく成長してきた。その当然の結果として、驚くほど複雑なネットワークになっている。インターネット、ワールド・ワイド・ウェブのいずれも、無数の個人の営みによって成長し、しかも一人一人に独自の計画と案があるうえに、動機も経済、宗教などあらゆるものが考えられる。中枢に位置するだれかの手で計画された構造やデザインは絶対に存在しない。そこにあるのは、リンクでつながったコンピューターとハイパーテキスト・リンクで結ばれたウェブページが織りなす、まさにとてつもない絡み合いだ。ネットワークのこうした圧倒されるような複雑さを前にしては、完全なお手上げ状態になって、ネットワークにはいかなる単純な組織的パターンも見いだせるはずがないと絶望してしまうかもしれない。

それでも、いろいろな研究機関の研究者たちが、インターネットとウェブを地図に表し、さらにサイバースペースの抽象的な特徴を表す配線図を作成している。これらのネットワークはどのようなものだろうか？　そしてどのように成長するのか？　じつを言うと、科学者たちは、ワッツとストロガッツが発見したスモールワールドの構造とインターネットやワールド・ワイド・ウェブのあいだに、驚くべきつながりがあることを明らかにしている。同時に、これらのネットワークには、学ばなければならないことがいくつかある。

無計画に拡大したインターネットの地図を作る

ランド社時代の初期の論文の一つで、ポール・バランは二種類の分散型ネットワークを考察している（図7）。一方は漁網のようで、前章で見た規則的なネットワークに似ている。もう一方はこれとはかなり異なる。バランは後者のネットワークを「階層的分散型」ネットワークと呼んでいる。彼は一連のコンピューター実験で、この手のネットワークが漁網型ネットワークよりも攻撃の影響を受けやすいことを実証した。このようなネットワークでは、ネットワークを一つにまとめるうえで少数の要素が特に重要な役割を果たしているため、敵はこれらの「中核（ハブ）」を攻撃目標にすることでシステム全体に大打撃を与えることが可能になる。バランはずばり、漁網型構造ははるかに「生き残りやすい」ネットワークであると指摘した。

しかし、このような理論上の考え方は四〇年以上も前のものだ。現在のインターネットは、一九七

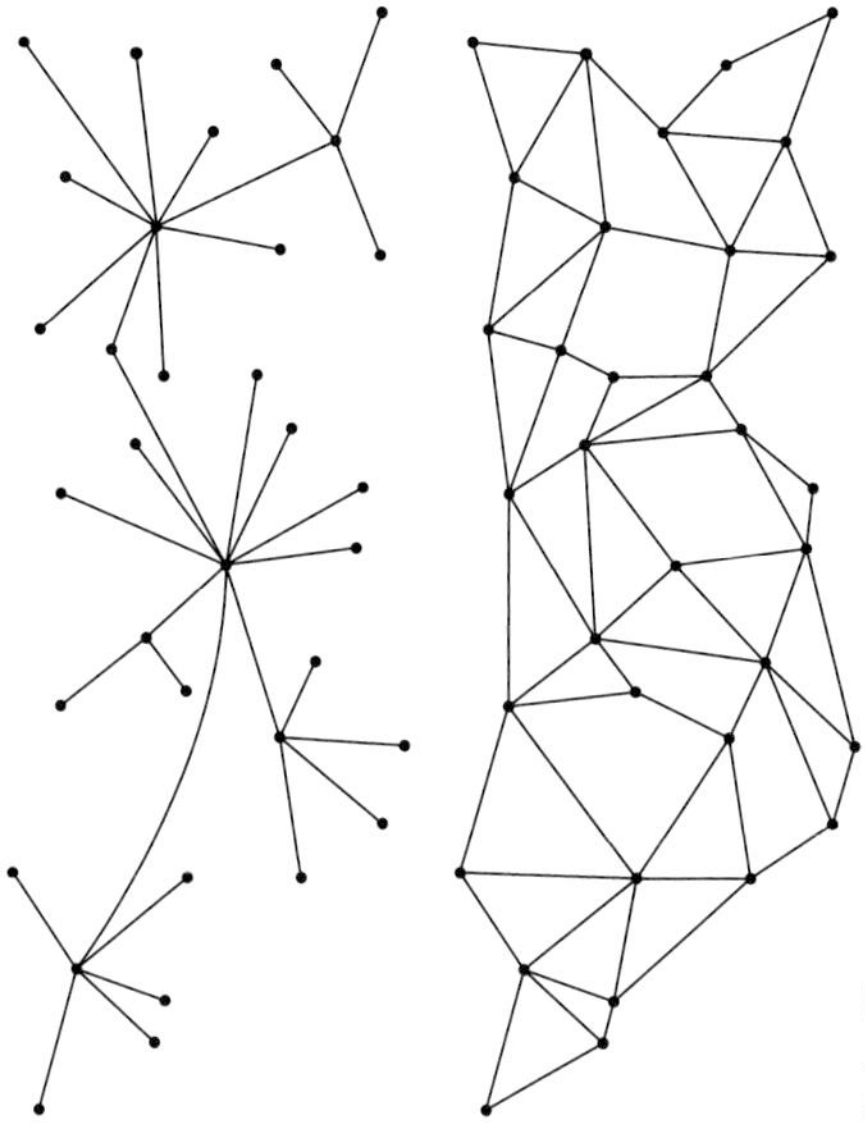

図7　ポール・バランが最初に考えた２種類の「分散型ネットワーク」。

二年時点に比べると、五〇〇万倍も大きくなっている。いまのインターネットはどのようになっているだろうか？　インターネットが世界経済に対してもつ重要性がますます大きくなっていることを考えれば、何か中心にある機関がたえずインターネットの構造や発展計画を監視していると思うかもしれない。けれども、じつを言えば、インターネットがどうなっているかを示すはっきりした像を得ることさえ簡単ではない。インターネットの構造を明らかにするには、骨身を惜しまずにサイバースペースの実際の地勢を探査するしかない。そして、ベル研究所のビル・チェスウィックとカーネギー・メロン大学のハル・バーチが五年間にわたってやってきたのがまさにこれだった。幸いにも彼らは、たいした苦労もなしに、自分たちの研究室からインターネットの探査をおこなうことができた。

チェスウィックとバーチは電話回線を使って、くる日もくる日も約一万個の小さな情報のパケットを任意に選んだインターネットのアドレスへ送り、それぞれのパケットが目標に伝わっていくときの経路を追跡した。この手法は、全国の道路地図を作るために、ロボットの集団を送り出して道路を走行させ、どの交差点を通ったかを報告させるのと似たところがある。チェスウィックとバーチはパケットがどのようにシステムを通過していったかをたどることで、インターネットの世界的規模での接続形態(トポロジー)について、おおまかな全体像を再現することができた。そのトポロジーは、技術者が新たなコンピューターと回線を適当な場所に設置するにつれて、またインターネットのトラフィックが進化したためにコンピューターが別の配信路に沿って情報を送るようになるのにつれて、徐々に変化していくのだ。

一九九八年一二月、チェスウィックとバーチは図8に示したインターネットの地図を作成した。この地図には、インターネットを構成しているコンピューターの一部と、それらのコンピューターどうしをつないでいるリンクが示してある。興味深いと同時にたぶん驚くべきことに、このイメージは、四〇年前にバランが攻撃に対して脆弱すぎるとして退けた階層型のネットワークに似ている。しかし、だれ一人としてインターネットの配線設計図を監督しているわけではないから、なぜそうなっているのか、簡単に導き出せる答えはない。その配置は多数の偶然の出来事によって進化してきたものであり、無数の個人、企業、大学などの決定を反映しているものの、それらのあいだには、共通するテーマなどいっさいないだろう。それにもかかわらず、なんらかの不思議な成長原理によって、インターネットは独力で一種の賢さを備えてきたように見える。というのは、ポール・バランはまったく知ら

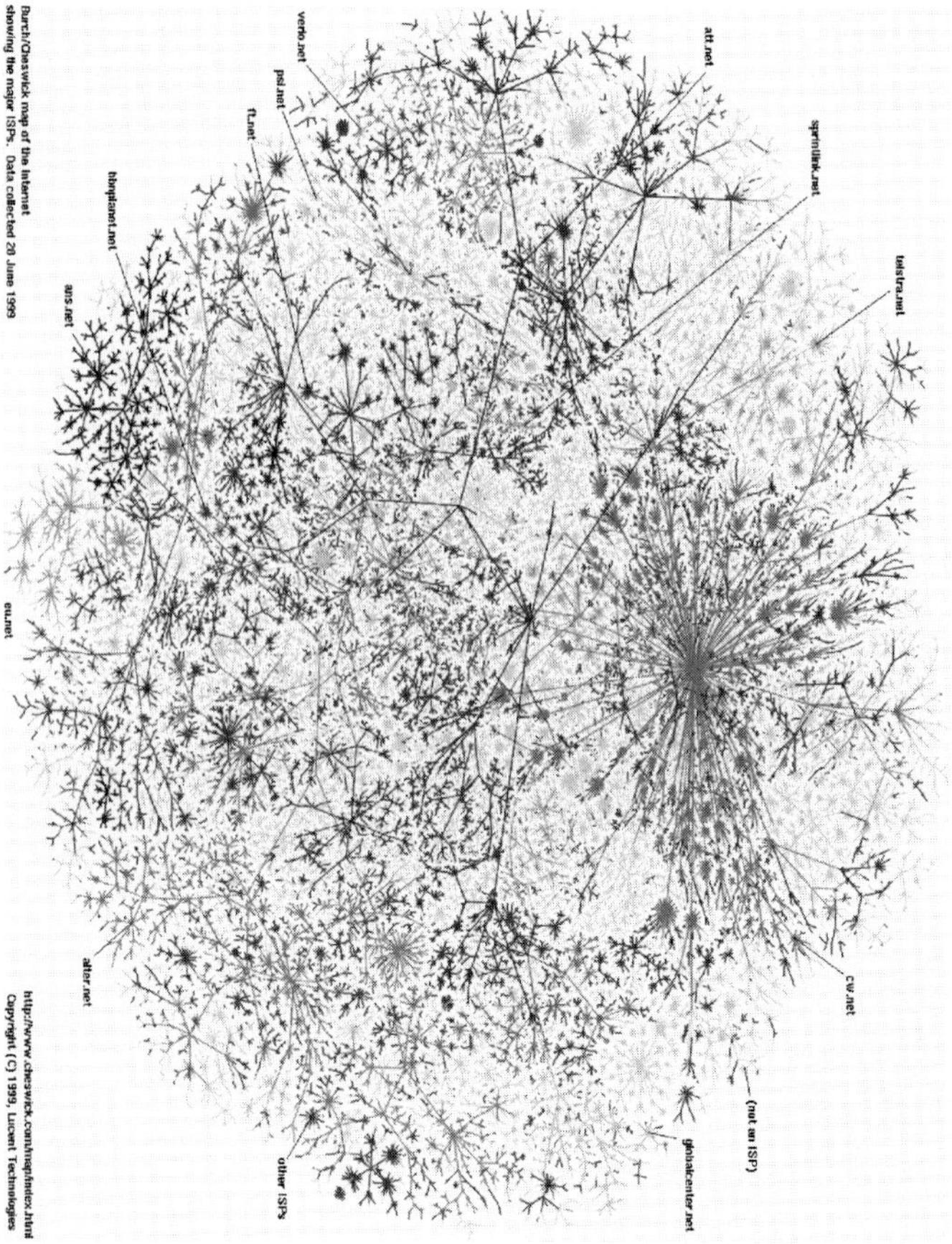

図8　インターネットの地図。

なかったのだが、階層型の構図にはある利点が隠されていたからだ。

一九九九年、コンピューター科学者のミカリス、ペトロス、クリストスのファローツォス兄弟は、インターネットの実際のネットワークで得た一九九七年から九八年までのデータを使用して、パケットがある地点と別の地点とのあいだを行くさいにたどらなければならない通常のリンク数を調査した。サンフランシスコのコンピューターが香港にeメールを送るとき、あるいはヘルシンキのコンピューターがヴァージニアのコンピューターの情報にアクセスしようとするとき、通常どのくらいの回線数が必要になるのだろうか？　ファローツォスのチームが見いだしたように、インターネットのとてつもない広がりにもかかわらず、答えは約四なのだ。実際、たとえリンクさせるのがきわめて困難なコンピューターのペアを見つけようとインターネットじゅうをくまなく探しても、この数値が約一一を超えることはけっしてない。[11]

したがって、インターネットは分散型ネットワークであるのみならず、スモールワールド・ネットワークでもある。もっとも外観は、ワッツとストロガッツの図とかなり異なっている。研究者のなかには、ファローツォスのチームの調査をくりかえして同様の結果を得たのに加えて、ワッツとストロガッツが大きな関心を寄せたクラスター化指数を測定したグループもあった。インターネットではコンピューターのクラスター化は、ランダム・ネットワークであった場合に予想されるものと比べると、優に一〇〇倍の大きさであることが明らかになっている。[12]　したがって、インターネットは、ランダム・ネットワークとはまったくかけ離れた存在なのである。しかもバランが構想した規則的なネットワークでもない。むしろ、インターネットは、もう一つの別のスモールワールド・ネットワークであり、情報がどんな二つの地点のあいだもわずか数段階で移動できるように、自らの組織化をなしとげていることがわかる。

都市計画なら何か計画の変更をおこなう前に担当部局の許可を得る必要があるが、インターネットには都市計画との類似性はないし、配置を決定するいかなる中央の権威も存在しない。だれでも新たにコンピューターをネットに接続できるし、現にコンピューター間のリンク数は、一時間ごとに一定の割合で急速に増えつづけている。だとすると、インターネットがスモールワールドの特性をもつにいたったのは驚くべきことのように思われる。一方で、チェスウィックとバーチが作成したインターネットの見取り図が、前章で見たスモールワールド・ネットワークに似ていないことも興味をひく。前章で見たスモールワールドは、そもそもは規則的だったネットワークに数本のランダム・リンクを加えて作ったものだった。インターネットは、また別の種類に属すスモールワールドなのである。そこにはわずかに異なる仕掛けが働いているのだが、ちょっとした数学がその仕掛けを暴いてくれる。

サイバースペースは「べき乗則」にしたがう

もう一度、階層型をしたインターネットの図に注目しよう（図8）。詳細に見れば、少数のノードが他の大半のノードよりもはるかに多くのリンクをもっていて、ネットワーク内のハブとして機能していることがわかるはずだ。おそらくこれらのハブは、桁ちがいに大量の情報が通過していると思われる。ポール・バランは分散型のネットワークを考えていたとき、どの要素もほぼ同数のリンクをもつネットワークに焦点を当てていたから、こんなことが起こるとは予期していなかった。インターネットは少なくとも図8のイメージを見るかぎり、バランが考えていたのとはちがうもののように見える。

図8を解釈するのはそれほど簡単ではないが、それでも、ちがいを見るのにうってつけの方法がある。インターネット全体、あるいは少なくとも、そのかなり大きな部分に注目したとしよう。その部分にあるすべてのノードを調べ、一本のリンクをもつノードはいくつあるか、二本のものはいくつあるか、三本のものは、という具合に数えて、リンク数の分布を示すグラフを作るのだ。このグラフは、インターネット全体の配線の構成について、なんらかの情報を示してくれるだろう。たとえば、もしノードの大半が数本のリンクしかもっていないのなら、グラフにはリンク数が三〜四本のあたりに著しいピークが現れるだろう。ファローツォスのチームは、一九九八年時点のネットワークでこのような調査をおこない、それとは著しく異なる結果を見いだした。

彼の研究チームは、ネットワーク内の一部分、八二五六本のリンクでつながった四三八九のノードが構成している部分を調べ、前述した類のグラフを作成した[13]（図9）。彼らが見いだした曲線は、数学者が「べき（冪）乗則」と呼んでいるきわめて単純なパターンにしたがっていた［図9のグラフは両対数目盛を採用しているので、べき乗則は直線になる］。リンクの数が二倍になるごとに、その数のリンクをもつノード数はほぼ五分の一に減少していったのだ。この単純な関係は、わずか数本のリンクをもつノードから数百のリンクをもつノードまで広範囲に成立しているので、ファローツォスたちが記しているように「偶然の一致ということはまず考えられない」。このパターンに見られる単純さか

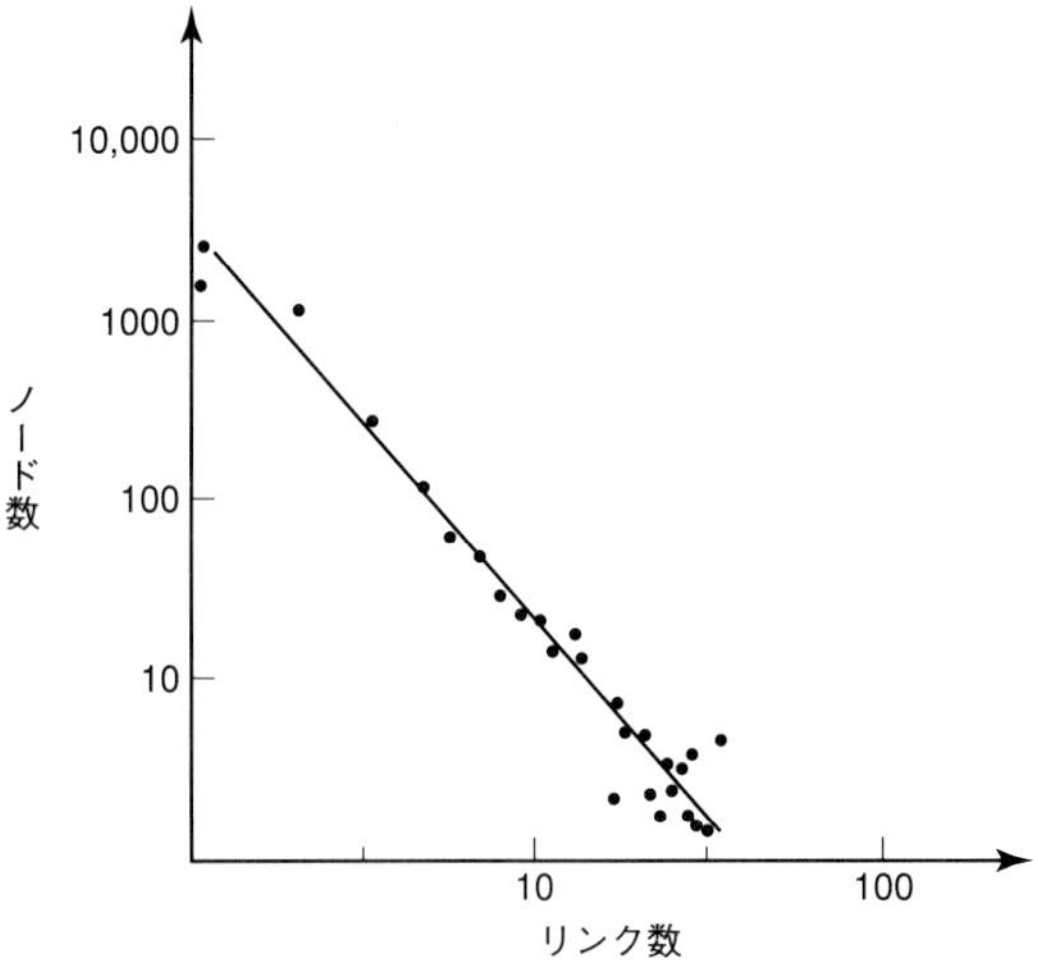

図9　インターネットの「ノード」の分布。ノードがもつリンク数で見たもので、分布曲線は単純な「べき乗則」のパターンになっている。

らは、インターネットの見取り図がどんなにランダムででたらめのようであっても、実際には隠れた規則性を宿していることがうかがわれる。

これと同種の規則性は、ほかのところにも見られる。インターネットは情報革命の根底をなす唯一のネットワークではない。インターネットは完全に物理的な存在で、回線で互いにつながったコンピューターのネットワークが四方八方に広がったものである。インターネットは事実上、純粋なハードウェアなのだ。対照的に、ワールド・ワイド・ウェブは、どちらかと言えばもっとつかみどころがない。ワールド・ワイド・ウェブはハイパーテキスト・リンクで結ばれたウェブページからなる広大なネットワークで、あるウェブサイト上のクリック可能な場所をクリックすれば、別のところにつれていってくれる。大半のユーザーはこのやり方でインターネットに接しているから、ワールド・ワイド・ウェブは、言ってみればインターネットの顔である。

インターネットと同様、ウェブの成長は高度の野放し状態にあり、ほぼランダムである。だれもがどんな数のドキュメントでもウェブページに掲載していいし、そのドキュメントを他のサイトにリンクさせることもできる。現在では、一〇億を超えるウェブページがハイパーテキスト・リンクによってつながり、とてつもなく大きな一つのネットワークを作っている。ワールド・ワイド・ウェブがインターネットと構造的な類似性をもつ明白な理由は何もない。だが、そこにはたしかに類似性がある。ウェブのネットワークも、もう一つのスモールワールド・ネットワークであり、インターネットそのものときわめてよく似た構造をもっている。

数年前、インディアナ州にあるノートルダム大学の物理学者アルバート＝ラズロ・バラバシらのグループは、ウェブの構造を理解するために、コンピューター・ロボットを作ってウェブ上を這い回らせ、このロボットで何が発見できるかを調べた。ロボットといっても手足はなく、車輪すらもたず、ただひたすらウェブ・サーフィンをするように設計されたものだ。このロボットはある特定のウェブサイトを出発点にして、まずそのサイト内をくまなく動き、サイト上にあるすべてのリンク名を集める。このやり方は、ネットワークの一つのノードを調べて、他のノードへ出ているリンクを認識するのと同じことである。次いでロボットは、これらのリンクのそれぞれを順にたどり、行き着いた新たなウェブページで同じ手順をくりかえす。

このようにして、ロボットはどんな特定のノードから出発しても、徐々に外へ進んでいくことで、ウェブ構造の地図を作成することができる。バラバシたちはこのロボットを使って、一本のリンクをもつウェブページはどのくらいあるか、二本のリンクをもつものはどうか、というように数えていった。彼らは三二万五七二九のドキュメントが一四六万九六八〇本のリンクでつながったノートルダム大学のサイトから始め、そこにインターネットとほぼ同じパターンを発見した。ある数のリンクをもつノード数は、ノードのもつリンク数が二倍になるごとに約五分の一に減っていったのだ。バラバシらはホワイトハウスのウェブページ（www.whitehouse.gov）やヤフー（www.yahoo.com）などの他のサイトも調べ、同じ状況になっていることを発見した。[14]

こうした単純な関係は何を意味しているのだろうか？　ファローツォスらのチームが見いだしたべき乗則の曲線（図9）にもう一度注目してほしい。どの点をとっても、グラフの高さは、その本数のリンクを有するノードがネットワーク内にいくつあるかに対応している。数学者が分布曲線の「裾（すそ）」と呼んでいるのは、ノードの数がゼロに向かって次第に小さくなっていく部分である。分布曲線の裾を見ると、この分布曲線では少数のノードがきわめて多数のリンクをもっていることがわかる。ただし、ここには同時にやや誤解を招きかねないところもある。何世紀も前から、科学者たちにとって、「正規分布」につきもののいわゆる「ベル型曲線」はおなじみのものである。たとえば、大きな部屋にいる全員の身長を測り、身長の分布を示すグラフを作るとする。これで平均の身長がわかるし、平均から遠ざかるにつれて曲線はゼロに向かって下降していくのもわかるだろう。このようにベル型曲線の裾と、べき乗則の曲線の裾はかなり似ているように見えるが、じつはそうではない。

べき乗則の曲線は、言うなれば「裾が厚い」（「広い」という言い方もある）のだ。つまり、ベル型曲線に比べて、べき乗則の曲線は下がり方がずっと緩やかで、ゆっくりとゼロに近づいていく。インターネットやワールド・ワイド・ウェブの場合、分布曲線の厚い裾が意味しているのは、きわめて多数のリンクをもつノードが見つかる可能性が高いということである。これらのネットワークが正規分布にしたがっている場合に予想されるよりも、そのようなノードが存在する可能性ははるかに大きいのだ。これらのネットワークはふつうとは異なる統計にしたがっていると言ってもいいだろう。いずれにしても、ここには重要なことがいくつかある。これらのネットワークでは、ごく少数のノードが非常に多数のリンクをもっている。したがって、ネットワークの全リンク数の八〇〜九〇パーセントがごく一部のノードに流入していることになる。つまり、べき乗則は、きわめて多数のつながりをもつハブに支配された特別な構造の数学的特徴なのである。

バラバシらのグループはウェブに関して、「多数のリンクをもつドキュメントが見つかる確率はかなり大きく、ネットワークの接続性は高度に接続されたウェブページに支配されている」と述べ、「……きわめて知名度が高く、他の多数のドキュメントからリンクを張られているアドレスが見つかる確率は無視できるようなものではなく、ワールド・ワイド・ウェブの群社会学の一つの指標になっている」と結論している。

ファローツォスやバラバシのグループをはじめとするこうした研究の結果は、インターネット、ワールド・ワイド・ウェブの両者に共通する普遍的な構造があり、見かけのランダムさの裏に、かなりの規則性が隠れていることを指し示している。

バラバシらのチームは、彼らが「ウェブの直径」と呼ぶ、ドキュメント間の一般的な隔たりも見積もっている。言いかえると、任意の二つのドキュメントを選んだとき、一方から他方に行くまでに必要なクリック数がウェブの直径である。実際に直径を見積もるために、バラバシらは例のロボットを使ってウェブ全体のコンピューター・モデルを作った。その結果、直径の概算値として約一九が得られたが、これはハブの存在とスモールワールドの構造とのあいだに深いつながりがあることを示している。一九回のクリックではそれほど小さい数字には見えないかもしれない。だが、ネットワークにある何十億というドキュメントに比べれば、非常に小さいことは確かである。

この発見はウェブの将来にとって明るいニュースだ。バラバシらのグループは自分たちの調査に基づいて、ウェブの直径Dは、ウェブ上の全ドキュメント数Nの対数に依存していると結論した。数学の言葉で言えば、Nの値が非常に大きくなっても、ウェブ上を渡っていくのに必要なクリック数はほんのわずかしか増えないことを意味する。彼らの研究グループは、「これから数年のうちにウェブの規模は一〇〇〇パーセント増大すると予想されているが、それでもウェブの直径は一九から二一に変化するにすぎないことが明らかになった」と結んでいる。

スモールワールドの作り方は一つではない

この章で述べたいくつかの研究は、ややもすると抽象的なものに見えるかもしれない。これらの研究から得られた結果は、全体として何を意味しているのだろうか？　前章では、どのようにすれば一つのネットワークをスモールワールドであると同時に高度にクラスター化した状態にできるかを学んだ。これは、規則的なネットワークに少数のランダム・リンクを入れてやるだけで、事が足りた。しかし、ワッツとストロガッツ流の作り方には抜けているものがある。それは、支配的なハブの存在であり、これが結果的にネットワークの働きを特徴づけているということである。前章のスモールワールド・ネットワークは、ポール・バランが最初に回復力のある通信ネットワークとして構想したものと同じ性質をもち、各要素には他の要素から少数のリンクがきているだけで、どの要素も他の要素より桁はずれに多くのリンクをもつことはなかった。だが、実世界のネットワークはこのようにはなっていない。

インターネットもワールド・ワイド・ウェブも、ワッツとストロガッツのパターンにはまったく当てはまらないが、別のやり方――少数の要素が莫大な数のリンクをもつこと――でスモールワールドを実現している。言いかえると、ネットワークをスモールワールド化する方法は一つではないということである。さらに別の言い方をすれば、ネットワークについては、スモールワールドなのかどうかの他にも、言うべき何かがあるのだ。ワッツとストロガッツの発見が不規則で複雑なネットワークの世界への第一歩だったのなら、ハブの重要性とリンクの分布がべき乗則にしたがっていることの認識は、次の一歩である。ここで重要なことは、ハブの出現は、けっしてインターネットやワールド・ワイド・ウェブなど人工の情報通信ネットワークでのみ生じる珍しい現象ではないということである。

一九九九年、バラバシと同僚の鄭夏雄（チョン・ハウン）、バリント・トンボル、レカ・アルバート、ゾルタン・オルトヴァイは、インターネットやワールド・ワイド・ウェブから離れて、生体細胞の働きの根底をなす化学の網（ウェブ）構造に着目した。これは、インターネットやワールド・ワイド・ウェブと同じくらい入り組んだ構造をもっている。彼らは四三種の異なる生物で、細胞の代謝——細胞のエネルギー獲得およびエネルギー処理機能——の基礎をなす重要な生化学反応のネットワークを調べた。ここではさまざまな分子が代謝のネットワークを構成する要素を表し、ある化学反応に加わっている分子どうしはリンクされていることになる。

バラバシらの研究グループはデータの量を考えて、コンピューターを利用してネットワークの構造を調べた。案の定、コンピューターは、これらの細胞のネットワークがランダムなものでも規則的なものでもないことを明らかにし、インターネットやワールド・ワイド・ウェブとほぼ同一の構造になっていることを示した。[15]調べたすべての生物について、リンク数——その分子が参与する化学反応の数——で見たノードの分布は、べき乗則にしたがっていた。細胞の代謝にもハブがあるのだ。一例をあげると、大腸菌では、特定の一種ないし二種の分子が細胞の代謝に必要な数百の異なる化学反応に関与しているのに対して、他の何千という分子は一つないし二つの化学反応に関与しているだけである。細胞の代謝における生化学的ネットワークもスモールワールドであり、その直径は四三種のすべてでほぼ同じになっている。どの生物の場合も、ほぼ四本の反応のリンクを介してあらゆる種類の分子どうしがつながっていたのである。

化学的な見地から見て、この種の構造が並はずれて効率的なものであるなら、自然淘汰による生物進化の過程でその構造に行き当たったのは少しも不思議ではない。何百万年ものあいだの偶然の出来事が、あらゆる生物の細胞の仕組みを少しずつこの構造に変えてきたのだ。

では、物理学者のシドニー・レドナーとマーク・ニューマンが科学関係の専門誌のなかに同じようなパターンを発見したことは、どう説明すればいいのだろうか？　研究論文はいずれも、論文中であげている参考文献を介して他の多数の論文とつながっていると考えよう。あるいはこれとは別に、科学者はいずれかの時点で共同論文を書いたことがあれば、互いにつながっているものとしよう。レドナーとニューマンは、このどちらのネットワークでもリンクの分布がべき乗則のパターンになることを明らかにし、これらもまたスモールワールドの構造であることを示した[16]。たとえばニューマンは、過去五年間の物理学者、生物医学の研究者、コンピューター科学者の共同研究を調査し、科学者のだれもが、共著論文を介せばわずか四ないし五段階であらゆる科学者とつながることを見いだしている。

このあとの章でもっと詳しく見るが、同様のパターンは食物網でも成立する。この場合は、種と種は「捕食者―被食者」の関係にあることで互いにつながっている。さらに、このパターンは、アメリカできわめて大きな影響力をもっている実業家たちにも当てはまる。彼らは同じ企業の取締役会に顔を並べることでつながっているのだ。不思議なことに、スモールワールドの構造は人間の言語構造にすら生じる。物理学者のリカルド・ソレとラモン・フェレーリ・カンチョは、幅広い資料から書き言葉・話し言葉の例を一億語集めたイギリス国立言語資料館のデータベースを利用して、英語の四六万九〇二の単語の文法上の関係を調べた。彼らは、英文中で二つの単語が前後して出てきた場合、それらは「つながりを有している」と見なした。ここでも、出くわしたものは、すべて他のネットワークの場合と同じだった[17]。一握りの単語が、群を抜いて多数のつながりをもつハブになっていたのである。「a」や「the」、「at」などは、このようなハブの働きをしている。言語における単語どうしの一般的な「距離」は三未満で、これはほぼ、ランダムに組み合わせた同数（四六万九〇二）の単語で構成された言語の場合に予想される値である。それにもかかわらず、クラスター化はランダム・ネットワークの場合の五〇〇〇倍以上にもなっていて、社会のネットワーク内にいる人々と同じように、単語も仲間や集団の状態になっていることを示している。英語もまた、もう一つのスモールワールドなのである。

こうした事実すべての背後には、きわめて深遠な疑問がいくつか潜んでいる。これらのネットワークはどれ一つとして設計者がいるわけではないのに、まるで何かの目的のために注意深く作られてきたかのように、見事にほぼ同じ特徴をもつにいたったのだ。これらのネットワークはどのようにして、こうした構造をもつようになったのだろうか？

第6章

偶発性が規則性を生みだす

何ものも根拠なしに生ずることはない。すべては理由があって必然的に生ずるのである。

レウキッポス[1]

歴史のなかに法則は見いだせるか

ストラスブール大学で教鞭をとっていたフランスの歴史家フュステル・ド・クーランジュは、一八六二年、「歴史は科学であり、科学であらねばならない」と宣言した。[2] だが、歴史は物理学や化学のような科学なのか？　かりに科学であるとすれば、それは完全に異なる類のものなのか？　こうした疑問に結論を下そうとするなら、数多くの問題を検証しなければならない。そもそも物理学の特徴は、研究している場所や時期が異なっても、さまざまな研究者たちが重要な疑問——酸素原子には陽子がいくつ存在するかという疑問から、太陽にエネルギーを供給する反応はどのように進行するかという疑問まで——に対し、一致した答えに到達することにある。しかし、歴史学の手法はこのような一致した答えを保証するに足るものなのだろうか？　実際問題として、歴史は重要な疑問に対する「客観的な」答えが存在するような進み方をするのだろうか？　歴史学者自身さえも、これには疑問を表明している。

たとえばアメリカの歴史学者カール・ベッカーが一九三〇年代に指摘したように、どんな歴史家も自分専用の道具鞄を抱えて歴史を診る仕事に赴くから、どうしても過去の解釈を歪めてしまう。またベッカーと同時代のラルフ・ガブリエルは、こう述べている。「『歴史』とは、歴史家の心のフィルターを透過した過去のイメージであり、この点では窓を通った光と同じなのである。ガラスが汚れていることもあるし、悲しいくらい曇っている場合もしばしばなのだ。歴史に伴う人類の長く、そして時に不幸な経験から歴史家が学んできたのは、先達たちの考え方の一因となった先入観や偏見、観念、前提、願望、野心は、自らが扱わなければならない歴史の一部であるということだった……少数のさらに明白な欠陥を発見できるかもしれないが、歴史家はそもそもの出発点から、情けなくなるくらい自分の仕事に望みがないことを承知しているのだ」[3]。

このジレンマをいっそうひどくするのは、実験をおこなうすべがないという事実である。二者択一の理論を前にしたとき、少なくとも物理学者には、なんらかの実験を考案して判定を下すという望みがある[4]。しかし、過去に行く手だてはいっさいないので、歴史の細部を何度も変えて、そのつど何が起こるかを調べることはできない。歴史を叙述し、過去を解釈するなかで、個々の歴史家はもっとも記述に値する事実はどれかを選ばなければならない。その選択には、結局ある程度は歴史家個人の好みの問題が関係し、経済的な力、政治的な力、社会的な力のうちどれをもっとも影響力のあるものと見ているかが反映される。ほんとうのところはだれにもわからないのだから、誠実で勤勉な二人の歴史家が同じ出来事について異なる解釈に行き着くのは、たとえ両者が「正当な」歴史学の手法にのっとっていたとしても、十分に起こりうることなのだ。

歴史家にはもう一つ、別の困難も待ち受けている。こちらの困難は、人間が主観的な誤りを犯しやすいこととはほとんど関係なく、歴史の現実そのものから生ずる。物理学や化学などの数理科学では、例外はいっさい認めないような法則を見つけだすことができる。質量 m とエネルギー E とのあいだのアインシュタインの関係式 $E = mc^2$ は、火星の水の分子に対してであろうと、遠くの星を作っている高温の気体に対してであろうと、あるいは地球の表面下何百キロメートルのところに埋もれている岩石の塊に対してであろうと、いつでもどこでも成立する。量子論の数学的法則にも同様に普遍性があり、この法則は宇宙の万物を形作る原子の性質を決定づけている。数理科学の目標は、この種の普遍的原理を発見すること、すなわち哲学者のアルフレッド・ノース・ホワイトヘッドが表現したように、「特殊なもののうちに普遍なるものを見、束の間のうつろいゆくもののうちに永遠なるものを見る」ことである。

対照的に歴史家——地質学や進化生物学などの「歴史科学」の研究者も同じだが——にとって、必ず成立するはずの法則を見つけだすのは、はるかに困難な仕事になる。あまりにも多くの突発的事件と偶然の出来事が否が応でも舞台に押し寄せ、しかもどの出来事も展開していく未来に痕跡を残す。だから、説明は普遍的な法則への言及ではなく、事態の由来を語る物語の形をとって、出来事を互いにつなぎ合わせていくことになる。ある説明が、Aという出来事はどのようにしてBという出来事を導き、BはどのようにCを導いたかを物語っているとしよう。その場合には、Aという出来事が生じなかったなら、BもCも起こらなかったことが明らかになる。一九四一年の夏、もしもドイツ軍がソ連へ侵攻しなかったなら、ノルマンディーの戦いはけっして起こらなかっただろう。対ソ戦に振り向けられたドイツ軍部隊の大多数はフランスにとどまって、連合軍にとって真に恐るべき大西洋の防壁となっただろうから、一九四四年の夏という早い時期にノルマンディーの戦いが起こらなかったことは確実だ。

　古生物学者のスティーヴン・ジェイ・グールドが、歴史のまさに核心にこのような「偶発性」が存在すると論じているのはまったくもって正しい。「ランダム性を問題にしているのではない」とグールドは書いている。「……［私が問題にしているのは、］あらゆる歴史の中心原理である『偶発性』である。歴史的な説明がその基礎を置いているのは、自然法則からの直接的な演繹ではなく、予測のつかないかたちで継起する先行状態である。この場合、一連の先行状態のうちのどれか一つが大きく変わるだけで、最終結果が変更されてしまう。したがって歴史上の最終結果は、それ以前に生じたすべての事態に依存している（偶発的な付随条件としている）わけで、これこそが、ぬぐい去ることのできない決定的な歴史の刻印なのである」[5]［訳文は、渡辺政隆訳『ワンダフル・ライフ』（早川書房）より引用］。

　だが、もしも偶発性が歴史を支配する王であるなら、そしてそれゆえに、あらゆる歴史「科学」は説明のための手法を物語形式の叙述によらなければならないのなら、われわれはむしろ奇妙な状況におかれることになる。社会のネットワークの進化やインターネット、生体細胞内の分子、人間の言語構造にまつわる疑問が歴史の領域に入ることは確かである。このどれについても語らなければならない細かな話があり、しかも当然ながら、その話には共通するところはほとんどないと考えられる。どのネットワークも、それぞれ完全に固有の歴史がもたらした産物であり、たとえば細胞の構造に影響をおよぼして形を作った力には、インターネットなどを作った技術的な力や経済的な力と重なる部分はまったくないように思われる。

それにもかかわらず、すでに見たように、これらのネットワークはいずれも非常によく似た、法則のような構造上の仕組みを示している。みなスモールワールドであると同時に、高度にクラスター化していた。そしてこれらのネットワークは、ワッツとストロガッツが最初に考えた作り方にしたがうネットワークとは異なり、いくつかのハブ——非常に多数のつながりを有する少数の個人やウェブサイトなど——に支配されている。さらに重要なのは、ここで述べているのがおおざっぱな定性的な類似性ではないということである。この特徴には特別な数学的特性がある。もっているリンク数で見ると、各要素の分布がべき乗則の厚い裾をもつパターンになっているのだ。しかもこの特性は、さまざまなネットワークでほぼ同一のものであることが次々に明らかになっている。

したがって、われわれが見ているのは、理由は謎だが、あらゆる種類のネットワークににじみでてくる自然の秩序のようなもので、しかもそれは、個々のネットワークの歴史的経緯の複雑さにはかかわりなく生じるように見える。どうしてこんなことが起こるのだろうか？　偶発性は「ぬぐい去ることのできない決定的な歴史の刻印である」という点ではグールドはたしかに正しい。それでも、歴史には偶発性以外の何ものも存在しないということにはならない。生物学では、自然淘汰による進化というチャールズ・ダーウィンの考え方は、歴史的な突発事件を含めて体系化する強力な枠組みを与える。ネットワークの背景にも、もっと深遠な、なんらかの原理が作用しているにちがいない。

この原理がどのようなものなのかは第七章で見ることにする。その前に、パターンや秩序はどのようにして、どこからともなく、時には混沌のうちから生じるのか、そして、偶然でしかない出来事が長々と連なったあげくに、なぜ突然のように規則性が出現するのかについて、もっと広く探っていくことにしよう。このあと見るように、偶発性にはレコードのB面に相当するものがあり、歴史の内部には、われわれが単純に考えているよりも多くの形態が隠れているのだ。

鍋のなかに突然パターンが出現する

鍋に水を入れて弱火で加熱すると、上昇してくる熱でかきまわされた水は、循環的な流体運動（対流）をするようになる。ほとんどの人にとって、こんなことはまず取り立てて言うほどの意味はない。台所では毎日起こっていることなのだ。しかし一九〇一年、二七歳だったアンリ・ベナールという名のフランス人は、火力が十分に弱ければ液体の運動が生じないことに気づき、この事実から注目すべき結論を引き出した。水の運動は高温時に生じ、低温では生じないのなら、その中間のどこかに、最初に運動が始まる決定的な温度が存在するはずだ。コレージュ・ド・フランスの学生だったベナールは、この「始まり」がどのようにして生じるのかを明らかにしようとした。

ベナールは、熱い場所と冷たい場所のムラができないように薄手の鍋を一様に加熱する装置を考案

図10　六角形のパターンをした流体の運動。液体を入れた浅い容器を下から加熱したときに現れる。

するとともに、上から撮影するためのカメラを設置した。さらに、動きを見やすくするため、液体に少量の粉末を加えた。こうしてベナールは研究に着手した。最初、火をごく弱火にすると、予想どおり鍋のなかの液体は静止したままだった。徐々に火力を強くしていっても、まだ何も起こらなかった。何かの変化が生じるのを期待して、さらに少しずつ火を強くしていったとき、とうとう変化が現れた。液体は突然激しく運動するようになり、見事なまでにほぼ完璧な六角形の配列を作りだしたのだ（図10）。

それから数週間、液体をさらに詳しく調べたベナールは、それぞれの六角形の内部では、暖まった液体が暗い中心部を上に向かって流れ、冷たい液体は境界部で沈み込んでいることを知った［この現象はベナール対流と呼ばれている］。

理由はともかく、水は自らの組織化を達成して、このような注目すべきパターンを生みだしたのである。あたかも、各部分は他の部分が何をしているのかを知って、呼応しているかのようだった。残念なことに、なぜこのパターンが生じるのかベナールにはどうしても説明できなかったが、それから一六年後、イギリスの物理学者レーリー卿（ジョン・ウィリアム・ストラット）は、自分なら説明できると考えた。

容器の底は加熱されているので、その付近の暖められた液体は膨張し、上にある冷たい液体に比べて密度が小さくなるはずである。原理的には、暖められた液体は熱気球と同じように上昇し、反対に冷たくて重い液体は下降する。レーリーは、運動を妨げる働きをする液体間の摩擦（粘性と呼ばれる）がなければ、実際そのとおりだろうと指摘した。粘性があるために、暖まった液体が上昇して冷たい液体が下降するには、ベナールが観察したように、加熱が十分に強力でなければならないのである。

レーリーは巧みな理論的手腕を発揮し、流体力学の方程式を用いて自分の議論を裏づけ、液体が突然運動を始める自然の過程では、完全な六角形のパターンをとる段階を経ることまでも論証した。レーリーの理論はきわめて理にかなっていたうえに印象的だったので、科学者たちはその後五〇年あまりにわたって彼の理論を受けいれていたが、実際には正しくなかったのだから、なんとも皮肉なことではある。レーリーは計算のなかで、上端まで完全に液体で満たされた閉じた容器を考えていた。レーリーの場合、水の表面は外部にさらされていない。対照的に、ベナールはふたをしていない鍋で実験をしたから、水の表面は外気にさらされていた。このことは、理論上、レーリーの説明が実際にはベナールが観察した現象には当てはまらないことを意味している。[6]

それにもかかわらず、レーリーの考え方が趣旨としては的を射ていたのは、レーリーは、実験で見られた状況の背後できわめて重要なせめぎ合いが起こっていること、そしてこのせめぎ合いがそれまでまったく規則性のなかったところに突然、規則的な秩序を出現させる原因であることを理解していたからである。加熱された液体中では、液体を静止させておこうとする粘性の力と、液体を運動に駆り立てようとする熱とが競合している。粘性が勝っている場合は、液体は完全に静止したままで、変わったことは何も起こらない。しかし熱が粘性に打ち勝つようになると、この完全なまでの単調さは崩れさり、無の状態だったところに何かが出現するのである。

ベナールの実験は、相互作用をしている要素——この場合は水の分子——からなるネットワーク内に規則性が自然に生じることを示す注目すべき実例だが、これはおそらく、もっとも単純な例だろう。一様な系に一様な力を加えても、さらなる一様性をもたらすだけだと予想するのが当然というものだが、じつはそうではないのだ。たしかにここには、これまで調べてきた複雑で規則性のないネットワークについて、直接教えてくれるものはない。けれども、これから見るように、鍋で見られたパターンは、けっして不思議で単発的な物珍しい現象というわけではない。

突然のパターン出現は実験室の外でも起きている

ベナールの実験よりずっと以前の一八三一年、イギリスの物理学者マイケル・ファラデーは、実験で水の入った容器を静かに上下に振っていたときに、同じような驚くべき発見をしている。ごく弱く振っていたときは、ほとんど何事も起こらない。液体の表面は水平なままで、なんの特徴も見られなかった。しかし、もっと激しく振ると均一性は崩れ、液体は突然一連の山と谷を構成し、縞模様やチェック模様を作ったのである。

均一な状態から突然、あるパターンが生じるのは、神話の天地創造とどこか似たところがある。この過程では、無の状態から何かが生じる仕組みは、物理学自体よりも根元的とさえ言えるものだからだ。空の箱になんの変哲もない砂を入れて上下に揺すれば、同じようなものを見ることができる。かなり激しく揺すってやると、初めは平らだった砂の層が突然重なり合って、谷で隔てられた細長い帯状のパターンの尾根を作ったり、正方形や六角形の美しい網目の形につながった尾根を作ったりする(図11)。

前述したどちらの例でも、レーリーが突きとめたあのせめぎ合いが生じている。パターンを作りだそうとする力も働いていれば、パターンを壊そうとする力も働いているのだ。そして、このせめぎ合いが生じるのは、けっして注意深く制御された実験室にかぎらない。図12は北極海にあるノルウェー領スヴァールバル諸島の岩場の写真だが、まるで人が骨惜しみもせずにせっせと円周状に積み上げたかのようだ。だが、この壮大な組織的構造はひとりでに生じたものだ。中央のむき出しになっている土の部分は、差し渡しが二メートルから三メートルあり、円周状の盛り上がりの高さは約二〇センチメートルである。岩石がこのようなパターンになったのは、何千年にもわたって土壌が凍結と解氷をくりかえした結果である。

こうした話はどれも興味深いものではあるけれど、規則的な幾何学的パターンは、インターネット

図11　薄い砂の層を上下に振動させたときに生じるさまざまなパターン。

図12　ツンドラ地帯では、凍結と解氷をくりかえすことで岩石の円周状のパターンが生じる。

や生体細胞の複雑で乱雑な構造とはほとんど関係がないように見えるだろう。細胞内には六角形など存在しないし、インターネットでコンピューターどうしをつないでいるリンクは、美しい規則的な構成にはなっていない。その理由は歴史と、歴史の特徴である偶発性にある。実験室のなかなら、物理学者はベナールの実験を何千回くりかえしても、つねに六角形のパターンを得ることができる。砂や水を入れた容器を揺する場合も同じことが言える。これらのケースではひとりでに規則性が出現するが、その生じ方は、偶発的な歴史的出来事とはいっさいかかわりなく、時間を超越した物理法則と完全に調和している。おおまかな言い方をすれば、適当な条件下では、水や砂はパターン化された配置をとるのを「好み」、つねにそうなろうとする。ベナールの鍋の水をスプーンで攪拌(かくはん)しても、あるいは指で砂をかき混ぜても、しばらくすると同じパターンがふたたび現れる。ここでは、不意の一撃を加える歴史の力は、未来になんの痕跡も残さない。

まったく対照的に、なんの制約も受けない多数の歴史的出来事は、われわれの社会のネットワークや生態系のネットワーク、ワールド・ワイド・ウェブなどのいたるところに痕跡を残してきた。アマゾンコムがウェブで本の販売を始めたとき、同社は一つのサイトを立ち上げて、やがて何十万という他のサイトがリンクするハブへとそれを発展させただけでなく、アイデアも知らしめて他の業者を刺激し、オンラインによる本の販売を始めさせることになったのだ。アマゾンコムが存在しなかったなら、ウェブは細部の多くの点でまったく異なるものになっていただろう。同じように大腸菌の生化学も、長期にわたる一連の偶発的な遺伝的変異の影響を受けていて、そのすべてが現在の大腸菌の生化学的構造に顕著な痕跡を残している。このように、ネットワークの進化では、歴史はきわめて重要なのである。

にもかかわらず、前章で検討した研究のすべてが、これらのネットワークには統一的な組織的構造のようなものがあることを示していた。それはある種の規則性なのだが、ベナールが見いだした六角形とはちがって、それほど簡単には見えてこないし、また通常思い浮かべる規則性とは似ても似つかない。けれども周知のように、規則性とか意味といったものは、往々にして、物理的実体が示す性質のみならず、見ている人の目的や考え方に左右される。ハンガリー語の会話は、それがわかる人には完全に意味をなす規則的なものであっても、別の人には意味をなしていないように聞こえることがある。鍋を使ったベナールの実験で生じた六角形のパターンは、だれにでも規則的なものであることがはっきりとわかるだろうが、ピュタゴラスらの古代ギリシアの哲学者たちがきわめて完璧だと考えたこうしたパターンに加えて、別の種類のさらに微妙な規則性もある。そのような規則性を読み取り、何が原因で生じるのかを理解するには、別の方向に目を向けなければならない。

ベナールの実験は、なんの特徴もない均一な状態からどのようにして秩序やパターンが生じるかの具体例になっている。では、まったくのカオスやランダムさから規則性が現れることについてはどうだろうか？　これも起こりうることであり、歴史とその偶発性にもかかわらず、そこに著しい規則性が生じる場合のあることが実証されている。

あらゆる河川に見られる「べき乗則」のパターン

ミシシッピの大河を流れる水の源は、西はワイオミング州から東はニューヨーク州にいたるまでの三一州に降り注ぐ雨である。ミネソタ州に発するミシシッピ川は南下し、セントルイス近郊でミズーリ川の大量の水が合流してくる。ずっと東のほうでは、ペンシルヴェニア州ピッツバーグの近くでアレゲーニー川とモノンガヒラ川が合流してオハイオ川と名を変え、そこからさらに西に流れてイリノイ州の南端付近でミシシッピ川に注いでいる。最終的に、ミシシッピ川はアメリカ国土の三〇〇万平方キロメートルを超す面積の排水を受けもち、集めた水の全量を南のニューオリンズを経てメキシコ湾へと運んでいる。

このミシシッピの流路ほど計画性がないように見えるものなどまずあるまい。このことに関して言えば、ミシシッピだけでなく、大は南アメリカのアマゾン川やアフリカのコンゴ川から小はイタリアのそれほど有名ではないフェラ川（図13）にいたるまで、広大な河川のネットワークである河川水系のすべてが同じである。どんな川でも上流に向かっていくと、あるときは右へまたあるときは左へと支川が枝分かれしていき、まるで自然の壮大なくじ引きによってどっちへ行くかを決めたかのようである。もちろん、これは驚くほどのことではないだろう。それぞれの河川のネットワーク特有の配置は、固有の地質学的歴史と地域の特性、すなわち季節ごとの降雨のパターン、山脈や平地を造っている岩石および鉱物の種類などがもたらしたものだ。それぞれのネットワークは、いわば指紋のようなもので、そこには、地球上に二つとないその土地の豊かな伝記が、込み入った細部まで余すところな

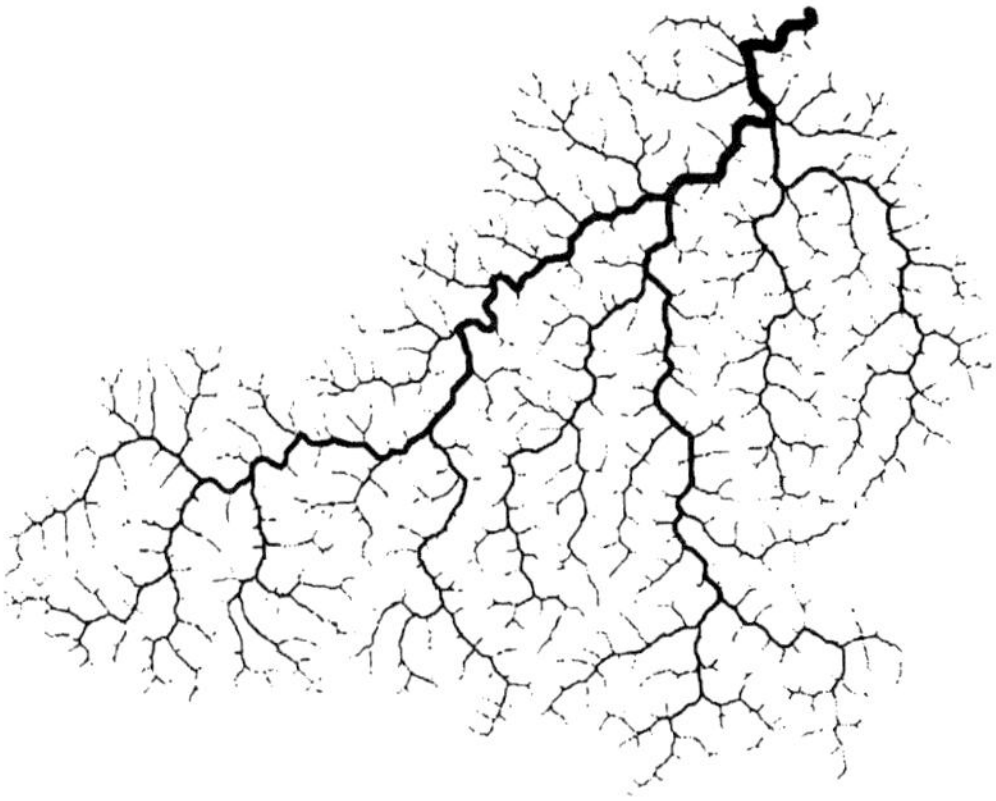

図 13　イタリア北部を流れるフェラ川水系の構造。

く記録されている。

それにもかかわらず、表面上はランダムででたらめのように見えても、その下には規則性が隠されている。たとえ河川のネットワークはどれも唯一無二のものだとしても、多くの点で非常によく似ている。もっと言えばほとんど同じですらある。なぜそんなことが言えるのかを理解するには、適切な視点に立って眺めるだけで十分である。

まず川のどこか特定のセグメント［合流点から合流点までの区間］を出発点にして、そこから上流へとさかのぼり、合流しているすべての支川を追跡する心づもりがあればいい。こうすれば、いくつもの支川が作る大きな系統樹の枝のすべてを見ることになるし、どの支川も最後には一本の川に流れ込んでいるから、その川によって排水されている土地の総面積を概算することができるだろう。河川研究者たちはこの面積のことを「流域面積」ないし「集水域」と呼んでいる。川の上流へ行くほどセグメントの流域面積が小さな値になることは明らかだ。

たとえばミシシッピ川の場合、メキシコ湾に注ぐ最終段階ではとてつもなく大きな流域面積を有している。なんと言っても、ミシシッピ川はアメリカ国土の約四一パーセントの排水を受けもっているのだ。

ミシシッピ川のような大河ともなれば、水系全体を構成している個々のセグメントは数万にものぼる。けれども、空撮と人工衛星からのレーダー画像を利用して、これから述べるやり方で河川のネットワークの全体を分析できたとしよう。まず、水系内のすべてのセグメントについて、流域面積、つまり川のその部分が排水を受けもっている上流の全面積を計算する。それから、流域面積が一〇平方キロメートルの川はいくつあるか、流域面積が二〇平方キロメートルの川はいくつあるかなどを確定していき、一〇〇〇平方キロメートルを超えて、最終的に全水量が流れている最後のセグメントにいたるまでこれをつづけていく。そして、結果をグラフに表す。流域面積とセグメントの数をグラフにするのである。

原理的には、このようにして得られた結果から、河川のネットワークを構成しているセグメントは「典型的な」流域面積をもつことが明らかになると考えてよさそうだ。つまりグラフの曲線には、ある流域面積の付近に高いピークがあって、その流域面積は合流点が受けもっている「平均的な」排水負荷を表しているということである。このような関係が見られるのは、たとえば、樹になっているリンゴを数百個とってきてそれぞれの重さを量った場合である。このとき、重さと個数の関係を表したグラフの曲線は、典型的な重さの近辺で高いピークを示すことになるだろう。けれども河川のネットワークの場合、研究者たちの多くは、これまでにおこなった前述のような調査でまったく異なる結果を見いだしている。分布にはいかなるピークも現れず、むしろ前章で紹介したべき乗則のパターンにしたがっているのだ。排水される面積が二倍になれば、その排水面積を受けもっている川の数は二・七分の一に減少する。もし一〇〇〇平方キロメートルの面積の排水を受けもっている川が一〇〇本あったとすれば、二〇〇〇平方キロメートルの面積を排水している川は三七本ほどしかなく、この関係がずっとつづいていくのである。

規則性などほとんどなきに等しいもののように見える河川のネットワークにべき乗則が成立するという事実は、そこに予想もされなかった見事な単純さが備わっていることを示している。だが、これだけではない。もしも、べき乗則のパターンが一河川にのみ当てはまるのであれば、その地域の地質学的特性が生みだした奇妙な特徴として片づけてしまってもいい。しかし、過去数十年におよぶ研究では、ナイル川、アマゾン川、ミシシッピ川、ヴォルガ川どころか、調査したすべての川でこのパターンが見いだされている。このことは、地域特有の地質学的特性などから生じた特別の結果ではなく、一見規則性がないように見えるこれらすべてのネットワークの背後に、組織化へと向かう根元的な性向のようなものがあることを示している。河川のネットワークは、長い年月にわたる一連の歴史的な偶然の出来事が作りあげたもので、全体的な計画などいっさいおかまいなしに、水があちこちに水路をうがっていった結果に「すぎない」なら、べき乗則のパターンは存在しなかっただろう。

ミシシッピ川の流域がまさに他でもなく現在の姿を見せている理由を理解しようと思えば、何万年にもおよぶ気象のパターンや気候変動からミシシッピ川を生んだ地形の地質学的特性の細部にいたるまで、ありとあらゆるものを考慮に入れなければならないだろう。流路は地震のたびに何度も変わったから、地震も取り上げなければならない。地震によって新たに湖や支川が誕生したし、一八一一年から一八一二年にかけて起こったニューマドリッド大地震では、地震後の数日間、川が逆流したことすらある。けれども、べき乗則のパターンは、こうした細部の問題の背後に、明らかにしなければならないもっと深遠で本質的な事柄が存在していることを示唆する。同じべき乗則のパターンがミシシッピ川でもナイル川でも生じているとすれば、地質学的特性や気候などの細部の事柄は、そのパターンにはほとんど関係していないはずだ。何か普遍的な過程が作用しているにちがいない。その過程は、こまごまとした事柄の背後に息づいていて、そのために、あらゆる河川のネットワークは似たものになっているのである。

河川の規則性はごく単純な理由から生じていた

ソ連の革命家レオン・トロツキーはかつて、歴史の法則になかなか気づかないのは、それらの法則が歴史上の偶然の出来事によってきわめて巧みにぼかされているからだと述べた。「歴史の過程全体は、偶然に生じるさまざまな状況によって歴史の法則が屈折されたものである。生物学の言葉を使えば、偶然の出来事が自然淘汰されていくことで、歴史の法則はその姿をはっきりと見せるようになると言えるだろう」[7]。この見方では、偶然の出来事は無数にあり、しかもその多くが互いに歴史を反対方向に突き動かす性格のものであっても、それによってもたらされたまったく混沌たる状態の背後には、重要なパターンと連続性が存在することになる。これこそが、さらに深遠な歴史の過程であり、変わることなく作用しつづけているのである。トロツキーは、科学としての歴史が携わらなければならないのは、その過程を明らかにして説明を与えることだと論じている。トロツキーの考え方を人間の歴史に適用した場合、果たして得るところが大きいかどうかは定かでない。けれどもこれから見るように、河川のネットワークについては、おおいに意味があることは確かだし、他の多くのネットワークの場合も同様なのではないだろうか。

河川のネットワークが形成されていく背後にどんな過程が作用しているのか、その概略をつかむための手法は、時間をさかのぼって調べることだ。まず、河川のネットワークの進化に影響を与えていると思われる要素の大半を無視して、とりわけ大きな重要性をもつことがはっきりしている少数の要素だけで試してみる。パターンを説明するにはそれらの要素で十分かどうかを確かめればいい。十分でない場合は、河川のネットワークの形成はもっと複雑なわけだから、他の要素を取り込まなければならない。パドヴァ大学のアンドレア・リナルドとテキサスA&M大学のイグナチオ・ロドリゲス＝イターベの二人の物理学者は、十数年にわたってこの攻略法を実践し、世界じゅうの河川のネットワークに見られる複雑なパターンは、それまで考えられていたよりもはるかに単純であることを明らかにしている。[8]

河川のネットワークの形成過程をモデル化するにあたって、リナルドとロドリゲス＝イターベが出発点にしたのは単純な構図だった。それは、降った雨はつねに低いほうに流れるというものだ。水の移動を支配しているのは地勢である。地表やすでにできている水路を流れる水は、そのつど土地を浸食していくから、長い年月のあいだに地形は変化していく。傾斜が急な場所ほど水の流れは速く、そのぶん浸食が進んで水路は掘り下げられ、さらに大量の水が流れるようになる。リナルドとロドリゲス＝イターベはコンピューターを利用し、まず特別なパターンのいっさいないランダムな地形を出発点にして、そこに均一に雨を降らせた。それから、浸食の進み方と浸食によって地形がどう変化していくかを連続的に追跡した。こうして彼らは、河川のネットワークが進化していく様子を、何百万年ではなく、たった数分で再現することができたのである。そのうえ、歴史というフィルムを何度でもくりかえして見ることができるし、何百何千という河川のネットワークを作りだすことも可能だった。不思議というより驚きすら覚えるのは、モデル自体はきわめておおざっぱなのに、得られた結果は実際の河川のネットワークの特徴を見事なほど正確に表していたことである。

岩石や土壌の物理的特性に関する細部は浸食が進む速さに影響を与えるはずだが、リナルドとロドリゲス＝イターベは、そのことをコンピューター実験にいっさい取り込まなかった。降雨のパターンも、ふつうは一様ではないことも気にしなかったし、これ以外の現実的な側面もほとんど省いてしまった。けれどもなんとも不思議なことに、これらの要素はどれ一つとして問題にならないようだった。コンピューター上に姿を現したネットワーク（図14）は、数学的には実際の河川のネットワークときわめてよく一致していたのだ。たとえば、ネットワークを構成している川の分布を、排水している土地の面積で見てみよう。モデルでは流域の面積が二倍になるごとに、その面積の土地の排水を受けもっている川の数は二・七分の一に減少していた。これは実際の河川のネットワークの場合と同じである。リナルドとロドリゲス＝イターベのモデルは、要（かなめ）となる過程が相当粗いにもかかわらず、事実と合致している。河川のネットワークが形成されていく過程の背後にある真相は、見かけよりもはるか

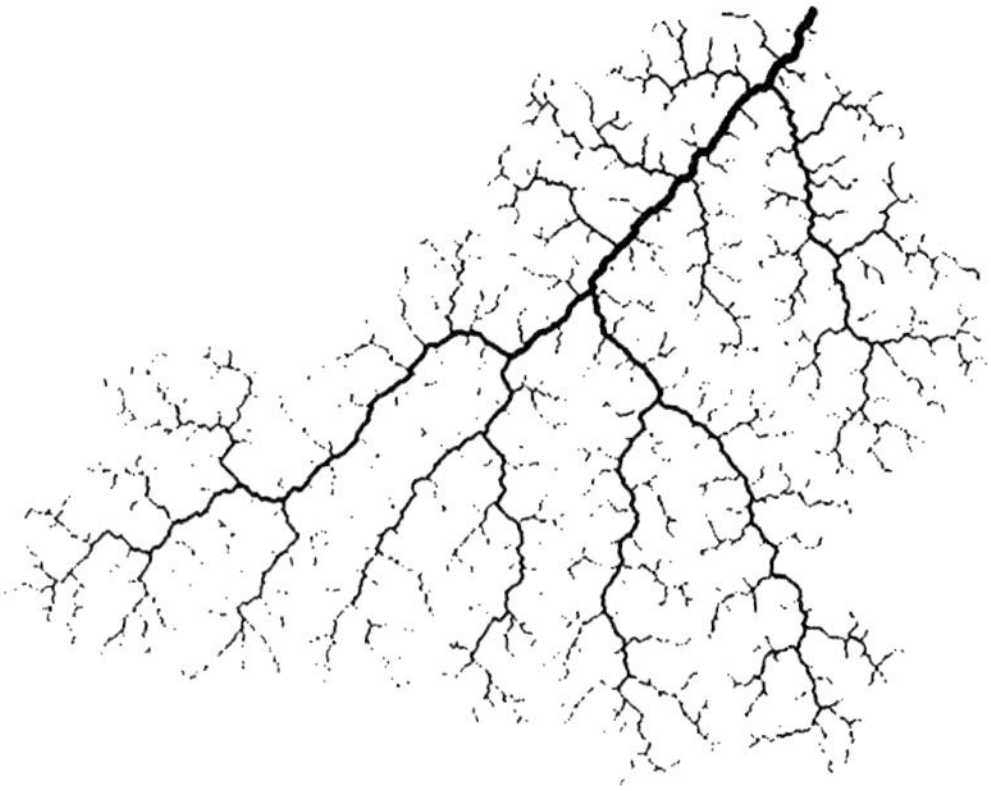

図 14　単純な浸食の過程が生みだした河川のネットワーク。

に単純なのである。

コンピューター・モデルと現実とのあいだに注目すべき一致が見られるという事実によって、べき乗則の真の核心に近づくことができる。べき乗則のパターンは、インターネットをはじめとするいくつかのネットワークに関連して見いだされたものとまったく同じである。実験では、一回ごとにコンピューターは異なる河川のネットワークを作りだした。一〇〇回連続してコンピューターをランさせても、細部の配置まで完全に同じものは一つもなかった。河川では、偶然の出来事や歴史の偶発性が重要な役割を演じている。それにもかかわらず、結果として生じるネットワークは、つねに同じべき乗則のパターンにしたがっている。このことは、河川のネットワークの形成には普遍的な特徴があることを示している。

べき乗則は、河川のネットワークのどこか一部をとって拡大すれば、そこに全体と非常によく似たパターンが現れることを意味している。言いかえれば、河川のネットワークは見かけとはちがって、それほど複雑ではないのだ。無数に生じる偶然の出来事のために、河川のネットワークはどれもその水系特有のものになっているだろう。それにもかかわらず、あるスケールで進行していることは、別のスケールで進行していることと、どんな場合でも切っても切れない関係にある。河川のネットワーク構造の背後に単純性が隠れていることを示しているこの特徴は、「自己相似性」と呼ばれており、河川のネットワークに見られるような構造を「フラクタル」と言うこともある。べき乗則の真の重要性は、なんの意図ももたない偶然によって左右される歴史の過程のうちにすら、法則にも似たパターンが生じる場合があることを明らかにしてくれる点にある。自己相似性という性質をもつがゆえに、河川のネットワークはどれもみな似たものになっている。歴史や偶然は、法則にも似た規則性やパターンの存在と、なんの矛盾もなく両立できるのである。

したがって、歴史科学は物語の叙述にとどまるものではない。一本の特定の支川について、それが河川のネットワーク内に存在する理由や、なぜその位置にあるのかを説明するには、その支川の進化をもたらした歴史上の出来事すべてをくまなくたどるほか途(みち)はない。その支川は別の場所に生まれる可能性もあったはずだし、さかのぼると、はるか昔の一晩の大嵐に原因があり、できたばかりの水路が嵐のときの大雨で掘り削られて誕生したという場合もあるだろう。歴史を最初からもう一度スタートさせても、嵐や大水に見舞われるのは別の場所であり、河川のネットワークは細部までそっくり同じにはならない。それでも河川のネットワークは、総体としてはきわめてよく似たフラクタルの性質をもち、また、全体的に自己相似的な構造に組織化されている結果として、同一のべき乗則を満たしているのだろう。河川のネットワークのパターンには、ホワイトヘッドが言うところの「特殊なもののうちの普遍なるもの、うつろいゆくもののうちの永遠なるもの」の姿が、まがいようもなくまざまざと見てとれる。

金持ちはより豊かに、長い腕はより長くなる法則

次々に起こる歴史上の偶然の出来事からパターンが出現する様子は、もっと簡単な例でも具体的に示すことができる。近年、物理学者たちが開発してきた一群の数学ゲームに、「拡散律速凝集」（DLA。diffusion-limited aggregation の略）と呼んでいるものがある。見事なパターンを生みだす過程の表現としてはなんともひどい専門用語ではある。しかし、おそらくこの数学ゲームほどはっきりべき乗則の重要性を例示し、複雑で秩序をもたない世界の組織的構造を明らかにする方法を示すものはないだろう。

DLAの過程とは次のようなものである。まず、ただ一つの分子が静止している状態からスタートする。ここに分子をもう一つ、遠くからさまよい込ませる。任意の方向から任意の道筋を通って近づけてやるのだ。入り込んできた分子は、前からあった分子にぶつかればくっついてその場所で止まるが、ぶつからなければ動きは止まらない。考え方としては、この過程を何千万回もくりかえしたとき、どのようなことが起こるかを見ようということである。近づいてくる分子は、すでにその場所にある分子の集団にぶつかってくっつくか、あるいはぶつからずに動きつづけるかのいずれかである。このゲームの進行過程をビデオ画面上で観察していると想像してもらいたい。

分子の集団は成長してなんのおもしろみもない塊になると予想されるかもしれない。ところが、生じる構造は非常に複雑だ（図15）。ひとたびこの構造から枝のように腕が伸びると、それは篩のような障害物としての働きをするため、飛び込んできた分子を捕まえやすくなる。したがって、次々にやってくる分子は、いずれもいくつかある長い腕のどれか一本の先端近くに付着する場合がほとんどで、このため長い腕はいっそう長くなっていく。飛び込んできた分子が、分子の集団のもっと内部にまで達することはまれだ。この成長のパターンは結局のところ、「金持ちほどますます豊かになる」という過程と同じで、長い腕は短い腕よりもはるかに急速に長くなっていく。

このようにして生まれた構造は一種のフラクタルであり、ある程度の自己相似性が見られる（これはどんな河川の流路でも、一部が全体と非常によく似ていたのと同じである）。そして、ここに見られる自己相似性は、べき乗則にも反映されている。生じた分子の集団はありとあらゆる大きさの枝をもち、大きいものもあれば小さいものもある。さまざまな大きさの枝すべてについて、その本数を数えてみれば、枝の大きさが二分の一になるごとに、その大きさの枝の数はほぼ三倍になることがわかるだろう。

河川の場合のネットワークと同様、DLAによって生じたこのような集団にも、何か組織的な構造があるようにはまったく見えない。これまでの章で調べてきたネットワークと同じく、分子の集団は無数の偶然の出来事を通して進化してきたのであり、そうした出来事の痕跡はいつまでも残っている。この場合、偶然の出来事が正真正銘ランダムなものであることは定義から明らかだ。しかしそれでも、ここには一種の規則性が潜んでいる。実験を一〇〇〇万回くりかえしておこなっても、そこに見られ

図15 「拡散律速凝集（DLA)」過程で生じたクラスター。

るのは、どれ一つとして同じもののない一〇〇〇万の構造である。それなのに生じた分子の集団はいつの場合もほぼ同じものに「見える」。つまり、つねに細部は異なっているにもかかわらず、眼や頭は何かの深遠な相似性を見つけだしてしまう。

したがって、偶発性が「歴史の刻印」なら、同じようにべき乗則も、深遠な規則性が示す明確な特徴ということになる。そしてこの種の規則性は、歴史上の偶然の出来事が一貫性を欠いたものであるにもかかわらず、ひとりでに湧きだしてくる。このことを頭にたたき込んだら、そろそろインターネットや生体細胞など、身のまわりのネットワークに戻る頃合いだ。これらのネットワークの構造上の類似性を説明するうえで、ここで学んだ見方が何かの役に立つかどうかを調べてみよう。すでに見たように、科学者たちは、これらのネットワークでべき乗則を発見し、ネットワークの進化と成長の要因はそれぞれで大きくちがうにもかかわらず、成長過程の核心には共通するものがあるのではないかという考えを示している。これまで、その作用はまったく気づかれることがなかったが、この過程は、あらゆるレベルのあらゆる場面でわれわれの世界に影響をおよぼしているのである。

第7章

金持ちほどますます豊かに

何人もの注釈者があれこれ調べたおかげで、この問題はすでに相当曖昧にされてしまっている。さらにつづければ、何もわからなくなってしまうのは時間の問題だろう。

マーク・トウェイン[1]

群衆の行動予測が難しいことの単純な理由

暴動が発生する原因はなんなのだろうか？　二〇〇一年四月一五日、日曜の晩の八時半に、イングランドのブラッドフォードの住民から、コーチ・ハウスというパブで大乱闘が起こっているという通報が入った。西ヨークシャー警察はただちに、暴徒鎮圧用の装備を携行した警察官一三〇人をパブに向かわせた。そこで彼らを待ち受けていたのは、レンガや火炎ビンを投げつけてくる若者たちだった。パブは激しく燃え、通りでは車が炎を上げていて、暴徒たちは近くの店で略奪をくりかえしていた。パブでの二人のケンカが暴動の始まりだったらしい。この些細な事件が引き金となって、夜に入るともっと大きな騒ぎが起こり、さらにそれが翌日の暴動を引き起こすといった具合で、こんな状況が翌週もつづいた。若者たちのワルの集団が市内をあちらこちらを移動しては、車に乗っている人を引きずり出したり、レストランやパブで人を殴ったり、火をつけて回ったり、略奪したりと、やりたい放題のことをしたためだった。イングランドの各地から右翼の活動家がブラッドフォードにやってきて騒ぎを煽(あお)ったため、不穏な状況は三カ月ものあいだずっと収まらなかった。特に争乱が激しかった六月のある晩などは、五〇〇人の警官が一〇〇〇人ほどの暴徒に打ちのめされる寸前になり、そのため地元の警察は隣接する八つの警察署に応援を要請しなければならなかった。

このような暴力沙汰はまったく予期できないものだったのだろうか？　最初の暴動騒ぎの翌日、西ヨークシャー警察の本部長マーク・ホワイマンは次のようなコメントを出している。「ブラッドフォードは多文化社会であり、対立が存在する。われわれも動いてはいたのだが、しかし、昨晩起こった争乱を予測させるものは出てきていなかった」[2]。暴動の要因の一つとして人種差別があったことは確かだし、ブラッドフォードが経済的に困難な状態におかれていたことも、またしかりである。こうした社会全般に影響をおよぼす要素は、暴動が起こる可能性があったこと、それも二〇〇一年の春にもっとも起こりそうだったことを説明する一助にはなるだろう。それにしても、なぜ四月一五日のある特定のケンカが起爆剤となったのか？

集団に見られる不可解な行動を前にしたとき、人がよく口にするのは、群衆が狂気に走ったり分別をなくしたりすること、つまり集団行動や集団心理である。群衆の行動を予測するのがどんな場合でもきわめて難しいのは事実だ。けれども、群衆の気まぐれな行動の背後にある理由は、少なくとも一部は、実際にはそれほど不可解なものではない。一九七〇年代の後半にマーク・グラノヴェターは、ちょっとした数学を使って、このことを見事なやり方で立証している。

グラノヴェターは、だれにも騒乱に加わる「閾値（しきいち）」があるという発想から出発した。大半の人は理由もなく騒乱に加わることはないだろうが、周囲の条件がぴったりはまったときは――ある意味で、限界を越えて駆り立てられれば――騒乱に加わってしまうかもしれない。パブのあちこちに一〇〇人がたむろしていたとして、そのなかには、手当たり次第にたたき壊している連中が一〇人いれば騒動に加わる者もいるだろうし、六〇人あるいは七〇人が騒いでいなければ集団に加わらない者もいるだろう。閾値のレベルはその人の性格によって、またこれは一例だが、罰への恐怖をどの程度深刻に受け止めているかによっても変わってくる。どんな状況におかれても、また何人が参加していようとも、暴動に加わらない人もいるだろうし、反対に、自分の力で暴動の口火を切ることに喜びを覚える人も、ごく少数ながらいるだろう。

むろん、ある人の閾値を実際に判定するのはかなり難しいだろう。しかし、このことはそれほど重要ではない。理論的に考えれば、だれもがなにがしかの閾値をもっているはずだ。グラノヴェターが述べているように、この閾値とは「問題となっている行動（いまの場合なら暴動に加わること）をする個人にとって、考えられる利益が考えられる犠牲を上回る」ところである。そして興味をそそられるのは、この閾値、というよりむしろ閾値が人によって異なるという事実が、複雑で予測不能な集団の行動にどのような影響をおよぼすかである。

具体的に示すために、パブにいる一〇〇人の閾値を〇から九九までとし、各人の閾値はその人特有で、同じ閾値の人はいないと考えよう。ある人は閾値一、別の人は二、さらに別の人は三という具合である。このケースでは、大きな暴動は避けられない。閾値ゼロの「過激分子」が口火を切ると、これに閾値一の人が加わり、騒乱は燎原の火のように広がっていって、最後には非常に高い閾値をもつ人までもが呑み込まれてしまう。しかし注目してほしいのは、騒乱の連鎖に加わっているたった一人の人物といえども、その性格次第で結果を微妙に左右してしまうということである。かりに、閾値が一だった人が二の閾値をもっていたとすれば、最初の人物が物を手当たり次第にぶち壊しはじめても、残りの人々はただたむろして眺めているだけで、警察を呼ぶことすらしたかもしれない。だれも二番手になって騒ぎに加わろうとしなければ、連鎖反応は生じようもない。

このように、たった一人の人物の些細な性格のちがいでも、集団全体に大きな影響をおよぼすことがある。けれどもグラノヴェターが述べているように、もしこのような二つの種類の事件を報道する新聞があったとしても、その微妙なちがいを区別することはしないだろう。区別するなら、最初の事件は「過激な連中が放埒な振舞いに加わった」という記事になり、もう一方の事件の記事は「厄介者が狂ったように窓ガラスをたたき割っているのを、分別ある市民たちのグループはじっと見ていた」となるだろう。[3]

現実とはややかけ離れたグラノヴェターのモデルは、騒乱がどのように始まるかを説明しようとしたものではないし、警官たちにとっても、暴動発生の恐れを増大させる緊張状態を和らげる助けにはならないだろう。しかし、このモデルは、集団の行動を予測するのがなぜ難しいかを明らかにしている。その理由は、集団が一体となってとる行動には、集団の平均的な性格が単純に反映されるわけではなく、メンバー全員のさまざまな閾値がどのようなつながり方をしているかという細かな点が影響してくるからである。実際、だれもが同じような出来事を別の状況で体験しているのではないだろうか。学生のグループがいて、自習をするか、それとも外にビールでも飲みに行くか思案中だと思ってほしい。もし友人五人が飲みに行こうと決めたら、勉強熱心な学生でも心が揺れるだろう。あるいはパーティーに顔を出している何人かの友人が、何時になったら帰ろうかと考えている状況を思い浮かべてほしい。だれしも経験していると思うが、一人がもう帰らなくてはと決心すると、そのあとすぐにパーティーはお開きになってしまう。

ここで重要なのは、単純なものから出発し、人々はごく基本的な行動パターンをとると考えることによって、多くのものが学べるという点である。かつてアルバート・アインシュタインが述べたように、そもそも科学的な思考をするうえで肝心なのは、物事を「できるかぎり単純化すること。ただし単純化しすぎないこと」だ。そしてこの言葉は、これまで調べてきたワールド・ワイド・ウェブやインターネットなどの複雑なネットワークがどのようにしてあの独特の構造を獲得したのか、また特に、これらのネットワークの構造が非常によく似たものとなったのはなぜかを理解するさいにも、同じように当てはまる。

人気のあるサイトほどますます知名度を得る

イングランドのとある小さな村に、ほそぼそと商売を営んでいる家具製造業者がいたとしよう。こころではマツの廃材から見事な家具を手作りしていて、手元の資金はかぎられているが、自分のところの製品をなんとか売り込みたいと考えている。そんなとき、ウェブはすこぶるうまい安上がりな手段のように見えるだろう。そこで独自のウェブページをデザインし、オンラインに載せる寸前のところまできた。ただ、最後に一つだけ悩んでいることがある。自分のサイトを他のどのサイトにリンクさせればいいかだ。リンクを張ることは、サイトの特徴を明確にし、サイトに奥の深さを与えることになる。リンクは、サイトの制作者が独自に作ったウェブのいわば局所的な道路地図（ロードマップ）にもなる。なぜなら、張られたリンクは、サイトを訪れた人にとって、役立つ重要な情報のありかを突きとめる手助けになるからだ。このようなマップを作るには、何から始めればいいのだろうか？

顧客のなかには、ベッドを新調したついでに近隣の村の有名なマットレス製造業者からマットレスを購入したいと思っている人がいるかもしれない。そうした人に便利なように、マットレス製造業者のウェブサイトにリンクを張る場合もあるだろう。また家具の購入者には、使っているマツが古い建物などから出た廃材で、原木から切り出した新材ではない点を購入理由にあげている人がいることもわかっている。そうであれば、有名な環境保護のサイトへリンクしておきたいと考えるかもしれない。そのサイトへ行けばマツの廃材についてもっと知ることができるし、それを使って家具を作ることがどんなに環境保護に資しているかもわかってもらえるからだ。さらに、たんに面白半分ではあるけれど、サイトに独自の味わいをもたせるために、たまたま自分が好きな二、三のサイトにリンクを張ることもあるだろう。

こうして張ったリンクは、家具製造という特定の職業、居住地、さらにはこまごまとした個人的な多くの事柄を反映しているだろう。だが、確実に言えることが一つある。一度も名前を聞いたことのないサイトにリンクを張ろうとはしないということだ。友人から聞いてサイトのことを知った場合もあれば、新聞や雑誌で読んだり、ラジオで聴いたり、あるいは自分でウェブをサーフィンしていて知った場合もあるだろうが、いずれにしても、よく耳にするのは知名度の低いサイトよりも知名度の高いサイトのはずだ。この事実を洞察すること自体は、それほど驚嘆するようなものではない。けれども、ここにはまちがいなく、ウェブのネットワークが成長していくときにしたがったと思われるパターンが暗示されている。それは、よく知られたサイト、つまり多数のリンクがすでに張られているサイトほど、ものすごい速さで成長する傾向があるのではないかということである。現時点で多数のサイトからリンクされているサイトほど、この先もさらに多くのリンクが集まってくるだろう。要するに、金持ちほどますます豊かになるにちがいないのだ。

けれども、ちょっと待ってほしい。約八五パーセントの人は自分が探している情報を見つけるのに、ヤフー、インフォシーク、アルタヴィスタ、グーグルなどの主要な検索エンジンを使っている。このやり方でウェブを検索したのでは、探しているウェブページの知名度がどれほど高くても見つけられないことがあるのではないだろうか？　そうであれば、先ほどのパターンは崩れてしまうのではないか？　まさにそのとおりなのだ。二〇〇一年六月一六日の昼下がり、私はグーグルを利用して「インターネットの構造」という言葉に関連する情報が載っていそうなウェブページを検索してみた。すると、検索エンジンはすぐに、一六六万六〇〇〇件という呆然とさせられるような数のページへのリンクを探してきた。この数字はどちらかと言えば完璧でお見事という印象を与えるものである。ところがどうして、大半のページはだいたいにおいて見当ちがいだったのだ。さらに、検索の奥行きは、次のようなもう一つ別の理由からしても実体のないものである。

プリンストンにあるNECリサーチ・インスティテュート社のスティーヴ・ローレンスとリー・ジャイルズは、一九九九年におこなった検索エンジンの研究で、当時の検索エンジンのどれもがウェブの一六パーセント足らずしかカバーしていないことを明らかにした。[4] ウェブは猛烈な速さで成長をつづけていて――数年で規模はさらに一〇倍に拡大すると予測されている――検索エンジンはまったく追いつくことができない。世界地図を作ろうとしていた中世の地図制作者は、風船のように世界が膨らみつづけ、新たな領土の誕生があまりに急速なものだったため、いくら調査しても追いつけなかった。ウェブの現状はこれにそっくりなのだ。ウェブの検索をもう少しうまくやるには、主要な検索エンジンの成果を組み合わせたリソースであるメタクローラー［複数の検索エンジンを巡回して検索し、その結果をまとめて表示するプログラム］を使えばいい。けれども当時はメタクローラーですら、ウェブの五〇パーセントをカバーしているにすぎなかった。

ローレンスとジャイルズはややとまどいを覚えたのだが、ウェブに新たに載せられたページが、掲載後の数カ月間検索エンジンに引っかからない場合がしばしばあるという事実も発見した。どうしてなのか？　これもまた知名度のせいなのだ。検索エンジンの大半は、ウェブページの認知度に基づいてページの「索引」を作っている。たとえばグーグルを使って検索する場合、実際はウェブを検索しているのではなく、グーグルがもっているウェブページの索引を検索しているのである。ウェブの成長に追いつくために索引は頻繁に更新されているが、偏り（かたよ）はある。人気のあるページほど索引に載るのも早い。したがって、新しいウェブページはどんなに優れた内容をもつものでも、名を売るための苦しい戦いに直面することになる。だから、あなたが検索エンジンを利用するかしないかにかかわりなく、新たにウェブサイトを立ち上げて他のサイトへリンクを張れば、リンクされたサイトの知名度を上げるのに一役買うことになる。

こうして、金持ちほどますます豊かになる、つまり人気のあるサイトほどますます知名度を上げていく。だからどうだと言うのか？　このことがワールド・ワイド・ウェブの成長の仕方について何か重要なことを意味しているのだろうか？　じつは、まさしくそのとおりなのだ。そればかりか、この「金持ちほどますます豊かになる」という事実は、あらゆる種類のネットワーク構造のもっとも基本的で重要な原理の一つとおぼしきものを教えているのである。

人気者に人気が集まるとスモールワールドができる

ワッツとストロガッツが発見したスモールワールドの作り方には、歴史はまったく関与しない。一万の要素で構成された規則的なネットワークから始めて、これに一握りの長距離リンクを加えても、その結果できるネットワークには相変わらず約一万の要素がある。ワッツとストロガッツのスモールワールドは、ごく少数の要素を出発点にしているわけでもない。したがって、時とともに成長して複雑さを増し、やがて十分に発達するとスモールワールドの構造をもつという類のものではないのだ。数学的観点から見れば、成長が伴っていなくても問題にはならない。けれども、インターネットやワールド・ワイド・ウェブは実社会のネットワークであり、最初は小さなネットワークからスタートして、今日見られる巨大な組織へと成長してきたのだ。したがって、現在の姿には、どのように成長してきたかが反映されているはずである。

ワッツとストロガッツの基本的な考え方は、複雑なネットワークの世界に科学的に踏み込む先陣を切ったとはいえ、実際には、このような現実のネットワークがどのようにしてできたのかを説明していない。ネットワークの成長の仕方は、「金持ちほどますます豊かになる」メカニズム――このメカニズムは「優先的選択」とでも呼べるかもしれない――と何か関係があるのだろうか？　一見して、この考え方は魅力的に思える。俳優の世界では、知名度のない新人は、もっと名の通った俳優たちにくっついて脇役として第一歩を踏み出すことが多い。したがって俳優のネットワークでは、新人俳優がつながっているのは、一躍スターダムにのし上がった俳優よりも、だれもがよく知っている俳優のほうがはるかに多い。同様に、科学者が新たに論文を書くとき、はるかによく引用される可能性があるのは、その分野で高い知名度をもち、以前に何度も引用されたことのある論文であって、ほとんどの人が聞いたこともないような論文ではないだろう。ここでも、金持ちほどますます豊かになっていく。

一九九九年に物理学者のアルバート＝ラズロ・バラバシとレカ・アルバートは、金持ちほどますます豊かになるというこの基本的なメカニズムが何をもたらすかを突きとめようとした。つまり、ネットワークが小さなものから始まって、考えられるもっとも単純な優先的選択によって成長していくとすれば、最後はどうなるかである。バラバシとアルバートはノートルダム大学で、それを見つけるための簡単な方策を編みだした。

初期の段階にあって、ごく少数の要素しか存在しないネットワークを想像してみよう。要素として考えられるのは、ウェブページ、俳優、引用というリンクでつながっている科学論文などだ。ネットワークを真に単純なものとして考えるために、最初の要素は四つだけとする。そして、ネットワークは新たな要素をくりかえし取り込むことで成長すると考えよう。あとから加わる要素は、前からあった二つの要素とランダムにつながれるとしよう。この過程を思い描くには、草の生い茂った原っぱに石が四個おいてある状況を想像するといい。原っぱに毎日、石を一個運んできては地面におき、前からその場所にあった他の二個の石とひもでつないでいく。どの石とつなぐかはランダムに選ぶ。ここまでのところ、このやり方は、ネットワークに新たな要素を加え、なんの計画もなく適当につなぎ合わせているだけである。

けれども今度は、このネットワークの作り方のうち、リンクのさせ方にほんの少し偏りをもたせてみよう。くる日もくる日も石を運んできてはひもでつないでいったとする。ある日、石を抱えて原っぱにきたとき、他の石をしげしげと眺めてみた。すると、二本ないし三本のひもがついている石が多いのだが、なかには七本ないし八本のひもがついている石もあり、少数とはいえ一〇本、さらに一五本もついている石があることに気づく。新しく運んできた石をどの石とひもでつなぐかを選ぶとき、完全にランダムではなく、すでに多くのひもがついている石を優先させていたと考えたらどうだろうか。そうであれば、たとえば六本のひもがついている石ならば、三本のひもしかついていない石に比べて、さらにもう一本ひもを獲得する可能性は二倍あるということになるだろう。

これらの要素が石ではなくウェブのページだと思えば、人気のないページに比べて人気のあるページの知名度のほうが高く、それゆえさらなるリンクを獲得するうえで優位な立場にあるという考えが得られる。研究論文について言うなら、新たに発表される論文ではるかによく引用される傾向があるのは、無名の論文よりもよく知られた論文のほうだということになる。当然ながらいま述べた構図はあまりにも単純すぎて、ほとんど興味を喚起するものではないかもしれない。たしかに、短期的にはそうである。しかし、歴史が作用する余地があれば、さらに注目すべきことが現れてくる。

要素を一つずつ加えていくという先ほどの手順を一〇〇万回くりかえせば、最初の四つの要素に一〇〇万の要素を加えることになり、要素の総数は一〇〇万と四になる。要素を加えるごとにリンクも新たに二本増やしたから、ネットワーク全体では二〇〇万本を超すリンクが存在する。その結果は、視覚的にはどう見ても乱雑でしかない(図16)。もう一度実験をおこなったらどうなるだろうか。リンクはつねにランダムに選んでいるから、実験によって新たに生じるネットワークはまた別の乱雑さを呈して、最初のものとは細部のあらゆるところがちがっているだろう。実験を一〇〇〇回やれば、そのつど異なる乱雑さが得られるはずだ。

バラバシとアルバートは、この成長の過程をコンピューターで何度もランさせ、莫大な数のネットワークを作りだした。スタート時の要素数を変え、四ではなく三七、あるいは二六から始めたこともあったし、各段階で加えていくリンクの数を二本ではなく七本や一二本にしたこともあった。意外なことに、コンピューターを長時間ランさせれば、これらの変更はどれ一つ重要ではなくなるようだった。成長したネットワークはみな例外なく、基本的な構造に関してはそっくりだったのである。どれ

図16 「スケール・フリー」の「貴族主義的」ネットワーク。

もがスモールワールドになっていて、ある要素から別の要素に行くのに数段階しかかからなかった。また、ネットワークは高度にクラスター化されてもいて、実社会のネットワークに見られる「ハブ」の特徴をはっきりと示していた。おまけに、バラバシとアルバートは、リンク数による要素の分布を調べ、そこに明白なべき乗則のパターンを発見した。リンク数が二倍になるごとに、その数のリンクをもつ要素の数は約八分の一に減少していったのだ。[5]

したがって、金持ちほどますます豊かになるというメカニズムには、考えていた以上のものがあることになる。じつを言うと、このメカニズムはスモールワールドの構造をもたらす自然の原動力であり、いままでの章で調べてきた他の多くのネットワークも、その構造の背後には同じメカニズムがあるのかもしれないのだ。河川のネットワークの場合と同じく、見かけの複雑さの背後には見事な単純さがあるように思われる。要(かなめ)は純粋で冷徹な数学にほかならないが、おそらく、そこには、すでによく知られていて多くのつながりをもっているものに引き寄せられるという人間の心理が影響しているのだろう。

人々の行動を法則にしたがわせる原動力は何か

この「金持ちほどますます豊かになる」というパターンは、製品名や商標で品物を売っている業界では業種を問わずよく知られている。製品の販路を拡大するきわめて有効なやり方の一つは、なんといっても製品名を有名にすることで、そうしてしまえばあとは簡単だ。たとえば、アメリカでは「コーラを」と注文する人はめったにいない。「コーク」なのだ。もし明日スーパーマーケットの棚に競合商品が多数並んでも、ほとんどの客は「コーク」を買い、他の製品を試しに買ってみることなどまずしないだろう。金持ちほどますます豊かになるのは、一つには、何かの選択をするさい、知名度をよりどころにするほうが楽なことをだれもが知っているからである。だから、ジェイソン・ポーリックが出ている映画よりもマイケル・ダグラスが出ている映画のほうを選ぶことになる。もしハリウッドで評判になるような超大作を制作しようとしていて、すでに撮影開始前に何百万ドルも注ぎこんでいるとしたら、だれに主役をやらせたいと思うだろうか？　たいして想像力を働かせなくとも、そうした選択はつまるところ、演技力や役の適性のみには帰着しないことがわかる。知名度をもとにした宣伝の潜在力はきわめて重要なのだ。ジュリア・ロバーツやレオナルド・ディカプリオ、ショーン・コネリー、ケヴィン・コスナーを出演させれば、たとえその映画が結果的には駄作であっても、たちまち多くの人を呼び寄せることになるだろう。よく知らない俳優が登場する駄作に比べれば、大物俳優の出ている駄作のほうがはるかに多くの観客を集めてしまうものだ。

社会のネットワークが発達していく根底にも、同じような過程がありそうだ。ストックホルム大学の社会学者フレドリック・リルエロスとクリストファー・エドリングは、近年、ボストン大学の物理学者たちと共同で研究をしていて、一九九六年にはスウェーデンに住む二八一〇人をランダムに選び、彼らが個人的にどのような性的接触のつながり(リンク)をもっているかに注目した研究をおこなっている。[6] 知人というときの関係はややもすれば範囲が曖昧になるが、セックスによるつながりがあるか否かはそうではない(ビル・クリントンがどう主張しようと)。リルエロスたちはこの社会的関係のうちに、ワールド・ワイド・ウェブやインターネットと同様の構造を見いだした。それはまさしくスモールワールドであり、社会集団内では少数の人物が多数のセックスのリンクを握っていたのだ。それは、セックスパートナーの数で見た人々の分布が、べき乗則のパターンになっていることを示す特徴だった。

　この性的な関係において多数のリンクをもっていたのは、マルコム・グラッドウェルが自著『ティッピング・ポイント』のなかで「コネクター」と呼んだ人々である。少数ではあるが、社会性に富む彼らコネクターが、社会のネットワーク全体を一つに結びつけている。たとえばスタンレー・ミルグラムの手紙を使った最初の実験では、ネブラスカとカンザスからボストン在住の株仲買人の友人のもとに着いた手紙は、配達の最終段階では「どこか」から宛先に届いたのではない。仲買人の自宅に届いた手紙の優に三分の二は、衣料商を営んでいる友人、ミルグラムがジェイコブ氏と呼んでいる人物が投函している。これ以外の手紙は仲買人の事務所に届いたのだが、その大半の差出人はたった二人、ミルグラムがそれぞれブラウン氏、ジョーンズ氏と呼ぶ人物だった。手紙がわずか数人の人物に集中したのは、なんとも不思議なことではある。このことについてグラッドウェルは次のように強調しているが、それは的を射たものである。「考えてもみてほしい。中西部の大都市からランダムに選んだ何十人もの人が、それぞれ個別に手紙を送っているのだ。大学時代の友人を介した人もいれば親戚に手紙を回した者もいた。かつての職場の同僚に送った場合もある。各人各様のやり方をしたのだ。それにもかかわらず、最後にこれらの個別で独自の連鎖がすべて完結したとき、手紙の大半はジェイコブ、ジョーンズ、ブラウンの三人の手にわたったのである」[7]。この三人はコネクター、すなわち社会的世界のハブであり、彼らはふつうの人よりもはるかに多くの友人をもっている。噂や新規開店のニュース、あるいは奇妙な実験で送られた手紙が社会のネットワークを伝わっていくとき、一般にはコネクターを通る場合が多い。これは、航空会社の便に、アトランタやシカゴなどの中核都市（ハブ）を経由する顕著な傾向が見られるのとよく似ている。

けれどもグラッドウェルは、こうしたコネクターがどのようにして生じるのかは調べていない。たとえばセックスを介して構成されるネットワークの場合、セックス・リンク数の分布が平均ないし典型的な値の近辺に集中していないのはなぜなのだろうか？　ランダムに三〇〇〇人を選んでも、他の人より一〇倍も身長が高い人は一人もいないだろう。三〇〇〇人の身長の分布は、明確に定義される平均身長の近くに収まる。人がどのくらい速く走れるか、あるいはどのくらいの重さを持ち上げることができるかを測っても、分布は同じような結果を示す。けれども性行動はこれと同じではない。コネクターたちの発展家としての能力を、天与の才覚や幼児期に獲得した特別な才覚のせいだと考えることはできるかもしれない。しかし、リルエロスらが示唆したように、次のような別の説明もありうるのではないだろうか。「ここで述べた性的接触のネットワークの構造をもっともらしく説明するために含めたのは、それまでにつきあった人数が増えていくにしたがって新たな相手を獲得するすべに長けていくこと……つまり、新たなパートナーをたくさんもって自分のイメージを保つのが彼らの動機づけになっているということであり……他の『スケール・フリー』のネットワークと同じく、性的接触のネットワークでも、『金持ちほどますます豊かになる』のは明らかである」[8]。ここに出てくる「スケール・フリー」とは、べき乗則にしたがう裾の厚い分布を指す専門用語で、これまでも、ネットワークの要素が何本のリンクをもっているか見たときに何度も出くわした分布のことである[9]。

人間がもつ基本的な社会心理上の性質も、優先的選択を後押ししているのかもしれない。たとえば社会心理学者のソロモン・アッシュは一九五二年におこなった有名な実験で、六人からなる被験者のグループごとに、あるページに書かれた一本の線の長さを調べさせた。そのあと被験者たちは、次ページにある三本の線のうち、どれが前ページと同じ長さの線かを答えることになっていた。各グループの六人のうち五人はアッシュの協力者で、意図的に大声で同じまちがった解答をすることになっている。アッシュが知ったのは、他の人たちの答えを聞くと、グループの六人目――この実験のほんとうの対象者――も多くの場合影響を受けて、同じまちがった解答をしてしまうということだった。自分の印象を信じるのではなく、集団にしたがってしまうのだ。あとになってから被験者たちの何人かは、あの線がちがっていることはわかっていたとの報告さえしている[10]。

こうして明らかにされた事実は、われわれがおこなう決定、ひいては認識さえもが、いかに簡単に影響を受けてしまうものなのかを示している。先ほど頭のなかで想像した家具製造業者をアッシュの実験における六人目の人物と同じだと考えれば、一種の社会心理学的な圧力が存在すること、そして件(くだん)の業者はその力に突き動かされて、すでに知名度のあるサイトとリンクさせるのを選ぶ方向に向かうことが理解できるだろう。結局のところ、あるサイトの知名度の高さとは、すでに他の多くの人が自らの行為を通して「一見の価値あり」と宣言したことの公然たる証拠なのだ。

このような結果は、心理学でよく知られた「集団思考」と呼ばれる考え方ともつながりがある。一九七〇年に社会心理学者のアーヴィング・ジェイナスは、何かを決めるとき人々の集団はどのような経緯をたどるのかを調べている。彼の結論は、集団内では多くの場合、集団力学（グループダイナミクス）のために、代替可能な選択肢をじっくり考える力が制限されてしまうというものだった。集団の構成員は、意見が一致しないがゆえの心理的な不愉快さを緩和するため、なんとか総意を得ようと努め、ひとたびあらかたのところで合意ができてしまうと、不満をもっている者も自分の考えを口に出すのが難しくなってしまう。波風を立てたくなければ、じっと黙っているほうがいいのだ。ジェイナスが書いているように、「まとまった集団内では総意を探ることがきわめて突出し、そのため、代わりにどんな行動がとれるかを現実的に評価することよりも優先されるのである」[11]。

ワールド・ワイド・ウェブについて言えば、サイトの制作者が選ぶリンク先は完全に自由だ。けれども、実際にリンク先を選んで自分のサイトをオンラインに載せる行為は、おおまかに言うなら、ジェイナスが述べているような、集団の一員が個人的な意見を表明する場合に受けるのと同様の影響を受ける。ウェブの場合にも同じような社会心理学的な力学が働いていて、それが人々に作用して同一のサイトに次から次へとリンクさせているのかもしれない。

企業や研究者のネットワークもスモールワールド

科学者なら、こうした群れのような集団的行動に対する免疫力があると思われるかもしれない。なんと言っても彼らは、偏見をもつことなく真理の探究に突き進むということになっているのだから。しかし、科学者がどのようにして共同研究者を選んでいるかを調査したいくつかの研究では、「金持ちほどますます豊かになる」ことが明らかにされている。論文を共著したことでつながっている科学者のネットワークを考えてみよう。このネットワークについてはすばらしいデータがあって、各リンクがいつできたか――つまり共著論文が発表された日付――および、それぞれの科学者には、その共著論文を書く前に何人の共同研究者がいたかが記録されている。したがって、経歴の細部に立ち入って、科学者たちが実際にどんな決定を下したかにあたれば、金持ちほどますます豊かになるという着想を明確に検証することができる。科学者が新たな研究での協力関係を作るとき、それまでに多数の人と共同研究をしたことのある科学者と優先的に組む傾向が見られるのだろうか？

前述と同じやり方で物理学、神経科学、医学の文献を調査したいくつかの研究では、いずれの場合も、実際に金持ちほどますます豊かになっていることが数字から明らかにされている。一例をあげれば、サンタフェ研究所のマーク・ニューマンは、国立医学図書館が管理・運営する生物・医学分野で発表された論文の膨大なデータベース「ＭＥＤＬＩＮＥ」も含めて調べているが、彼が調査から得られた統計資料をもとに結論したように、「ある特定の科学者が新たな共同研究者を得る確率は、その科学者のそれまでの共同研究者数が増すにつれて大きくなる」[12]のだった。

研究者たちはインターネットとワールド・ワイド・ウェブの成長を同じように歴史的に精査し、いずれの場合も、本書で述べてきた直観的なイメージに裏づけを与えている。社会心理に関する推測は別にして、これらの結果はすべて、影響力をおよぼす作用が普遍的なものであることを数学面から裏づけている。[13]

驚くことではないが、何かを決めるのに知名度が影響をおよぼす傾向はビジネスの世界をも強く支配しており、たとえば、だれをどの企業の役員にするかという決定を左右している。アメリカの大企業の役員会が過度に「重複している」――つまり二社以上の役員を兼務している人物によってつながっている――という問題は一世紀近くのあいだ、かまびすしく議論されてきた。人並み以上に共謀好きの役員連中にとって、これは心穏やかではいられない話だ。なぜならそれは、異なる企業の役員会が情報を共有することで価格を固定化し、共謀して経済的・政治的状況のすみずみにまで大きな力をふるおうと企んでいるとほのめかしているのだから。

数学の観点から見ると、そこにはたしかにちょっとびっくりさせられるものがある。数年前、ミシガン大学経営学大学院のジェラルド・デーヴィスらのグループは、企業の役員会を結びつけているネットワークを詳しく調べ、ここにもまたスモールワールドがあることを明らかにした。同一人物が二つの企業の役員に就任していれば、この両社はつながっているものとしよう。またこれとは別に、二人の企業家が同じ企業の役員会に名を連ねていれば、その二人はつながっていると考えることもできるだろう。この二つはネットワークとしては別個のものと考えられるが、じつは密接に関連している。彼らはこの二つのネットワークを調べて、それぞれで同じ結果を見いだしている。彼らの結論は、「アメリカの企業は、お互いのことをかなりよく知っていて共通の知人をもつ人々のネットワークによって監督されている。調査した大企業一〇〇〇社の役員六七二四人のうち、どんな二人を選んでも平均では四・六本のリンクがあればつながりをもたせることができ、また八一三の役員会については、そのどの二つを選んでも平均の隔たり次数は三・七だった」。この事実が意味しているのは、アメリカの大企業の役員会は社会的に結びついて、企業統治体という一つの巨大な網構造（ウェブ）に組み込まれているということである。実際デーヴィスらが皮肉を込めてつけ加えているように、「誇張でもなんでもなく、感染力の特に強い空気伝染性ウイルスなら、またたく間に企業エリートたちのあいだに蔓延してしまうだろう」。

　デーヴィスをはじめとする研究者たちは、このネットワーク内の絆が企業の世界で大きな影響力をもつことを示してきた。役員会に金融機関出身者が多数入っている企業ほど頻繁に融資を受ける傾向があることは、銀行の役員とのつながりが企業の意志決定に影響を与えていることをうかがわせる。一般的には、他の企業とのつながりは、ある役員会から別の役員会に情報やアイデアを広める一助となるし、企業にとっては、多岐にわたる多くの経済分野で何が考えられているか、その最新の動向を把握するのに役立つ。自動車メーカーなら、巨大な石油会社や鉄鋼製造会社の役員会とのつながりがあれば、そこからうまく利益を上げることができるかもしれない。

　しかしながら、こうしたビジネス界における上層集団（エリート・マフィア）はおそらく、考えられているような共謀のためのネットワークとはいささか異なっているようだ。二〇世紀の初頭、ソ連のウラジミール・レーニンなど資本主義を批判した人々は、大銀行はこうした企業エリートたちのネットワークの背後で組織化を進めようと邪な力を加えているると主張した。けれども最近の研究からは、銀行役員による不当な圧力は存在しないことがうかがえる。さらにデーヴィスらのグループは、スモールワールドの構造が出現するのは少しも不思議ではないと結論している。なぜなら、自然にできたネットワークの場合、調べた範囲ではそのほとんどすべてでスモールワールドの構造が見つかっているからだというのである。彼らが示唆しているように、「企業エリートたちが作っているスモールワールドの特性を排除する方策は、簡単に思いつくものではなく、役員の重複を全面的に禁止する以外にはない」[14]。

企業の世界のスモールワールドの構造はどのようにして生じたのだろうか？　デーヴィスは以前におこなった研究で、それを暗示しているヒントを見つけていた。多くの役員会を兼務している役員ほど、新たな重役の座に選出されやすいのだ。このような人が好ましく映るのは、すでに知名度があり、多数の他企業の役員会に席を占めているという事実のせいである。第一に、何社かとつながりをもっている役員のほうが、異業種の有益な情報をはるかに幅広く利用できる立場にあり、広範なアイデアに接することができるだろう。さらに、役員会のメンバーの選出は役員たちの提言に基づくだけでなく、潜在的な投資家たちの目から見た企業の評価を高めることも勘案される。ミシガン大学の社会学者マーク・ミズルーチが示唆したように、「企業は、他の重要な組織との絆をもつ人物を選出することによって、支援していく価値のある正当な事業であるというサインを投資家たちに送るのである」[15]。

このようにして明らかになった事実はいずれも、企業の世界にスモールワールドの構造が出現する理由が、他の非常に多くのネットワークの場合と同じであることを示唆している。要するに、これらのネットワークは、金持ちほどますます豊かになっていった結果なのだ。いろいろなレベルのさまざまな場面で、この単純な過程がスモールワールドを作る建築家のような役割を務めているように思われる。

平等主義的ネットワークと貴族主義的ネットワーク

ここまでの話の基本的な趣旨は、スモールワールドはほとんどいたるところに見られるということである。大きく異なる状況で出現するのだから、スモールワールドが生じる背後には深遠な一般的原理が存在するにちがいない。本書で最初に向き合った謎は、六〇億人がいる世界のなかで、どんな二人の人間もほぼ六次の隔たりでつなぐにはどのようにすればいいのかだった。なんとも奇妙なことだが、いまここには異なる二つの答えがある。

一方では、ワッツとストロガッツはマーク・グラノヴェッターが与えたヒントを足場にして、長距離を結ぶ数本の架け橋がネットワークにいかに大きな差をもたらすかを指摘した。これはたしかに核心をなす重要な点だが、ワッツとストロガッツのネットワークは、現実世界のネットワークの多くがもつ二つの顕著な特徴を欠いている。第一は、二人の提示したネットワークは成長しないことである。現実世界の複雑なネットワークは、いずれも成長という歴史を経てきている。インターネットやワールド・ワイド・ウェブにも数十年という歴史があるし、生態系の食物網の場合は数百万年以上にもおよぶ。さらに、ワッツとストロガッツのネットワークには、歴史という不可欠の要素が含まれていないのと同時に、コネクターも存在しない。そのため、ごく少数の要素が全リンクのうちの不釣り合いなほど大きな割合を占有するという状態にはなっていない。

ネットワーク内の要素にリンクを配分するやり方に関しては、ワッツとストロガッツ版のネットワークに属すものはリンクをほぼ均等に分布させているから、「平等主義的」ネットワークである。対照的にアルバートとバラバシのネットワークを特徴づけているのは、多数のつながりをもつハブ、すなわちコネクターだ。後者の場合は、金持ちほどますます豊かになっていくという歴史的なメカニズムのために、まちがいなくコネクターが生じる。しかもコネクターは、きわめて多数のリンクをもっているという事実のゆえに、ごく当然のように、グラノヴェターのいう架け橋と同じ役割をするのである。コネクターは単純な長距離リンクに比べると複雑な形態をしているけれども、コネクターがなければネットワーク内で遠く隔てられていたはずの部分を結びつけている。平等主義的な種類に属すスモールワールド・ネットワークとはきわめて対照的に、ハブをもつこのようなネットワークは、わずか一握りの要素がネットワークのリンクの大半を手中に収めているから、「貴族主義的」ネットワークと呼んでもいいかもしれない。

したがって、どうやらスモールワールド・ネットワークには二つの類型があるようだ。すべての要素がほぼ同数のリンクをもっている平等主義的ネットワークと、リンク数に大きな差があることを特徴とする貴族主義的ネットワークである。前章と本章では、インターネット、ワールド・ワイド・ウェブ、人々のあいだの性的接触によるネットワーク、引用でつながっている科学論文のネットワーク、論文の共著でつながっている科学者のネットワーク、英文中に前後して出てくることでつながっている単語のネットワークを詳しく見てきた。これらの貴族主義的なネットワークのいずれにも、おそらく金持ちほどますます豊かになっていった結果であると思われるハブ、すなわちコネクターが存在している。

しかし、これに当てはまらないスモールワールド・ネットワークもある。たとえば、通称C・エレガンスと呼ばれる線虫の一種（*Caenorhabditis elegans*）のニューロンのネットワーク（ニューラル・ネットワーク）は、それぞれのニューロンがほぼ一四の他のニューロンとつながっているので、コネクターは存在しない。同様の平等主義的な性質は、人間の脳のネットワークや、国じゅうをくまなく走っている道路や鉄道の路線網などさまざまな輸送網の特徴となっているようだ。アメリカの電力網――国内の電気エネルギーを伝送するためのネットワーク――の場合、発電所、変電所、配電所のいずれも、別の発電所や変電所、配電所のほぼ三つとつながっており、ここでも、多数のつながりをもつコネクターが存在しないことは明らかである。

ここまでのことをすべてひっくるめて、どう解釈すべきなのだろうか？　一方の種類のスモールワールドになるネットワークもあれば、もう一方の種類になるネットワークもあるのはなぜなのか？　そこには何か目的でもあるのだろうか？　それとも偶然にすぎないのだろうか？

第8章

ネットワーク科学の実用的側面

万物がいまある形をしているのは、そうなる道を歩んだからにほかならない。
ダーシー・ウェントウォース・トムソン[1]

空港の混雑からネットワーク科学が学べること

過去二世紀のあいだに、ごくふつうの人が一日に移動する距離は一〇倍になった。ある推定によると、平均的な人が一日に移動する範囲は、一八〇〇年には五〇メートルを超えることはなかったという。大多数は家やその周辺にとどまり、働く場所も多くは農場だった。町や都市で仕事をしている人も、大半はその地に住んでいた。通勤のために長い距離を往復することなどほとんどなかったのだ。現在の一日当たりの平均移動距離はほぼ五〇キロメートルである。[2]

移動を容易にしてくれたのは、最初は馬やラクダ、次に海を行く船だった。そのあとが鉄道と自動車である。今日、大都市には毎日膨大な数の人々が出入りし、世界の空に張り巡らされた航空運輸網の路線上には、年間二〇〇〇万便を超す航空機が飛び交っている。シカゴのオヘア国際空港だけでも、二〇〇〇年の一年間に出発ゲートから送り出した搭乗者数は七二〇〇万人にのぼるが、アトランタのハートフィールド国際空港が扱った人数はさらにこれを上回り、なんとイギリスの全人口より多い八〇〇〇万人だった。

当然のこととして、数年前から空のネットワークには過重な負担による歪みが生じはじめている。二〇〇〇年の夏には、アメリカの航空運輸史上最悪の遅延が生じた。オヘア空港ではおよそ四六〇〇便が欠航になったほか、約五万七〇〇〇便に遅れが出た。これは、国内の大空港の状況を象徴する数字である。これに先立つ五年のあいだに、四五分以上の遅延が生じた便数は二倍に増加し、全便数の一〇パーセントがこのような重大な遅延をこうむっていた。[3] 飛行機は時速約一〇〇〇キロメートルで飛行できるのに、ワシントンDCとニューヨーク間の場合、平均すると時速四〇〇キロメートルでの飛行を余儀なくされた。[4] 事情はどこも似たり寄ったりだが、問題は単純で、交通量が多すぎるのだ。もし通常の巡航速度で飛行すれば、やってきた飛行機は、すでに空港上空で旋回をつづけている飛行機の群れに次々と加わることになるだろう。

二〇〇一年の春、アメリカ議会は問題の原因を突きとめるための一連の公聴会を開いた。そこで耳にしたのは、システム工学とオペレーションズ・リサーチの研究者で、ヴァージニア州のジョージ・メイソン大学教授のジョージ・L・ダナヒューが描き出す、眠気も吹きとぶような実態だった。ダナヒューは「アメリカのハブ・アンド・スポーク方式の航空輸送システム［空路の拠点となる空港（ハブ）を建設し、そこから周辺の都市へルートが自転車のスポークのように延びる航空網］は、交通量の深刻な危機が目前に近づいている」と述べた。彼が指摘したのは、全般的に見れば空のネットワークは、現在のところ最大許容交通量の五八パーセントで運用されているが、一〇年後には七〇パーセントになってしまうということだった。[5]「最大許容交通量」は航空管制の専門用語で、完全に満杯になった絶対的な限界を意味している。連邦航空局が集めた統計から、空港が最大許容交通量の五〇パーセントを超えて運用されると、どんな場合でも著しい遅延が出はじめることが明らかになっている。空港はスーパーマーケットに似たところがある。スーパーも土曜日の午前中ともなれば大混雑して、もっと大勢の買い物客を詰め込むスペースがあるにもかかわらず、どうにもさばきようがなくなってしまうからだ。

二〇〇〇年には、アトランタ、シカゴ、およびロサンゼルスのアメリカの三大空港は、すでに最大許容交通量の八〇パーセントを超えて運用されていた。しかもこの数字は気象条件が良好なときのものである。気象条件がわるい場合、管制官は安全を確保するために飛行機と飛行機の間隔をあける以外にとるすべはなく、悪天候下ではアメリカの主要空港のすべてが、つねに最大許容交通量を超えて運用されていた。それがどんな影響を与えたかは、驚くようなものではない。現在悩まされていることと同じだ。自然がちょっとでも悪天候を引き起こせば、つねに国じゅうのいたるところで発着の遅れと欠航が生じていたのだ。

どの国も事情はほぼ同じだった。英国航空の最高経営責任者ロッド・エディントンは当時、次のような見解を述べていた。「英国の空と空港の混雑は危機的状態になりつつある。たしかに管制官たちは大変な量の仕事を滞りなくこなしている。しかし、一定の時間に、ある空域に進入できる航空機の数には限度があり……ヒースロー空港は満杯の状態に悲鳴を上げている」[6]。一九九〇年代末、世界を結ぶ空のネットワークは急速に限界点に近づきつつあった。世界全体で見ると、空港の許容交通量が需要の急激な増加に追いつけないためだった。では、どうすればよかったのか？　滑走路を増やすという手があったのでは？　残念なことに、いくつかの研究から、空港が三本ないし四本の滑走路をもってしまったあとは、滑走路を増設しても得られる見返りが減っていく、つまり収穫逓減におちいってしまうことが明らかになっている。[7]滑走路を増やせば離着陸の場所は増えるが、どのみち飛行機は滑走路に出入りしなければならないのだから、結局は地上での渋滞のためににっちもさっちもいかなくなってしまう。

言うまでもなく、かの九月一一日にアメリカで起きたテロ攻撃の後遺症で、こうした状況は少なくとも一時的には激変した。世界じゅうで空港の警備が強化され、多くの人が飛行機に乗るのを敬遠したために飛行便数は劇的なまでに減少し、航空会社のなかには従業員を一〇〇〇人単位で解雇するところもあった。航空機による空港の混雑は、航空会社が抱えている問題のなかでは非常に小さな部類に入る。それにもかかわらず、この混雑の問題には再度、注意を向ける価値がある。それはたんに、航空交通量が以前の水準に戻れば、この問題がふたたび最重要課題になるからだけではない。第七章の終わりで、私は二種類のスモールワールド・ネットワーク——平等主義的ネットワークと貴族主義的ネットワーク——のちがいは何によって生じるのかという問題を提起した。航空交通の混雑は、このような微妙な理論的問題とほとんど関係がないように見えるかもしれない。しかしながらスモールワールド・ネットワークについて、特にその起源をさらに深く理解すれば、空港の事例から学べるものがきわめて多いことがわかる。

平等主義的ネットワークが自然に出現する理由

自分のウェブサイトをもっていて、ヤフーやアマゾンコムにリンクさせたいと思っているなら、躊躇せずにそうすればいい。ヤフーやアマゾンコムはワールド・ワイド・ウェブを構成している主要なサイトで、すでに数え切れないほど多数のサイトからリンクが張られているが、だからといってこの事実が障害になることはない。何かの決まりごとやウェブの指針があってリンク数を制限しているわけではないから、新しくリンクを張るさいに他のリンクが「邪魔になる」ことはない。ワールド・ワイド・ウェブには「金持ちがますます豊かになる」のを妨げるものはいっさいなく、この過程によって必然的に貴族主義的な種類に属すスモールワールド・ネットワークが生じ、ごく少数の要素が、飛びぬけて多数のリンクをもつ超多重連結(スーパーコネクテイド)ハブの役割をすることになる。

この過程は、空港間を結ぶ空のネットワークが発達していったときのパターンと同じだ。航空会社が追求したのは、多数の目的地との接続が容易に得られる主要なハブ空港を中心とした運航だった。オヘア空港の宣伝文句は、「世界のどの空港よりも多くの都市を結んで、どの空港よりも頻繁に」だが、まったくそのとおりだろう。オヘアは設計・運営ともによく行き届いた空港で、『ビジネス・トラベラー』誌の読者が投票する「アメリカ最良の空港」で二年連続一位に選ばれたこともある。したがって、運航の中心をオヘア空港においている航空会社は、理論上は利点が多いはずだし、オヘア空港のほうは新規の直行便や航空会社の獲得競争で優位に立っているにちがいない。しかし過去一〇年のあいだに、あるいはそれ以前からと思われるが、オヘア空港をはじめとする大空港は、いっそうの混雑を呈するようになり、遅延や欠航も増えている。したがって状況は、ヤフーやアマゾンコムなどのワールド・ワイド・ウェブのハブとは異なり、オヘア空港へ新しいリンクを接続するさいには、他のリンクが「邪魔になる」のだ。

この状況は、他に類を見ないほどの金持ちであっても、いずれは、それ以上豊かになるのが難しくなる時期がやってくることを示している。つまり繁忙を極めている空港は、新たな便や航空会社の誘致に関しては、競争上の真の優位性を享受できなくなるのである。混雑はさらなる発展を妨げるらしい。このことは、スモールワールド・ネットワークに二つの異なる種類があることと関係があるのだろうか？　あるとすれば、それはどのようなものなのだろうか？　一九九九年の後半、ボストン大学の物理学者ルイーシュ・アマラルらのグループは、たまたま空港間のつながりをネットワークとして研究しているときに、少し奇妙なことに気がついた。常日頃から大空港はハブであると言われているにもかかわらず、数学からはその裏づけが得られなかったのである。このネットワークを詳細に調べた結果、実際には平等主義的なネットワーク、つまり明らかにハブを欠いたネットワークになっていることが確認された。通常の直行便の飛行経路にしたがえば、どの二つの空港も五回以下の乗り継ぎで結ぶことができるのだが、空港をそのリンク数で分けた場合の分布は、べき乗則の裾の厚いパターンにはならないのだ。実際、ワールド・ワイド・ウェブやインターネットに比べると、このネットワークでは、多重連結ハブはきわめてまれにしか見られない。

どう説明したらいいのかを探っていたアマラルのグループは、少しばかり前にさかのぼり、金持ちほどますます豊かになるという基本的なパターンで成長をつづけているネットワークを考えてみた。彼らも知っていたように、その半年前にレカ・アルバートとアルバート＝ラズロ・バラバシは、ネットワーク内でいちばん多数のリンクをもつ要素でも、そこにさらにリンクが加わるにあたっての障害はまったくないことを証明していた。どんな場合も、結果として生じるのは、少数のハブによって支配される貴族主義的ネットワークなのである。だが、もしもいちばん多くのリンクをもつ要素が、過重な負担に耐えきれなくなりだしていたらどうなのか？　アマラルをはじめとする物理学者たちは、この要因が効いてくるように、「成長をつづけているネットワーク」という構図にほんの少しばかり手を加え、結果がどうなるかを一連の計算とコンピューター実験で導きだした。得られた結果は空港についての統計と見事に一致していた。あとから見れば、まさに直観していたとおりだったのである。ネットワークが成長するにつれて、しばらくのあいだは金持ちほどますます豊かになっていき、ハブもたしかに出現する。しかし、きわめて多数のリンクをもつ要素は、最後には新たなリンクを獲得するうえでの利点を失っていくようになる。したがって遅かれ早かれ、つながっているリンク数の少ない要素が多数のリンクをもつ要素に追いつき、こうしてネットワークはだんだん平等主義的なものに近づいていく。各要素がほぼ同数のリンクをもつようになるのである。[8]

　いま述べた問題はどちらかといえば特殊な、専門家のための細かな話のように思えるかもしれない。しかしここには「みやげ」にして持ち帰ることのできる重要な教訓がある。平等主義の類に属しているワッツとストロガッツ版のスモールワールド・ネットワークは、たんに数学面で興味を引かれるというだけのものではない。ワールド・ワイド・ウェブやインターネットなどの貴族主義的ネットワークと同じく、平等主義的なネットワークの類も、歴史と成長という単純な過程から姿を現す場合があるのだ。最終的に制約や費用が影響するようになって、金持ちがますます豊かになるのを妨げる場合、スモールワールド・ネットワークは必然的にいっそう平等主義的なものになっていく。空港のネットワークをはじめ、現実世界の多くのネットワークにはこのことが当てはまるように思われる。

すでに見たように、たとえばアメリカの電力網は、どの構成要素からもほぼ三本のリンクが出ていたし、下等動物C・エレガンスのニューラル・ネットワークの場合は、各ニューロンから一四本ほどのリンクが伸びていた。これらのスモールワールド・ネットワークは平等主義の種類に属すものだが、なぜこうなったかという理由は想像に難くない。前者について言えば、いずれかの時点で、技術的な難しさが増して費用がかかりすぎるために、一つの配電所にそれ以上リンクを張ることができなくなってしまうのである。電力網を構成する要素はウェブのページとはちがう。ウェブではハイパーテキスト・リンクを入れるだけで、そのページとつなぐことができる。しかし配電所は現実の物理的世界に存在するから、かさばる装置を設置し、新たな接続を実現するスペースはそれほどありはしない。ある配電所が過密状態になったとき、単純にどこか他のところとつなげたほうが簡単だし、効率的なのだ。

航空交通の場合、大空港の負担がまだそれほど大きくなっていなかった過去には、実際にハブ空港があったのかもしれないが、現在では平等主義へと向かう動きが加速しているのではないだろうか。副次的な地位にあった多数の空港は、規模では劣りながらも巨大なハブ空港と競合するようになってきている。結局のところ、これらの空港はあいているスペースがあるので、遅滞なく航空機に対応することができるのである。短距離路線を運航する地方の航空会社の収益性や評判も以前より上がっている。ある推計によると、地方の空港間を結ぶ足となっている小型の航空機は、今後二〇年でその数が倍になるだろうと予測されている。[9] 現時点では、こうした航空会社はまだハブ空港への足としての役割をしていて、人々を人口のあまり多くない地域から大都市の中心部へ運んでいる。けれども空港の混雑は、小型の航空機をハブ空港から締め出しはじめている。

最終的に航空券の価格や座席の確保のしやすさにどんな影響がおよぶのかはともかく、航空輸送のネットワークはいままさに、コンピューターで構成されるインターネットのネットワークではなく、脳内の神経の網構造(ウェブ)にはるかによく似た姿をとりはじめたところだ。いずれもスモールワールドではあるが、若干異なる種類に属している。そしてスモールワールドの理論から得られるちょっとした洞察をもとにすれば、なぜちがいがあるのか、その理由をはっきりと把握することができる。

スモールワールド研究の実用的側面

制約があるとネットワークの発達がどうなるか、その影響について得られた注目すべき洞察から、スモールワールド・ネットワークの統一理論のようなものに到達することができる。それは、アルバートとバラバシの考え方と、ワッツとストロガッツの考え方を融合させたものであり、ジグソーパズルのピースのように両者を組み合わせて、さらに統一のとれた大きな全体像のなかにぴったりとはめ込むことができる。一方では、金持ちほどますます豊かになるというメカニズムが必然的にスモールワールド・ネットワークをもたらす。あたかも、スモールワールド・ネットワークは自然の構築法則によって導かれているかのようである。その一方で、限界や制約がそのメカニズムを妨げ、ネットワークの最終的な形態にははっきりと痕跡を残す場合がある。それでも、二種類のネットワーク、すなわち貴族主義的ネットワークと平等主義的ネットワークのあいだに見られる類似性は、両者の差異よりもはるかに重要なように思われる。どちらもスモールワールドの性質を残していて、両者の差異は、ある大聖堂がゴシック様式なのかロマネスク様式なのかを一目瞭然にする構造全体の問題というよりも、むしろ大聖堂の繊細なフリーズ［彫刻した小壁］を識別する細部の問題に近いからである。

研究が始まってからまだ一〇年を経ていない分野なのだからたいして不思議ではないけれども、公平を期すために言っておけば、難しい問題はまだ数多く残っている。要素のうちいくつかが取り除かれた場合、ネットワークの構造はどう変化するのか？　要素が古くなって機能しなくなったらどうなるのか？　あるいは、ネットワーク内のリンクの一部をつなぎ直したらどうなるのか？　さらに、もしも成長の速度が変化して、あるときは速く、またあるときは遅くなったら？　数を増しつつある研究者たちはいままさに、こうした専門的な疑問に懸命に取り組んでいる。しかし、もっと根元的な疑問もまだ残っており、そうした疑問に答えが与えられれば、はるかに広範囲な影響をおよぼすことになるだろう。

ネットワークに関するこうした研究の究極的な意義は、たんに新種の構造を突きとめて、その構造を記述する方法を明らかにしたり、微妙な差異を見つけて従来のネットワーク概念とのちがいを理解したりすることにのみあるのではない。もっと重要なのは、こうした発見から世界、それも現実的な意味での世界について何を学ぶことができるかである。一見なんの関係もないように見えるネットワークの多くが類似性をもっていることを理解するのは重要だ。しかし、見抜いた事実を利用して、これまでより処理が速くクラッシュしにくいコンピューター・ネットワークを作ったり、的確な判断が下せる組織を作ったり、あるいは混雑に見舞われることの少ない空港を建設したりするのは、また別の問題である。そして、少数とはいえ、スモールワールドの研究がすでに実用面で重要な貢献をしている分野もある。

これはほんの一例にすぎないが、コンピューター科学者たちはつい最近まで、インターネットの構造の成長をどうモデル化すればいいのか、途方に暮れていた。これは一般に想像されるよりもはるかに深刻な問題である。ネットワーク内のコンピューターどうしの通信や情報のやりとりが効率よくおこなわれているのは、インターネット・プロトコルという通信接続手順の決まりごとがあるからだ。次世代のインターネット・プロトコルを開発する場合、研究中のものが現在のインターネット上で正しく動作し、しかも将来にわたっても問題がないという確信を得なければならない。じつは、あるネットワーク用に設計されたプロトコルが別のネットワークではお粗末な性能しか発揮できないことがあるのだ。たとえば、情報の滞留が起きて、それが引き金となってコンピューターをクラッシュさせてしまうのである。したがって、ネットワークの構造を正しく理解するのはきわめて重要で、開発中のプロトコルは、インターネットの実際の姿を正確に反映した模型を使って検証されなければならない。幸いにも、研究によってインターネットの真の構造が明らかにされ、ほぼ同じ構造をもつネットワークの模型を作りだす手だてが得られているので、現在では検証が可能になっている。[10]

ここにあげたのは些細な一例にすぎない。スモールワールドの発見、さらにそこから芽生えてきている考え方は、複雑性の理論がなしとげた最初の大きな成功の一つとなっている。もしもスモールワールドの構造が、不変の物理法則と同じようなものの働きによって生じるのなら、その構造にはいくつかの注目すべき固有の特徴もあることになる。多くの研究者たちはいま、スモールワールドの構造になっていると思われるあらゆるネットワークは、その構造から明らかに利益を得ているという事実に気づきはじめている。その利益がどのようなものなのか、完全どころか部分的にすらわかっていないけれども、それを突きとめようとするなかで、研究者たちはかなり目覚ましい前進をなしとげているのである。

サイバーテロの脅威はどれほど大きいか

アメリカは経済規模も世界最大だし、軍事力でも世界最強である。世界に残る唯一の超大国だが、さまざまな面で深刻な危機に直面していることも確かだ。九月一一日に起きたテロリストによる攻撃とそれにつづく炭疽菌事件の恐怖は、アメリカが侵略を受けることはありえないという幻想を一掃してしまった。他の西側諸国ともども、アメリカも国内・国外に身をおく勢力からの深刻な脅威にさらされている。しかし、九月一一日の出来事が大きな衝撃だったとはいえ、それ以前から危機が不気味に迫っていると見ていた人は少なくなかった。たとえば、すでに一九九六年の時点でビル・クリントン大統領は、そのような新たな形態の脅威が迫っていると強調していた。しかもその脅威の少なくとも一部は、世界を劇的に変えた新たなコンピューター技術の諸刃の剣のような性格をまとっている。「われわれの自由で開かれた社会に向けられた組織的なテロ勢力、国際的な犯罪組織、麻薬の密売組織の脅威は以前にも増して大きくなっている。技術の革命的な進歩は、つねにつきまとうこととはいえ、こうした危険な連中にもわれわれの社会への挑戦を可能にする新たな手だてを与えているからである。わが国の安全を脅かすこれらの脅威には国境などなんの意味もなく、したがって、二一世紀のアメリカの安全保障は、国内だけでなく国境を越えて行動する勢力に適切に対応できるかどうかにかかっている[11]」。

郵便や電力網から金融システム、はては航空管制にいたるまで、ありとあらゆるものが、統合されたコンピューター・ネットワークにきわめて大きく依存しているのだから、これらのネットワークは自然の災害もさることながら、テロリストや他国からの攻撃を受けても大丈夫なのだろうかと思うのも無理はない。クリントンの発言から二年後、ホワイトハウスは、アメリカのいわゆる「重要基盤（インフラ）」の脆弱さがますます強く認識されるようになったことについて、ふたたび言及した。一九九八年五月の大統領指令は、次のように認めている。「アメリカ経済は、コンピューターで維持された相互依存の関係にあるインフラへの依存度をますます強めており、アメリカの重要インフラや情報システムに対して従来とは異なる攻撃法を用いれば、軍事力、経済力のいずれにも相当のダメージを与えることができるだろう[12]」。

クリントンの懸念が正しかったことを実証したのは、何も九月一一日以降世界的な規模で展開された出来事だけではなかった。このほかにも人々を不安にさせる多くの事実や事件があったのだ。一九九九年の前半だけで、コンピューター・ウイルスのためにアメリカがこうむった損失は七〇億ドルにものぼった。二〇〇〇年の五月には、わずか四日で「アイラブユー」ウイルスが世界の七八〇〇万台のコンピューターに広がり、最終的に一〇〇億ドル相当の被害をもたらした。預金が銀行から消えた、一〇代のハッカーが悪戯を仕組んだなど、なんらかのコンピューター犯罪の記事が新聞に載らない日はないと言ってもいいくらいだ。大々的におこなわれた有名な事件には、二〇〇〇年の二月にアマゾンコム、CNN、eベイ、ヤフーに対していっせいに仕掛けられた「サービス拒否攻撃」がある。このときには数時間にわたってこれらのサイトがダウンしてしまった。「スマーフ攻撃」[攻撃者が利用する攻略プログラム「スマーフ」にちなんでいる]と呼ばれるこうした攻撃では、攻撃を仕掛ける犯人は大量のパケットをインターネット上の第三者のコンピューターに送りつける。各パケットにはニセの返信アドレス——攻撃しようとしている標的のアドレス——が入っている。このようなパケットが送信先に届くと、受信したコンピューターはそのパケットを自動的に標的に向けて送り返す。何億ものパケットが一時に殺到するため、その部分の回線はどうやっても対応できず、標的となったサイトは事実上ウェブから消されたも同然になってしまうのだ。

四方に広がっているアメリカ国防総省のコンピューター・ネットワークなら、どんな民間企業のネットワークよりもはるかに安全性が高いと考えるかもしれない。なんと言ってもこのネットワークは、アメリカ軍がなんらかの作戦行動をとるさいには、ほとんどの情報を統括する中枢に位置するのだから。ところが、一九九七年に防衛ネットワークの安全性を確認するためにおこなわれた試験では、国家安全保障局に雇われたハッカーたちが三六もの独立した防衛コンピューター・システムへの侵入にまんまと成功し、入り込んだ先でアメリカの電力網の一部区域を遮断するシミュレーションまでやってのけた。さらにハッカーたちは、洋上にある巡洋艦の電子システムとの接続にも成功したのだった。[13]

幸いなことに、これまでおこなわれた攻撃の大半は個人のハッカーの仕業で、ネットワークの探り方は粗かったし、目的も個人的な利益を得るためか、たんに悪戯をしてみたかったからという程度のものだった。この種の事件のきわめて典型的な一例に、こんな話がある。ギブソン・リサーチ社のコンピューターの専門家スティーヴ・ギブソンは、自分のウェブサイトへの攻撃に直面したとき、サイトを正常に維持するために数カ月にわたって断固戦いつづけた。仕掛けてきたのは、「ワル」と自称する一三歳の少年だった。「あんたなんかに止められっこないさ」。相手は匿名のメッセージのなかでこう豪語していた。「理由は単純明白、こっちのほうがあんたより上手なんだ」[14]。しかしながら、将来にわたってコンピューター犯罪の大半が、このような嫌がらせ程度ですむという保証はまったくない。一九九六年に議会でおこなった証言のなかで、中央情報局（CIA）長官ジョン・ドイッチェは次のように指摘している。「世界の多数の国家が情報攻撃を実施するための政策、戦略、手段を開発しており……私が確信するところでは、いま世界じゅうがますますはっきりと意識するようになっているのは、進歩した社会、とりわけアメリカは、開かれているがゆえに潜在的に攻撃を受けやすい情報システムへの依存度をいっそう強めているということである」[15]。

アメリカの情報インフラへの脅威について調査したランド社は、一九九九年の報告書のなかで、これまでの事件が個々のハッカーによる統一性を欠いた攻撃だったからといって、このことを将来にまで当てはめるのはあまりにも危険だと警告した。「考慮しなければならないのは、潤沢な資金援助を受け、しかも意志が強固で高度な技術をもつ敵がどのような手段を使ってどんなことをやれるかである。少なくとも、そのような出来事が不意に襲ってくる最悪のケースに備えておく必要がある[16]」。

同じ結論に達した機関は他にもあった。アメリカ陸軍戦争大学校が作成した報告書によると、不特定多数のハッカーがアメリカの国家安全保障に大きな被害をもたらすことはまずありえないという。やっかいなのは、十分な資金を与えられた外国勢力による情報活動であり、彼らなら統一のとれた攻撃を立案して実行に移すこともできる。報告書は次のように結んでいる。「連邦航空局に対して、国家から支援を受けた、きわめて見事に統制された攻撃が実行されれば、アメリカの航空運輸業の機能を停止させ、飛行機の空中衝突を引き起こすことができるだろう。同様に金融機関への攻撃は金融システムを崩壊させたり、株式市場の機能を停止させたりすることによって、経済を不安定にさせる。国家に支援された攻撃であれば、共同体や州のみならず、一国をまるごと崩壊させることすら可能なのである……インフラはおそらく、人災によるコンピューター障害が引き起こす混乱からは回復できるだろう。だが、巧みに組織化された攻撃の影響に対しては、いわゆる免疫のようなものはもっていない[17]」。

これらの結論は数学に基づいて導かれたものではなく、重要インフラがどのような巧みな攻撃を受ける可能性があるか、そして、現在どんな対抗策がなされているかを注意深く吟味して得られたものである。けれどもスモールワールド・ネットワークの観点から見ると、統一性をもたせることが攻撃を成功させるうえでどんな役割をしているか、その重要性がもっとはっきりと浮かび上がってくる。

インターネットを効率よく破壊する方法

情報テロリストがネットワークの基盤となっているコンピューターを破壊しだしたら、インターネットなどのネットワークはどうなってしまうだろうか？　インターネットはスモールワールドの構造をしていることで、そうした構造になっていない場合に比べて、多少なりとも回復力は増しているのだろうか？　一九九九年から二〇〇〇年にかけての冬、レカ・アルバート、鄭夏雄（チョン・ハウン）、アルバート＝ラズロ・バラバシの三人は、この答えを探るのに、たぶん自分たちよりもうってつけの立場にある者はいないだろうと考えていた。なんと言っても、自分たちはインターネットの実際の構造について、細部にいたるまで多くのことを解き明かしたのだ。だから、インターネットをはじめさまざまな種類のネットワークへの攻撃をシミュレーションによって実行し、何が起こるかを見ることができる、というわけである。どんなネットワークなら攻撃に耐えられるのか、あるいは攻撃によってバラバラになってしまうのか？　ネットワークの安全性や回復力を問題にする場合、一般的には、いわゆるネットワークの「冗長性」がどのような働きをしているかに重きがおかれる。冗長性とは、同じ基本的な処理を実行する要素を複数もたせ、一つがだめになっても他のどれかが役割を肩代わりできるようになっていることをいう。冗長性をもたせることはまったくもって理にかなっている——たとえば、無線や重要な火器の操作法を知っている兵士が一人しかいないのに、その部隊が戦闘に突入することはありえないだろう。それでも、アルバートと彼女の二人の同僚は、冗長性だけでは不十分なことを明らかにしたのだった。

二種類のインターネットを想像してみよう。一つは貴族主義的な種類に属すスモールワールド・ネットワークで、現実のインターネットとほぼ同じものである。もう一つは純粋なランダム・ネットワークだが、コンピューターの総数とコンピューター間のリンクの総数は前者と同じになっている。どちらのネットワークにも冗長性がある。つまり、コンピューターのどれか一台が破壊されればネットワーク内の伝達経路の何本かは使えなくなるが、他の経路がその分を受けもってくれるのである。けれども、破壊の程度がさらにひどくなったとき、ネットワークがどうなってしまうかは、両者で微妙なちがいがあった。

アルバート、鄭夏雄、バラバシの三人はまず、偶然に近い形で生じる機能停止がどのような影響をおよぼすかに着目した。この手のトラブルは、時たま生じる一部のコンピューターの故障、あるいは、なんの統一性もない粗雑な攻撃を受けたさいにネットワークが直面すると思われる障害である。アルバートらは、ランダムな構造のインターネット上で、コンピューターを一台また一台と破壊していった。どれを破壊の目標にするかの選択は偶然に任せ、この間ずっと、ネットワークの直径——ネットワークの隔たり次数——を注意深く追跡した。直径は、ネットワークがどの程度きちんとつながっているかのおおまかな指標になるからだ。結果は意外でもなんでもなく、さまざまな要素がネットワークから脱落していくにつれて、ネットワークの直径は確実に増大していくことを示していた。たとえば、二〇台に一台の割合で要素が取り除かれたときには、ネットワークの直径は一二パーセント増大した。

さらに破壊が進むと、状況は劇的に悪化した。要素の二八パーセントが破壊されてしまうと、ランダムな構造をもつネットワークは完全に細分化され、孤立した小さなサブネットワークの寄り合い所帯になってしまった。まだ残っている七二パーセントのコンピューターは作動して処理をおこなっているにもかかわらず、ネットワークがあまりにも細分化されてしまったために、どれもほんの数台とのあいだで情報のやりとりができるにすぎなかった。軍がこんなネットワークに頼っているとしたら、なんともお寒いかぎりだ。ランダム・ネットワークは冗長性があっても、統一性を欠いた攻撃にさらされるとまたたく間にバラバラになってしまうのである。

三人の物理学者は次に、貴族主義的な種類のネットワークで同様の攻撃をくりかえし試してみた。そして今度は希望のもてる事実が見つかった。現実のインターネットと同じ構造をもつネットワークは、驚くほどいい結果をもたらしたのである。構成要素の五パーセントが破壊された場合でも、ネットワークの直径には変化がなかった。さらに、貴族主義的ネットワークは、攻撃を受けたときに「優雅な」壊れ方をし、けっして壊滅的な被害をこうむることはなかった。ノードの半数近くが取り除かれた場合ですら、残ったノードはまだ寄り集まって、まとまりをもった一つの統一体を形作っている。突然バラバラになってしまうのではなく、ネットワークの小片は岩のかけらが剝離していくように少しずつ脱落していき、残りの部分は一体のままとどまっていたのだ。

きわめて多数の要素とつながっているハブこそが、二種類のネットワークで見られた差異の原因である。それは、ハブがネットワーク内で接着剤のような働きをしているからだ。統一性を欠いた攻撃は、どの要素を目標にするかはランダムだから、破壊できるのはほとんどの場合、少数のリンクしかもっていない重要度の低い要素であり、ハブは攻撃の対象から外れてしまうことが多い。このように、スモールワールドの構造のおかげで、ネットワークは偶然の故障や統一性を欠いた攻撃に対して回復力をもっている。[18]この事実はたぶん、ルーターをはじめとするハードウェア類がたえず故障を起こすにもかかわらず、インターネットが総体としてはけっして崩壊しない理由を説明しているのではないだろうか。しかしながら、この結論からは、逆に憂慮すべき問題が存在することも必然的に導かれる。その問題こそ、軍事理論の専門家たちが統制のとれた攻撃に対して不安を抱いている理由なのだ。まさにスモールワールド・ネットワークを偶然の故障から守っている特徴そのものが、巧妙に計画された攻撃に直面した場合にはネットワークのアキレス腱になりかねないのである。

アルバート、鄭夏雄、バラバシの三人はさらにシミュレーションをつづけ、いちばん多くのつながりを有しているコンピューターから順に取り除いていったらどうなるかを調べた。これは攻撃する側から見れば、先ほどのやり方よりも優れた戦略だ。今回のシミュレーションからは、実際のインターネットのようなネットワークの場合、ネットワークの要素のわずか一パーセントを破壊するだけでネットワークの直径を一二パーセント押し上げることになり、ちょうど五パーセントを破壊すれば直径は二倍になることが明らかになった。ネットワークとしての一体性ないし完全性に関するかぎり、ネットワークをバラバラにして小さな断片の寄せ集め同然の状態にしてしまうには、構成要素の一八パーセントを破壊すれば十分だった。巧みな連係攻撃のもとでは、スモールワールド・ネットワークは「いいカモ」なのだ。実際のところ、ランダム・ネットワークのほうが有利なのである。[19]

ここからどんな教訓を引き出すことができるだろうか？　問題は一目瞭然で、軍事アナリストたちはすでに、どんなネットワークであっても特に重要な要素には特別な防御策が必要であることを十分に認識している。ランド社の報告が提案しているように、「情報インフラのなかにはどうしても不可欠のものもあり、したがって、そのようなインフラに対しては特別な配慮がなされてしかるべきである。特別に強固にするとか、冗長性や素速い回復性をはじめ、さまざまな保護・復旧の機能を与えることを考えるべきだろう」[20]。すでにアメリカ政府もファイアーウォールを用いることで、ある程度までこの勧告に従っている。さらに、根幹をなす電話交換局、電力網やパイプライン網の重要な要素、重要な航空管制局などを守るために、単純に物理的な障壁を設けるだけでなく、データの暗号化もおこなっている。けれどもスモールワールドという観点から見れば、特別な防御がなぜそれほど重要なのか、その理由をよりはっきりと理解することができる。防御策が施されていない場合、情報インフラをバラバラに破壊して、互いに孤立したなんの機能もしない多数の小さな破片にするには、よく考え抜いた攻撃を数回おこなえば十分だろう。つまり、ネットワークに冗長性を組み込むだけでは完璧にはほど遠い。なぜなら、ネットワーク構造の微妙な性格が重要な影響をもたらすことがあるからだ。

言うまでもなく、ネットワークの基本的な構造を調べることは、ネットワークを故障や攻撃から守るための取り組みのごく一部にすぎない。アメリカの情報インフラの問題について、アメリカは強硬手段をとってでも敵対国の「サイバー戦闘員」に先制攻撃を加えなければならない、と提案しているアナリストもいる。また、生体の防御機構を模倣することができるようになれば、複雑なネットワークをもっと高度なやり方で守ることが可能だと考えているアナリストもいる。そのような防御手段なら、免疫システムが外部からの侵入者を見分けるのと同じように、攻撃を速やかに探知する能力があるし、ダメージをネットワークの一部だけにとどめて拡大させないことで対応できるだろう。また、ネットワーク内で情報を迂回させたり任務の分担を再配分したりすることで即座に適応し、ただちに反撃を加えることもできるだろう。

こうしたアイデアは、そう遠い将来のものではない。この生物学的な発想は非常に的を射たものだ。さらに、このアイデアは、スモールワールドの理論が別の場でも役に立つ可能性について、魅力的な考え方をもたらしてくれる。周知のように、インターネットの構造は、生体細胞に見られる生化学反応の構造と著しい共通点をもっている。細胞はスモールワールドから利益を得ているのだろうか？得ているとすれば、それはどんなものなのか？　スモールワールドの構造がもつ回復力や攻撃に対する脆弱性は、生物の世界ではどのような役割を演じているのだろうか？　さらにここから、病原微生物をもっと巧妙に攻撃する方法についても何か学ぶことができるのではないだろうか？　このあと見るように、アルバート＝ラズロ・バラバシと多忙をきわめていた同僚たちも、この問題をじっくり考えていた。

薬剤耐性菌との戦いにネットワーク科学を応用する

大腸菌のように単細胞の単純な生物でも、遺伝子の数は五〇〇〇近くにもなり、それぞれの遺伝子は互いに協調して非常に複雑な生化学のネットワークのなかで働いている。ごくおおざっぱな言い方をすれば、遺伝子の一つ一つは一片のＤＮＡで、スイッチのように「オン」か「オフ」の状態をとることができる。オンの状態になっている遺伝子、つまり発現した遺伝子は細胞内の他の物質と組んで、いろいろな種類のタンパク質分子を作りだす。これらの分子は細胞膜の成分を構成し、細菌が栄養物質を探したり自らを守ったりするためのセンサーとしての働きをするほか、体内の一部から発せられた情報を他の部分に伝えてもいる。遺伝子が作りだすタンパク質のなかには、他の遺伝子のスイッチをオンにしたりオフにしたりする働きをもつものもある。このように継続して伝わっていく制御信号――遺伝子がタンパク質に作用をおよぼし、そのタンパク質が遺伝子に作用するというように、これがずっとつづいていく――こそが、絶妙な協調のもとで生じる細胞分裂や細菌の自己複製において、細胞内の化学物質のバランスを保つのを助けたり、細菌が栄養物質に向かって「泳いでいく」のを誘導したりしているのだ。この調和のとれた化学反応の組み合わせは、想像もつかないほどの複雑さなのに、精妙かつ見事に調和のとれた機能を果たしている。その精緻さたるや、いかなる人工の技術をもってしても太刀打ちできるものではない。

第五章でざっと見たように、基本的なネットワーク構造という点では、この生化学反応のネットワークと、インターネット、ワールド・ワイド・ウェブのあいだに不思議なつながりがあった。細胞をネットワークに見立てるために、重要な働きをしている分子の一つ一つをネットワークの要素と考え、細胞内で同じ化学反応に関与する分子どうしは互いにリンクされているものとしよう。バラバシらのグループはインターネットの脆弱性に関する研究を終えるとただちに、このような細胞内のネットワークに目を転じ、ノースウェスタン大学の生物学者たちと共同で四三種の生物を調べた。四三種には、大腸菌をはじめとする広範囲の生物種が含まれていたが、バラバシらはすべての生物で非常によく似たパターンを発見した。貴族主義的な種類のスモールワールド・ネットワークである。ごく一部の分子がきわめて多数のつながりをもつハブの役割をしていて、他の大半の分子に比べると、はるかに多くの反応にかかわっていたのだ。たとえば、ＡＴＰ（アデノシン三リン酸）は細胞が必要とする基本的なエネルギーを供給するうえできわめて重要な働きをしている物質だが、このＡＴＰなどはそのようなハブの一つを構成しており、細胞の生化学的ネットワークにおける機能上の中心の一つとなっている。

どんな貴族主義的スモールワールド・ネットワークでもハブは非常に重要で、それゆえハブが破壊されてしまうとネットワークはバラバラの状態になってしまう。すでに検討したように、一国のインフラについて言えば、ハブへの依存がネットワークのアキレス腱になるのは、ハブを攻撃すれば壊滅的な状況をもたらすことができるからだった。しかし細胞という生物学の文脈のなかでは、この貴族主義的構造は希望を抱く理由になる可能性がある。重要な新薬を探すさいに役立つかもしれないからだ。

いま先進諸国は競い合うように情報インフラを攻撃から守ろうとしているが、同じように、病気の原因となる微生物や真菌類などを攻撃するための新たな方法の発見でもしのぎをけずっている。病原体のなかには、近年になって従来の治療法に対する耐性を獲得するようになったものも多い。今日使われている抗生物質のほとんどは、ほぼ半世紀近く前に初めて使用されたいくつかの抗生物質がもとになっている。そしてこの間、細菌のほうは抗生物質の作用を妨げる手段を見つけだすのがどんどんうまくなっている。アメリカ医学研究所によると、「以前なら抗菌性の薬剤で簡単に増殖を防ぐことのできた微生物が感染症の原因となるケースはますます増えており、しかも、これらの薬ではもはや治らなくなっている」[21]。

たとえば食中毒の原因となる黄色ブドウ状球菌には、ふつうはメチシリンと呼ばれる抗生物質による治療が有効である。しかしなかには、扱った食中毒の症例の四〇パーセントがメチシリン耐性をもつ菌株によるものだったという病院もある。こうした患者の治療には、メチシリンではなく、バンコマイシンという別の薬を使わなければならない。しかし、これにも問題があって、バンコマイシンを頻繁に使えば、黄色ブドウ状球菌に、この新薬への耐性を進化させる機会をふんだんに与えることになる。実際アメリカと日本では、すでに部分的なバンコマイシン耐性を獲得している株が少なくとも五種存在することが確認されている[22]。

細菌の根元的なネットワーク構造を明らかにしても、それがただちに細菌の薬剤耐性の問題を解決する助けにはならないかもしれない。けれども構造を突きとめれば、細胞がどのように活動しているかや、最大の弱点がどこにあるかについて、さらに深い理解を確立する大きな一歩を踏み出せるかもしれない。たとえば、細胞における化学反応のネットワークの直径、言いかえればネットワークの隔たり次数が小さな数値になっていなければならないのには、それなりの理由がある。結局のところネットワークの直径は、ネットワークの一部位で生じた重要な出来事が引き金となってネットワークの他の部分に意味のある効果が生じるまで、どのくらいの数の化学反応が連鎖的に起こらなければならないか、その反応数と比例関係にあるからだ。たとえば、ある細菌はブドウ糖の濃度の高い領域へ向かって泳いでいくかもしれない。この細菌はブドウ糖分子が大好物なのだ。細菌の表面にあるタンパク質のセンサーは、このありがたい情報を認識し、対応として細菌内部の他の分子の濃度を高めるだろう。そして、何段階もの反応の連鎖を始動させ、ブドウ糖をエネルギー源に変えるのに必要な分子をふんだんに供給しようとする。

細菌内で生じるこの一連の出来事は、いわゆるパヴロフの犬の条件反射に似ていて、瞬時に生じなければ意味がない。反応の素速さをもたらしているのはたぶん、ネットワークがもつスモールワールドの構造だろう。少数の反応が数回継続する、つまり化学反応のネットワークでほんの数段階を経るだけで、的確な行為がなされるのだ。逆に、ネットワークの構造を著しく乱してネットワークの直径をずっと大きなものにさせるようなものがあれば、それは細菌にとっては恐ろしいものになりかねない。これが可能だとすると、当然といえる疑問がわき起こる。分子を一つまた一つと取り除いていったら、ネットワークの直径はどうなるか、だ。細胞の化学反応のネットワークとインターネットとのあいだに密接な関連があることを考えれば、答えはかなりはっきりしている。分子をランダムに壊すというあまり頭のよくない攻撃法では、インターネットの場合と同様、ごくわずかな直径の減少が見られるだけだろう。対照的にもっと頭を使って分子を攻撃すれば、生化学のネットワークを徹底的かつ急速にバラバラすることができると考えていいだろう。

この筋書きは純粋に理論から導きだされたものだが、実験の裏づけもある。生物学者たちは、選択的に突然変異を起こさせて、ネットワーク内の特定の分子――たとえばある特定の反応で触媒として作用する酵素――を欠落（欠失）させることができる。このような実験から、大腸菌の場合、大多数の酵素は取り除いても菌が生存していく能力にそれほど大きな影響が生じることはないが、一方、少

図17　一般にはビール酵母、あるいはパン酵母と呼ばれている酵母の一種 *Saccharomyces cerevisiae* のタンパク質間の相互作用を示した図。

数の非常に重要な酵素を取り除いた場合には壊滅的な結果になることが明らかになっている。[23]

細菌の生化学反応と同様のパターンは、細菌より高等な生物、たとえばサッカロミケス属の酵母、一般にはビール酵母やパン酵母などの名で通っているもの（*Saccharomyces cerevisiae*）でも見つかっている。生物学者たちはこの生物の完全なゲノム地図を一九九六年に完成させ、一六本の染色体と約六二〇〇の遺伝子を発見した。じつを言うと、この生物における化学反応が実際にどのように機能しているかを明らかにするには、遺伝子が作りだすタンパク質のレベルで見るほうがもっと簡単だ。バラバシらのグループは、複雑なネットワークを洞察して得た新たな事実に触発されて、さらに別の研究に取り組んだ。そして二〇〇一年の春、シカゴにあるノースウェスタン大学病理学部のショーン・メイソンと共同で、酵母の生化学的ネットワーク内の特定のタンパク質を破壊するとどのような結果が生じるかを探った（図17）。実験ではタンパク質を一つずつ破壊して、破壊したタンパク質の「接続性（コネクティビティ）」――そのタンパク質がネットワーク内で保有しているリンク数――が、そのタンパク質がなくなったために生じる結果と見合っているかを丹念に調べていった。

得られた結果は驚くべきものだった。ネットワーク内の九〇パーセントあまりのタンパク質はリンク数が五以下で、しかも酵母が生きていくために不可欠なタンパク質は、そのうちのほぼ五つに一つでしかなかった。これらのタンパク質が取り除かれても、酵母は残っているネットワークに順応することで、相変わらず機能することができた。対照的に〇・七パーセントにも満たないタンパク質がハブになっていて、これらのハブがもつリンク数は一五を超えていた。ハブとなっているタンパク質のうちのどれか一つだけを破壊した場合、三回のうち二回は酵母は死んでしまった。研究にあたったバラバシらが結論しているように、「多数のつながりをもつタンパク質は、ネットワーク構造において中心的な役割を果たしており、少数のリンクしかもたないタンパク質に比べれば、重要度は三倍以上になると見てまずまちがいない[24]」。

こうした事実から、より深い知識がもたらされることは明らかだ。それはたとえば、根源的なレベルでの細胞のネットワーク構造、あるいはネットワークを構成している各要素の相対的な重要度のちがいといったものである。けれども、これらの発見は実用面でも役に立つことが示されるかもしれない。ネットワークという見方からすれば、細菌をはじめとする微生物に最大の打撃を与えるには、生化学的ネットワーク内で他に抜きん出て多くのリンクをもつタンパク質を攻撃すればいいことがわかる。軍の中央司令部と同じく、こうしたハブがネットワーク全体を維持して機能させているからだ。

スモールワールド的思考法で世界を見る

研究によって明らかにされているのはごく少数だが、スモールワールドという見方をすることで、明白で重要な洞察が得られつつある。こうした捉え方は、決定的な解決策を教えてくれるわけではないけれども、複雑なネットワークの働きと格闘している人たちが直面している多数の深刻な問題に、どのような新たな着想と取り組みをすれば可能性が見えてくるかを示してくれる。大きなスケールで見たとき、生態系はスモールワールドの構造のおかげで安定しているのだろうか？　それとも、逆に危ういほど突然のカタストロフィー的崩壊をこうむりやすいというのが、このネットワーク固有の特徴なのだろうか。人間社会のネットワーク構造は、エイズ（ＡＩＤＳ）などの病気の蔓延にどのような影響を与えているのだろうか？　そして、社会の構造を理解することは、こうした病気と闘うための力となりうるのだろうか？

このあとの章では、誕生したばかりのネットワークのスモールワールド理論が何を教え、何を暗示しているかを探っていく。生態系をどのようにうまくコントロールしていくかということから、ヒトの脳におけるニューロンの働きについての知識まで、学ぶべきものは多岐にわたる。すでに見たように、この手のネットワークは、平等主義的な種類のものであろうと貴族主義的な種類のものであろうと、別の構造のネットワークをはるかに超える一種の力強さと適応性を備えている。このことについても、もう少し詳しく見ておくつもりだ。スモールワールド理論からさらに先へ進んで、もっと一般的なものについても見ておこう。あらゆる種類の複雑なネットワークには、それがスモールワールド・ネットワークでも、またあまりスモールワールドの特性が見られないネットワークでも、同じように組織的構造が現れる場合がある。その出現の仕方を正しく理解することが科学の様相をどのように変えているかも見ていくことにしよう。

第9章

生態系をネットワークとして考える

科学というのは、当代のぼんくらでも、これまでに天才たちが到達した地点を乗り越えることが可能な専門分野だ。

マックス・グラックマン[1]

クジラが減れば魚はほんとうに増えるのか

二〇〇一年七月、日本鯨類研究所は日本国内および国外の主要紙に三段から半ページ大の意見広告を出した。そこには「増えるクジラ、減るサカナ」の見出しとともに、「クジラが漁業をおびやかしています」とあった。この広告は、同月ロンドンで開催される国際捕鯨委員会（ＩＷＣ）の年次総会に時機を合わせたもので、総会では四〇を超す国々の代表団によって、すでに一五年が経過している捕鯨の一時的禁止（モラトリアム）をめぐる問題が討議されることになっていた。日本は、モラトリアムが失効して商業捕鯨が再開されることを期待していた。

このモラトリアムの規約の下では、「科学的な調査」のためなら国は相当数のクジラを捕獲してもいいことになっている（いわゆる「調査捕鯨」）。日本はこの抜け道を最大限利用して、年間約四〇〇頭のミンククジラを捕獲し、殺したクジラは最終的にはクジラベーコンや鯨脂原料の形で市場に出回っている。「調査」捕鯨では、その一環として捕獲したクジラの胃を開くので、当然ながら、クジラは魚を餌にしていることがわかっている。だから、クジラこそが魚の個体数減少の原因なのだ、という言い分になるわけだ。逆境にあえぎながら鯨肉加工工場を営んでいるある日本人は、これと同じ論法をこう言いかえている。「クジラはわれわれ漁業者が獲るのと同じ小さな魚を食べる……捕鯨が禁止されるまで、クジラとわれわれは共存していた。いまでは捕鯨が禁止されているためにミンククジラはやりたい放題で、こっちのほうは水揚げが減りっぱなしさ」[2]。この論法によれば日本の漁業にとってなんとも都合のいい結論が得られるのだが、これは現実を根底からひっくり返して初めて言えることだ。グリーンピースのスポークスマンが的を射た発言をしているように、「この論法は、森林破壊の原因がキツツキにあると言っているのに等しい」。なぜなら、科学的に得られた証拠は、クジラではなく漁業こそ、世界的な規模での海洋生態系荒廃の原因であることを、否定しようもないほどはっきりと示しているからである。

一例をあげよう。世界各国の海洋生態学者一九人からなる研究チームが二〇〇一年に、サンゴ礁や熱帯の海草藻場（もば）から河口、大陸棚にいたる沿岸域の海洋生態系について、海洋生物の徹底的な歴史的研究を完了させている。現在の魚類の個体数は過去の個体数に比べて増減しているのだろうか？　いずれのケースについても、記録からは、魚の数は近代漁法の登場とともに急速に減少したことが読みとれる。[3]この研究をまとめた著者たちが結論しているように、「大型の脊椎動物と甲殻類の乱獲は、ないも同然になってしまっている……」[4]。

人類があらゆる沿岸生態系に引き起こした最初の大規模な撹乱（かくらん）であり……どの場所においても、生物量（バイオマス）や大型動物の数という点では損失の度合いはきわめて大きく、特に大型動物は現在では存在しないも同然になってしまっている……」[4]。

ここ二、三〇年のあいだに状況は危機的なものになってきた。世界の海産魚の漁獲量は、一九八九年に約八五〇〇万トンのピークに達したあと減少の一途をたどり、ニシマダラの資源量は史上最低の線に近づいているし、公表されているところでは、コダラなどの種は商業的な意味では絶滅したも同然である。何百万年ものあいだ安定していた豊かな食物網は、過去二〇年のうちに劇的なまでに変化してしまった。国連食糧農業機関（FAO）によると、商業的に重要な世界の海産魚類資源の四分の三が、ぎりぎりまで獲られているか、限度を超えて乱獲されているか、あるいは獲りつくされてしまっているという[5]。

したがって、どうすれば大食漢のクジラのせいにすることができるのか、とうてい理解しがたい。というのは、何はさておいても、魚とクジラは非常に長い年月いっしょに海を泳いで共存してきたのだし、大規模で機械化された漁業はこの平衡状態にあとから新たに入りこんできた要因だからだ。

日本の言い分は、実際には見かけよりもはるかに根拠が薄弱である。国際捕鯨委員会に出席した日本の代表団はミンククジラを「やたらと増える海のゴキブリ」と見ているけれど、ひとまず彼らの意見に同意するとしよう。さらに、美味な魚をもう少し余計に獲ろうという目論見から、クジラを撲滅することにも進んで賛成したとしよう。さて、クジラを完全に撲滅すれば、水産業者の漁獲量は跳ね上がるだろうか？　海洋生態系はそれほど単純で、どこかでレバーを引いたときに他のところにどんな影響が生じるか予測できるようなものなのだろうか？　このあと見ていくように、こうした考え方のこまった点は、地球の生態系の真の複雑さを認めようとしないことだ。生態学から見れば、現実がそんな単純なものでないのは明らかだ。そして漁業に従事してきた人々は、ずっと以前からそのことを知っていたにちがいないのである。

乱獲はどのくらい深刻な問題なのか

一九八〇年代の半ば、北大西洋の西海域でタラの数が急激に減りはじめた。カナダの水産業者とカナダ政府はタラの個体数の突然の減少を大きな驚きをもって受けとめ、著名な科学者たちからなる特別専門委員会を設置して問題の調査にあたらせた。当時ニューファンドランド島セント・ジョンズのメモリアル大学学長だったレスリー・ハリスを長とする委員会が最終的に到達した結論は、政治家たちにとってあまり歓迎したくないものだった。「現状の漁獲による魚の死亡率水準を下げる適切な措置を講じなければ、産卵個体数の著しい減少が継続することはほぼ確実である」[6]。当時のカナダの通商相は、ハリスらの諮問委員会にしたがうのは「頭がどうかしている」と言って、いっさい考慮することなく勧告を退けた。さらに不快感もあらわに、「ハリスは、漁獲割当て量を減らすことが経済的、社会的、そして文化的にどんな影響をおよぼすかなどを論じる必要はない。それは私の仕事だ」と述べた。しかし、通商相にとってはなんとも遺憾なことながら、自然は彼のご立派な言葉で思いとどまってはくれなかった。精いっぱい努力してみたものの、一九九二年には、カナダ漁船のタラの水揚げは割当て量にはるかに届かない状態になっていた。理由は単純だった。大西洋のタラの個体数が激減し、獲れる数はもうほんのわずかしか残っていなかったのだ。結局のところ、タラに関係した水産業全体が操業停止の状態にまで追い込まれてしまい、カナダの漁業者たちは「経済的、社会的、そして文化的な影響」を直視せざるをえなかった。[7]

この期におよんでも、カナダ政府はこうした惨状になんの責任も認めようとせず、他のあらゆる要因に責任を転嫁した。ほんとうの原因は乱獲ではなく、ヨーロッパの漁船が常習的に不法侵入して漁をしているからだというのだ。さらになんと、北大西洋に棲息するタテゴトアザラシの旺盛な食欲のせいにして、彼らがあらゆる魚を食いつくしているのも原因だとした。しかし再度おこなわれた科学の専門家による評価でも、カナダ政府の見解とはまるで異なる結論が示された。一九九四年、カナダ漁業海洋局に勤務する二人の科学者が出した結論は、ヨーロッパの漁業者もタテゴトアザラシもこの問題にはいっさい関係なく、問題の鍵は単純に乱獲にあるとするものだった。[8]一年後、この二人の科学者のうちの一人、ランサム・マイアーズの発言がカナダの主要紙の一つに取り上げられた。「東海岸の漁業資源に生じた事態は、環境とはなんの関係もないし、タテゴトアザラシともまったく関係ない。原因はたんに獲りすぎただけのことだ」。[9]けれどもこの発言は、政府にとっては都合のわるい情報だったらしく、公務員だったマイアーズは情報を外部に漏らしたことを理由に譴責処分を受けた。

政府関係の科学者たちの発言にもかかわらず、さらに世界じゅうの海洋生物学者たちが専門知識に基づいてこぞって異議を申し立てたにもかかわらず、[10]カナダ政府は一貫して自らが「常識的」結論と主張するものに固執しつづけた。アザラシはタラを餌にしているから、彼らこそこの問題の根源にちがいないというのである。一九九〇年代の後半には、政府が組織した狩猟遠征隊によって毎年五〇万頭近くのタテゴトアザラシが殺された。タラの個体数の回復に寄与するためとのことだったが、そうはいかなかった。

カナダ政府が正しく理解できなかった、というか政治的に無視するのが得策だとしたのは、北大西洋のタテゴトアザラシはタラのほかに、キャペリン、メルルーサ、ニシン、オヒョウなど一五〇種近くの魚を餌にしていて、これらの種の多くがタラの直接的な競争者になっているという事実である。[11] オヒョウはタラを餌にしているし、海鳥やイカやカジカも同じようにタラを餌にしている。そしてアザラシは、タラだけでなくカジカも餌にしている。海洋における食物網の他の部分も考慮すれば、状況は途方もなく複雑なことがわかるだろう(図18)。アザラシの数が減るだけで、この連鎖上の少なくとも一五〇の種に直接的な影響がおよぶ。さらにこれらの種の個体数が変化すれば、他の無数の種にも影響がおよび、相反する性質の多数の連鎖反応が食物網のなかを波紋のように広がっていくことになるだろう。

実際、生態学者たちは、中間に八種以下の生物が関与する連鎖だけを考えても、アザラシとタラとをつなぐ因果の鎖環には一〇〇〇万を超える個別のものが存在すると見積もっている。[12] これほどの複雑さを考えれば、アザラシを殺すと商業魚種の個体数にどんな最終的な影響が生じるかを予見することなど、不可能なのは明らかだ。カナダ沿岸のアザラシが減れば、オヒョウやカジカの数が増えるかもしれない。だとすれば、オヒョウもカジカもタラを餌にしているから、以前にもましてタラの数は「減る」という結果になるおそれも十分にある。

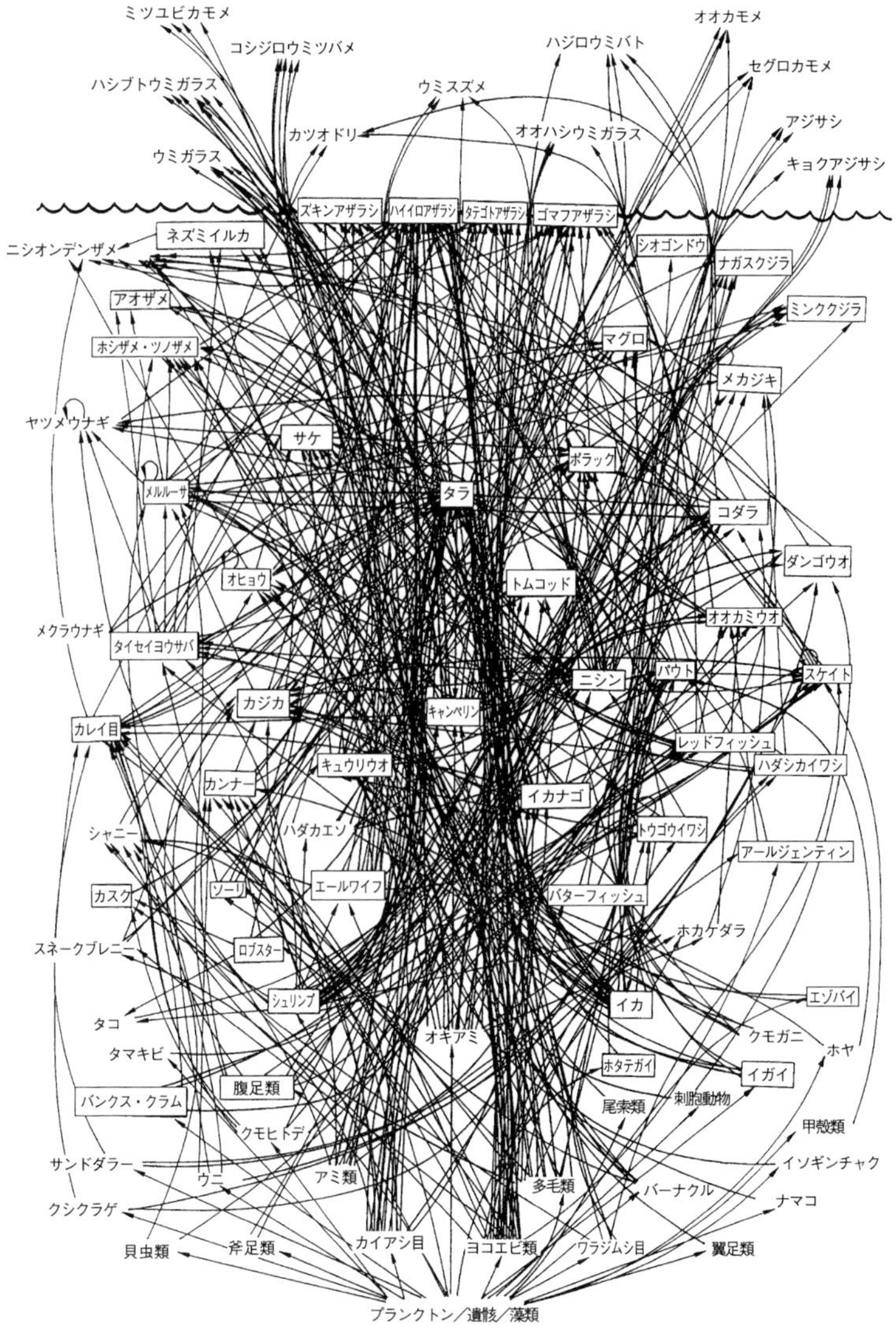

図 18　北大西洋における食物網の一部。

この論法はクジラにもそっくり当てはまる。クジラは商業魚種を餌にしているだけでなく、その捕食者も餌にしている場合が多いからである。したがって、商業捕鯨の再開がどんな結果をもたらすかわかっていると本気で言える者など一人もいないはずだ。言えるとすれば、すでに絶滅が危惧されている種の数を危険なほど減らしてしまうということだけだ。魚は増えるのか、それとも減るのか？　政治活動や広報活動は一面のみを声高に唱えるが、はっきりしたことはだれにもわかっていない。

海洋における食物網には何か特別なものがあり、そのためにひどく複雑なのだろうか？　そんなことはまずありえない。生態学者たちは食物網の構造を細かく調べるさい、ある小さな領域を隔離して、そこから捕食者である特定の種を取り除き、主要な被食者にどのような影響が生じるかを見ることが多い。結果はほぼ予測できると考えるかもしれない。捕食者を取り除いてやれば、被食者は増えるはずなのだ。カナダや日本の漁業者たちもまずまちがいなく同じことを言うだろう。しかし、一九八八年にカナダのグエルフ大学の生態学者ピーター・ヨジスは、世界各地の一三の個別の生物群集で同様の実験をおこなった結果をまとめ、ある捕食者を除去した場合の影響は、被食者であることがきわめて明白な種への影響ですら、一般的には予測できないことを明らかにしている。[13] 予測が難しい原因は、種どうしをつないでいる間接的な道筋がきわめて多く、しかも複雑なことにある。

これらの例は、われわれの生態系が計り知れないほど複雑であることを具体的に示す端緒となるが、同時に重大な懸念も抱かせる。生物学者たちの見積もりによると、全世界での種の絶滅率は、現在では人類が地上を闊歩するようになる以前の一〇〇〇倍も大きな値になっている。もし絶滅がいまの率のままつづけば、五〇年のうちに全生物種の優に四分の一が姿を消してしまうだろうとのことである。

そんな荒れ果てた状況になったら、地球の生態系という自然のネットワークはどんなことになってしまうのだろう？　われわれ人間も、このネットワークに支えられて途切れることなく生存してきたのだ。どこの国でも政府や大企業の上層部は、カナダの通商相と同じように考えたほうが都合のいいことを承知していて、生態系への憂慮は誇張しすぎであり、なんであれ政治的あるいは経済的な面で評判の悪い改革を実行するなど「正気の沙汰ではない」とほのめかしている。それなら、生態系の安定性の科学とはどのようなものなのだろうか？

食物網は一種のネットワークで、社会集団やインターネットときわめてよく似ている。食物網では種どうしが互いに結びついて複雑にもつれたパターンを作りだしており、素人(しろうと)から見れば、全体としてはいかなる組織的構造ももっていないように見える。けれどもすでに見たように、規則性は隠れている場合が多いのだ。そして、組織的構造の種類が異なれば、ネットワークは総体として異なった特性をもつようになる。地球の生態系のネットワークは、いま人類が加えつづけている負担に耐えられるのだろうか？　それともバラバラに崩れてしまう恐れがあるのだろうか？　研究者たちは若干の数学を使ってこの疑問の答えに近づいており、その過程で、生物からなるこの網(ウェブ)構造の脆弱性に関して、いくつかの憂慮すべき結論に達している。

ほんとうに複雑で多様な生態系ほど安定しているのか

一九七〇年代以前の生態学の常識的な考え方では、相互作用をするいくつもの種からなるネットワークは、一般的には、種数に富んで複雑なものほど安定しているとされていた。この考え方によれば、さまざまな種が多数いる生態系は、わずか数種しかいない生態系に比べると、はるかに安定しており、突然生じるカタストロフィー的な変化の影響も受けにくいことになる。このように論じた最初の生態学者の一人に、オックスフォード大学のチャールズ・エルトンがいる。彼は単純な生物群集のほうが「多くの種に富む群集よりもはるかに攪乱を受けやすい」と主張した。「すなわち、個体数の壊滅的な変動をこうむりやすく、また他種の侵入も受けやすいのだ」[14]。エルトンは数多くの例をあげている。たとえば、小さな島では種の数は相対的に少なくなりがちで、このような棲息環境は、多くの種がいる大陸の棲息環境よりもはるかに外来種の侵入に弱い。同様の趣旨で、害虫の侵入や発生に悩まされる頻度が少ないのは、人間の活動によって生物群集が非常に単純化されてしまった耕作地や植林地ではなく、むしろ自然のままの土地のほうなのである。

この図式は、生きものの世界は動物と植物とが相互に作用しながら織りなす見事なタペストリーであるというわれわれの理解とも合っているし、この組織がダメージを受ければ豊かさは失われてしまうというイメージにも重なる。けれども、ほんとうにそうなのだろうか？

一九七〇年代の初め、オーストラリアの生態学者ロバート・メイは、この問題に数学を少しばかり適用することで、予想外の事実を見いだした。メイは、相互作用をする種からなるネットワークの概念図を考えて、その安定性を調べた。メイのモデルでは、種はすべて捕食者か被食者として生態系に適応している。彼はさらに種を増やすか減らすかしたり、あるいは種と種のあいだを結んでいるリンクの数を増減させたりして、ネットワークの複雑さを変化させた。考え方としては、「生態系モデル」

の安定性を調べるために、破壊的な要因が加わったあとも生態系が攪乱に耐えて正常な状態に戻ることができるかどうかを見ようというのである。

理論的な観点からすれば、メイの手法はそれまで生態学者たちがやったどんな調査よりもはるかに洗練されていた。そのうえ、示された結論は、生態学者たちの経験とはまるっきり矛盾するものだった。メイが見いだしたのは、相互作用をする種の数が増えるにつれて、攪乱を受けたネットワークが元の安定した状態に回復する見込みはますます少なくなる、というものだったのだ。複雑さが増すとともに、攪乱によってネットワークがバラバラに断ち切られてしまう恐れは大きくなり、個体数に歯止めのきかない大きな変動をもたらして、結果的に多くの種が絶滅するにいたってしまう。対照的に、単純で複雑さの小さいネットワークほど安定性は増す。小さなネットワークなら、環境がおよぼす悪影響や新種の侵入にも耐えることができ、ひどい混乱は生じないというのである。[15]

メイが数学を使って得た論証の結果は一見必然的なものだったので、生態学者たちはただただ感服するしかなかった。もしかすると、結局のところ複雑さはたいして重要ではなかったのかもしれない、そう見えたのだ。生態学者のランサム・マイアーズは、いまになって考えれば、この出来事をさかいに、生態学者の生態系の安定性をめぐる論争の歴史は注目すべき段階に入ったと言う。マイアーズが言うように、この時期、「複雑な数学に怖じ気づいた生態学者たちは、二〇年のあいだ昏睡状態におちいっていた」。しかし近年になってこの分野は次の時期に入っており、マイアーズの言葉を借りれば、「生態学者たちは意識を取り戻して、ふたたび考えるようになっている」。だが実際には、一人の生態学者がもう少し早くから考えなおしていたのだ。

その人物、ピーター・ヨジスが科学者の道を歩みはじめたのは一九七〇年代の初めで、場所はスイスのベルン大学だった。物理学者として一般相対性理論に取り組んでいたヨジスが書いた論文は数式だらけで、標題も「閉じた宇宙の膨張について」といった類のものだった。けれどもヨジスは一〇年後に理論生態学に転じ、今度は「アメリカクロクマの個体群動態論」といった標題の論文をものした。数学の心得があることを考えれば、ヨジスはメイの研究の意義とその結果を精細に調べるうえで、他の生態学者のだれにもまして有利な立場にいた。

ヨジスが気づいたことはいろいろあったが、なかでも彼が注目したのは、メイがネットワークのモデルを作るのにランダム・グラフを利用していたことだった。純粋数学でのポール・エルデシュや初期の社会科学者たちと同じく、メイは要素どうしをなんの計画性もなくつないでいた。現実の生態系はほんとうにランダム・ネットワークなのだろうか？　ヨジスにはわからなかったので、実態を知るために多数の実際の生態系に関する論文と集積されたデータを調べ、現実の食物網がどのように構成されているかをより正しく表した図を作ろうとした。さらに、さまざまな種が互いにどの程度強く相互作用をしているかの情報も取り入れた。社会のネットワークでは、親友どうしの絆は、それほど親しくない知人とのあいだの絆と同じではない。これは種と種の関係についても当てはまる。ある捕食者は餌として一種の被食者だけに依存しているかもしれない。そうであれば被食者とはきわめて強く、しかも頻繁に「相互作用をする」ことになる。あるいは異なる一〇〇の種を餌にしているかもしれない。このときは捕食者と一〇〇種のすべてとのあいだの相互作用は弱く、あまり頻繁には生じない。

ヨジスはこうして得た知識のすべてを自分のモデルに取り込んでから、メイと同じように、このモデルがどのように攪乱に耐えるのかを調べた。結果は興味をそそられるものだった。より現実に即したヨジスの食物網は、ランダム・ネットワークとは対照的に、複雑であると同時にきわめて安定していたのである。かなりの打撃を受けても、あるいは一つの種が絶滅しても、食物網はそうしたダメージをかなりよく吸収することができ、一体性を失うことはなかった。言うまでもなく、この結果はヒントを与えているにすぎない。それでも、ヨジスの研究結果は、メイのランダム・ネットワークがきわめて重要な要素のいくつかを見落としていることを示唆している。ある種のネットワーク――はっきり言えば、実際の生態系にはるかに似ているように見えるネットワーク――は、やはり安定しているのだ。[16]

したがって、複雑さが優れた属性になる場合もありうる。近年の野外実験では、そうしたヨジスの論点がより納得できる形で実証されている。一九八〇年代から九〇年代の初期にかけて、ミシガン大学のデヴィッド・ティルマンの率いる研究チームが念入りな一連の実験をおこなっている。彼らはその一環として、ミネソタ州シーダークリーク自然史地区の四カ所の草原を二〇七の調査区域に分け、各調査区域の複雑さを割りだす調査をした。具体的には、「多様性」――異なる生物種の数――を計測すると同時に、各調査区域の生物量（バイオマス）がどのくらい激しく変動するかを観察したのだ。生物量というのは、調査区域内のすべての生物を採取し、乾燥させた後に重さを量ったとき得られる測定値のことである。生物量からは、ある生態系が生物を生み出すという観点から見たとき、実際にどのくらいうまく機能しているかがわかる。

ティルマンらの目的は、ある調査区域内の複雑さと生物量の変動とのあいだに何かつながりがあるかどうかを確かめることにあった。つまり、変動が大きくなればなるほど、それに伴って安定性は減少するはずで、逆に変動が小さければ安定性は増すはずだという考えである。研究者たちは、すべての調査区域に顕著な傾向が見られることに気づいた。複雑さが増せば増すほど、そして種数が多くなればなるほど、生物量の変動は小さくなるのだった。[17] 結論は、メイの数学とは正反対で、複雑なネットワークになればなるほど、単純なネットワークよりも変動は小さくなる傾向が見られるのである。

これらの事実は、地球の生態系には、その構造に関して何か法則が存在するかもしれないことを示唆している。種どうしがでたらめにつながり、たんにランダム・ネットワークの状態になっているのではなく、種どうしのつながりのこまごまとしたパターンのなかに、多くの意味が潜んでいるのかもしれない。食物網のパターンを調査したある研究グループは、食物網のことをいみじくも、「ダーウィンが言ったあの［さまざまな生物が］入り混じった土手を行くための道路地図」[18]と呼んでいる。過去数年のあいだに、研究者たちはこの道路地図に導かれて、生態系の仕組みのより深遠な原理を明らかにしてきたのである。それによると、安定性は複雑さと密接に結びついており、とりわけ、種どうしを結びつけて複雑につながり合った食物網を作っている一種の「弱い絆」と関係があるらしいのだ。

弱い結びつきが生態系の安全弁となっている

生態系の安定性を理解しようというメイの試みは、斬新さと説明の力強さという点では、要件をすべて満たしていた。数学を手にしたことで、生態学者たちは生態系全般についての疑問に最終的な答えを与える準備を整えたかのように見えた。しかしながら、メイのやり方には潜在的な欠陥がいくつかあり、なかでも安定性をどう考えるかについては、やや妥当性を欠いていた。

メイの出発点となった発想は、生態系は永遠につづく平衡状態のうちにあるというものだった。たとえば椅子を考えてみよう。足で軽く押したぐらいでは倒れずにいる。押す前と変わりはない。メイが思い描いた生態系の安定性とはこのようなものだった。非常に激しい気候の変化が起これば、生態系の自然の平衡状態は崩され、他の種の犠牲のうえに個体数を急激に増やす種があるかもしれない。けれども、そのあとはどうなるのか？　それぞれの個体数は以前の状態に戻るのだろうか？　もし戻るのなら、その生態系は実際のものであろうと数学上のものであろうと、安定していることになる。他方、個体数が安定しなかったり、さまざまな種の個体数が以前とは変化したり、あるいは急激に数を増やす種もあれば絶滅にいたる種もあるとすれば、その生態系は不安定だということになる。

安定性についてのメイの考え方はまったく正当なものではあるけれども、唯一の考え方というわけではないし、たぶんいちばん妥当な考え方でないことも確かだろう。一九九八年、当時カリフォルニア大学デーヴィス校にいた三人の生態学者、ケヴィン・マケン、アラン・ヘイスティングズ、ゲーリー・ハクセルは、生態系の安定性についてメイとは微妙に異なる観点に立ち、条件をやや緩く考えることで前進のための重要な一歩を踏み出した。

現実のどんな生態系でも、さまざまな種の個体数は年ごとに変動する。これはまったく正常なことだ。今年のキツネやウサギの数が、去年、あるいは一昨年の数と完全に一致することはない。個体数の変動は、生態系が不安定であることを意味しているのではなく、たんに個体数は変化をこうむるものであることを示しているにすぎない。このような自然に生じる変動を考えると、安定性についてのメイの考え方は適用しにくくなる。メイの定義で安定しているという場合、攪乱を受けたあと、すべての種の個体数が攪乱以前の数に落ち着くことが要件になるからだ。先ほどの椅子の話なら、メイ流の定義では、軽く押したあとで、椅子の脚すべてが最初と正確に同じ位置に戻って静止しなければならない。戻っていなければ不安定な椅子と見なされるのである。

しかし、あらゆるものが変化しないままでいることが、そんなにも重要なのだろうか？　攪乱によってほんのわずかでも変化したら、安定していると言ってはいけないのだろうか？　たとえば椅子の場合、倒れなくても、最初に静止していた位置から一〇センチメートル動いているかもしれない。しかしこれだって、立派な安定性の一種だ。あるいは生態系なら、すべての種の個体数は以前とは異なった状態になっているかもしれない。それでも生物群集はまだ互いに支え合っていて、変化はあったが健全さの保たれた条件下で存続しているかもしれないのだ。マケンらは、生態系の安定性については、このような考え方をするほうがいいのではないかと提案している。結局のところ、最終的に問わなければならないのは、生態系がバラバラに崩れてしまうか否かである。問題の核心は、生態系には打撃を吸収する力があって、状況が変わっても互いに支え合って存続していけるかどうかなのだ。

アプローチの仕方をこのように変更しても、規準を変えただけのことで、たいして重要には見えないかもしれない。だが、そうではない。自らを維持していく能力という観点から食物網を考えることは、不安定さをもたらす大きな原動力を解明する一助となるのだ。しかも、その原動力はすべての生態系において、さまざまな生物の個体数に激しい変動を生じさせているのである。マケンらのグループが指摘したように、種間の相互作用はすべてが同等なわけではない。他に比べてはるかに強い相互作用もある。そして、この強い相互作用こそが、災いをもたらすのだ。

種間の相互作用は、食うか食われるかの関係を通して、あるいは同じ餌や棲息地をめぐる競争を通して生じる。もし、ある捕食者が他の一種だけしか食べないのなら、その捕食者にはひたすらこの種を食べる以外に選択の余地はない。このケースでは、二種間の相互作用は強いものになるだろう。反対に、もしも捕食者が他の一五の種を餌にしているのなら、どの種もときどき食べるということになる。この場合、捕食者と餌である一五種とのあいだの相互作用は相対的に弱いものになるだろう。さてここで、近年の気候の変化をはじめとする偶然の要因によって、捕食者の唯一の餌であった種の個体数が著しく減ったと想定してみよう。捕食者にとって食べ物を見つけるのは難しくなるが、それでも他に取るすべはない。どんなに数が減ろうとも、その唯一の餌を探しつづけなければならず、結果として、餌としている種をますます絶滅へと追いやることになる。こうなると、捕食者の個体数も著しく減少してしまうかもしれない。このような二種間の強い結びつきは、両者の個体数に危険な変動が生じる可能性を生みだしている。

まったく対照的に、弱い結びつきなら、このような窮地におちいることはない、とマケンらは論じている。[19] たとえば一五の種を被食者としている捕食者を考えてみよう。理由はともかく、もし被食者のうちの一種の個体数が非常に少なくなれば、捕食者がごく自然にとる対応は、その被食者の数をさらに減少させることではなく、それ以外の一四種に目を向けることだろう。結局のところ、他の一四種は相対的に数が多いのだから、この一四種は以前よりも捕まえやすくなる。注目する相手を変えることで、捕食者はひきつづき餌にありつけるし、絶滅の危機に瀕していた被食者のほうは個体数を回復することができるだろう。このように、種間の弱い結びつきは、危険な変動の影響を防ぐ働きをしている。弱い結びつきは、生物群集における自然の安全弁になっているのだ。

このような見方をすれば、種間の弱い結びつきは、生態系をまとめあげるうえで特別の役割をしていることになる。不思議なことに、ここにはマーク・グラノヴェターが人間社会における弱い絆の「強さ」について指摘した問題を連想させるものがある。この事実に気づいても、それ自体はたいしたことではない。それでも、いくつか重要な疑問を浮かび上がらせることは確かだ。すなわち、生態系ではどれが弱い結びつきで、どれが強い結びつきなのか、さらに、生態系と社会のネットワークとの関連にはたんなる偶然以上のものがあるのかどうか、である。スモールワールド・ネットワークを注意深く検討すると、興味深い可能性がいくつか見えてくる。

たとえば、ある食物網がわれわれの社会のネットワークに非常によく似ていたとしよう。さらに、この食物網は貴族主義的な種類のスモールワールド・ネットワークで、大多数の種はごく少数の種と結びついているだけだが、「コネクター」となっている数種は、他の生物種とのあいだにきわめて多数のリンクを有していたとしよう。このようなネットワークでは、どこが弱い結びつきになり、またどこが強い結びつきになるだろうか？　われわれの社会集団の関係では、もう答えはわかっている。もし「友人」が五〇〇〇人いるとすれば、当然ながら、その全員と親しいなどということはありえない。だれだって、これほど大勢の人たちと強い絆を維持するための時間もなければ、つきあっていくエネルギーももちあわせてはいまい。したがって、非常に多くの人とつながっている少数の人は、他の人々とは弱い絆で結びついている場合がほとんどであり、一方、他の人とのあいだに少数のリンクしかもっていない人は、強い絆で結びついていることになる。ここから類推すると、生態系でも同じことが言えるのではないだろうか。もしも、ある種が他の種とのあいだに非常に多数のリンクを有していれば、その結びつきはほとんどの場合、弱いものだろう。たとえば、ある生物は大量に食べるが、一五〇の異なる種を餌にしているとすれば、一五〇のどの種もたまにしか口にしないと考えていいだろう。

したがって、もしも生態系が貴族主義的なスモールワールドならば、当然ながらこの世界を特徴づけているのは弱い絆であり、非常に多数の種と結びついている少数の種が、そのような絆を有していることになる。生態系本来の安定性は、これら少数の種に由来し、弱い絆が数のうえで優位を占めるようになるほど安定度も増していくのだろう。もちろん、ここで述べたのは推測にすぎない。しかしそれが事実だとすれば、多数のリンクをもつ少数の種は生物群集の要になっているはずだし、生態系全体を支えるうえで計り知れない重要性をもつ、いちばん大切な種だということになる。しかし、実際にそのような種はいるのだろうか？　また、生態系はほんとうにわれわれの社会のネットワークと似ているのだろうか？

あらゆる生物が「二次の隔たり」でつながる？

生態学者たちが食物網について考えるとき、必ずしも、互いに食い合いをしている暗い深海の生きものや、怯えたヌーに忍び寄るアフリカの草原のライオンを念頭においているわけではない。実際、生態研究に関する文献で取り上げられる食物網のなかでも、特によく調べられているものには「アラバマ州の湿潤な切り株の穴」「コスタリカのイヌの死骸」といったものもある。このような場所は地味ながらも豊かに繁栄している生態系のミニチュア版であり、だれの目にも一目瞭然の劇的な出来事はないけれども、生態系に支えられた昆虫や細菌の豊かな生物群集がそれを補ってくれる。このほか科学的に重要な食物網として、ごくふつうの地面に設けられた小区画にすぎないものもある。ロンドンのインペリアル・カレッジの生物学者たちが維持管理しているイングランド南部の九七ヘクタールの土地などはその一例だ。ここはインペリアル・カレッジのシルウッド・パーク研究地区の一部で、その生態系はエニシダと共生している一五四種からなる複雑な食物網になっている。エニシダはマメ科の植物で、草原にコロニーを作り、高さ二メートルぐらいまで成長する。

マメ科の植物ばかりが植わっている九七ヘクタールの土地――これより単調で退屈な光景など、そう簡単に思いつくものではあるまい。しかし、生態学者たちがこの小さな区域に興味をかき立てられるのは、ここの食物網が込み入った細部まで把握できているからだ。研究者たちは数十年かけて一五四種すべてを結ぶリンクを丹念に調査し、いまでは正確な食物網グラフが描けるまでになっている。食物網グラフがどうなっているかがわかれば、きわめて重要な疑問について見通しを得ることができる。その疑問とは、任意の二種の生物を、なんらかの因果の連鎖でつなぐためには、種と種を結ぶリンクを実際に何本たどる必要があるかとか、食物網の一部に生じた攪乱が引き金となって、隔たった他の部分まで影響がおよぶには何本のリンクをたどる必要があるのか、といったものだ。数年前に物理学者のリカルド・ソレと生態学者のホセ・モントヤは、シルウッド・パークを例にしてこれらの疑問に答えを出そうと試みた。彼らが明らかにしたその答えは不安をかきたてるものである。

九七ヘクタールの区域で見つかった種には、膜翅類、半翅類、甲虫などの昆虫やクモがいた。またウサギや鳥のほか、細菌や真菌類もいたが[20]、植物はエニシダ一種だった。ソレとモントヤはコンピュータを使って可能な二種の組み合わせすべてについて、食物網のなかで両者を結びつけるには最短で何本の種間リンクをたどればいいかを算出した。一五〇種以上もあるのだから、シルウッド・パークの食物網の隔たり次数はきわめて大きく、おそらく五〇ないし六〇を超えるのではないかと思われた。ところが、ソレとモントヤが発見したのは、極端に狭い世界（スモールワールド）だった。鳥類と甲虫、あるいはクモと細菌の場合、どんな二種をとっても、典型的な隔たり次数は二ないし三だったのである。シルウッド・パークの生物たちが複雑に絡み合った食物網のタペストリーは、相互のつながりをなんとも密に織りこんだ布地でできていたのだ[21]。

ことによると、シルウッド・パークはふつうとは異なるのではないだろうか？　それを明らかにするためにソレとモントヤは研究範囲を広げ、ウィスコンシン州北部にあるリトルロック湖の淡水（湖沼）生態系で、一八二種からなる生物群集を調査した。また、イギリスのアバディーンの北約二〇キロメートルに位置するアイザン川河口でも、一三四種がかかわっている食物網を調べている。同じころ、カリフォルニア州立大学サンフランシスコ校のリチャード・ウィリアムズに率いられた別の研究チームが、世界各地の生態系から七つの個別の食物網をサンプルとして抽出し、検証をおこなっていた。そして二つのグループによる研究はいずれもまったく同じもの、隔たり次数二ないし三のスモールワールドを見いだしたのである。

　もちろん、農地内の小さな一区域は地球全体の生態系とはちがう。イリノイ州のキツツキ科の一種から南シナ海のエビまでの隔たり次数が三より大きいことも確かだ。それでも、クジラと魚類の多くの種はともに海に棲息しているのだし、多数の鳥類は大陸間で渡りをして、生物の世界をしっかり結びつけるうえで非常に重要な長距離リンクをもたらしている。地球全体の生態系では、隔たりの次数は二ではないかもしれないが、おそらく一〇を大きく超えることはないだろう。前に人間社会のネットワークやインターネットの例で見たことを考えれば、こうした発見は驚くべきものではない。しかしながら、これは従来の生態学の考え方とはまったく正反対のものである。これまでは、種間の「距離」は食物網の大きさにほぼ比例するとされていたからだ。

　スモールワールドの構造は、種間の比例的な距離の増大を防ぎ、生物の世界を緊密にまとまった状態に保っている。一つの種を間引いたとき影響がおよぶのは、餌になっていた種、競合関係にあった種、あるいは間引いた種を餌にしていた種だけではない。影響は四方に広がっていき、数段階で地球生態系のすべての種にあまねく到達することになるだろう。ウィリアムズとその同僚たちは次のように結論で述べている。「食物網内の大半の種は互いに『近辺に』位置し、おどろくほどの『スモールワールド』に存在していると考えられる。このような世界では、種どうしは潜在的に、少なくとも一本の短い栄養連鎖を通して相互作用をすることが可能である……このことは、種を加えたり、取り除いたり、あるいは変更したりした場合の影響が、大きく複雑な生物群集内部に広範かつ急速に伝播していくことを物語っている[22]」。

このように、生物群集はスモールワールドなのである。またコネクターによって特徴づけられている。こうしたネットワークをさらに分析するために、ソレとモントヤはシルウッド・パーク、リトルロック湖、アイザン川河口の食物網で、それぞれの種が他の種とのあいだに何本のリンクをもっているかに注目した。各食物網について、他の二種とのあいだにリンクをもつ種はいくつかあるか、他の三種とのあいだにリンクをもつ種はいくつかというように数えていき、結果をグラフにしたのだ。得られた曲線はいずれの場合もべき乗則にしたがっていて、裾の厚い分布パターンになっていることがわかった。本書ですでに何度もお目にかかったあのパターンである。もしも一〇〇の種が二本のリンクをもっていたら、四本のリンクをもつ種は五〇種で、八本のリンクをもつ種は二五種しかいないといった具合である。ある数のリンクをもつ種数は、そのリンク数が二倍になるごとに一定の比率で減少していく。減少率の正確な数字はさほど重要ではないが、このパターンは貴族主義的なネットワークに特有のもので、きわめて多くのつながりをもつ少数のハブ、すなわち食物網全体のリンクのうち不相応なほど大きな割合を保有している種が、卓越した地位を占めていることを示している。

したがって、生態系はたしかに人間社会のネットワークと似ており、スモールワールドという観点から見ることで、弱い結びつきが生態学的にどれほど重要なのかをより深く理解することができる。ハブないしはコネクターになっている種はいずれも、他の種とつながるきわめて多数のリンクを有している。その結果、そのリンクの大半は弱い結びつきのものとなるだろう。つまり、二種間の相互作用は頻繁には生じない。ネットワークのコネクターとなっている種が食物網全体に含まれる全リンク数のかなりの部分を占有しているのだから、食物網内のリンクの大半は弱い結びつきのものだということになる。別の表現をすれば、生態系で弱い結びつきが数のうえで卓越しているのは、生態系がスモールワールドの構造をしていることから直接生じたものなのだ。スモールワールドの構造になっていることで生物学的な安全弁が備わり、この弁の働きが、負荷(ストレス)を他の部分に分散させたり、歯止めの効かない捕食や競争によって種が次々に消えていくのを防いだりするのに役立っている。

この意味では、貴族主義的なスモールワールドの構造は、地球の生態系に安全性と安定性を与える自然発生的な源である。けれども、この洞察は必ずしも勇気づけられるものではない。インターネットの事例で見たように、この構造にはアキレス腱もあるからだ。

生態系を支える要石となっている種を探せ

生物全種の三分の二が棲息する熱帯雨林は、人間による開発のために、これまでにその半分近くが伐採されたり焼き払われたりしている。さらに五年から一〇年おきに、一〇〇万平方キロメートルの面積が消失しているとのことである。[23] こうして種の多様性が失われていくのは、世界全体にとってどれほど危険なことなのだろうか? もしも、健全な生態系はコネクターによって特徴づけられるスモールワールドの構造をしており、種間の弱い結びつきが生態系の安定性をもたらしているとすれば、地球全体での種数の減少は真に由々しき事態をもたらす恐れがある。というのは、生物の種が消えつづけていけば、単純な計算のとおりなら、地球の生態系に残った種どうしはこれまで以上に強く相互作用することになるからだ。

かりに、ある捕食者はかつては一〇の種を餌にしていたのに、いまでは六種しか口にできないとなると、この六種との相互作用は以前よりも強いものとなる。その結果、生態系の安定性は損なわれてしまうだろう。単純になった生物群集はまた、以前よりも外来種の侵入を受けやすくなるかもしれない。したがって、生物の種が消えつづけていけば、将来はますますひどい状況になると考えられる。ケヴィン・マケンが見ているように、「われわれの生態系が単純なものになるにつれて、外来種が侵入に成功する頻度は増すのみならず、その影響も大きくなると考えなければならない。保護のために学ぶべき教えは明白である。すなわち、(1)もし生態系とその構成要素である種を保存しようと思うなら、いちばん大事なのは、種はすべて神聖なものであるかのように事を運ぶこと。そして、(2)種が取り除かれたり（つまり、絶滅したり）加わったり（すなわち、種の侵入が生じたり）すると、生物群集の構造や動態に大きな変化が生じかねないし、結局は生じてしまうだろう、ということである」[24]。

スモールワールドがもたらす効果は、われわれの社会を一つの世界にまとめあげる点では有益かもしれない。しかし、生態学の観点から見ると、むしろ大きな問題を抱えている。どんな生物の種も互いにそれほど離れてはいないのだから、地球上のどこであれ、長期間にわたって人間活動の影響を受けずにいる種などまずいないだろう。おそらくもう、そんな種は一つも残っていないかもしれない。少なくともいま述べたことは、不用意に種を取り除くことに二重の意味で警告を与えている。たとえばカナダや日本の水産業者たちが主張しているような、目的の達成を「謀る」手段としておこなうなどもってのほかなのだ。

さらに、コネクターとなっている種をたった一種取り除いただけでも、とりわけ劇的な結果が生じることがある。なぜなら、取り除いた種とともに、安定をもたらしていた多数の弱い結びつきも消え去ってしまうからだ。生態学者たちはずっと、「要石(キー・ストーン)」となっているきわめて重要な種について論じてきた。こうした種を取り除いてしまうと、生物が作っているネットワークはカードで組み立てた家のようにバラバラに崩れ落ちてしまうかもしれない。スモールワールドの観点から見れば、コネクターとなっている種は要石のようなものである。そして、ソレとモントヤは、コネクターとなっている種を維持していくことがいかに重要かを実証している。かりに一つの生態系を選んで、そこから種を除去していったとしよう。徐々にではあるが確実に、生態系はバラバラになっていく。けれども、どのようにバラバラになっていくのだろうか? そして生態系を一つにまとめるうえで、もっとも重要なのはどの種なのだろうか?

こうした疑問に答えを見いだすべく、ソレとモントヤは再度シルウッド・パーク、リトルロック湖、アイザン川河口の食物網に注目した。彼らは生態系がどのように打撃を受けるかについて、二通りの状況を考察した。一つは、負荷——人間の活動、気候の変化などなんでもいい——が加わっている生物群集では数種が絶滅してしまうかもしれないが、どの種が絶滅するかは事実上ランダムに決まるというものである。コンピューターを利用して食物網から種がランダムに失われていく状況を模擬的に作りだしたソレとモントヤは、実際の生物群集がかなりよく持ちこたえられることを見いだして勇気づけられた。種が消えていっても食物網の「直径」はごくわずかずつしか大きくならず、中心にあって完全につながっている生物のネットワーク内では、残っている種の総数は徐々に減っていくだけだったのである。これは、たしかにいい話である。種がランダムに取り除かれていくのであれば、生態系はかなりよく耐えることができる。食物網全体をバラバラにすることなく、種のかなりの部分を取り除くことすら可能なのだ。

けれども、不安にさせられる話もある。種の除去がランダムではなく、いちばん多くのつながりを有する種から順次消えていくとしたらどうか？　ソレとモントヤは、生態系がたちまち惨憺たる事態になることを明らかにした。実際、多数のつながりを有する種の二〇パーセントを除去しただけで、食物網はほぼ完全に崩壊し、多数の小片に細分されてしまう。さらに、食物網が崩壊してバラバラになると、この分解が引き金となって多くの「二次的な絶滅」も生じる。他の種とのつながりをすべて失って、完全に孤立した状態になる種が出てくるからだ。こうしたシミュレーションは、何が重要なポイントなのかをはっきり示している。生物群集における真の要石は、きわめて多数のつながりを有して食物網のハブとなっている種なのである。

食物網の要石となっている種は、いわば生態系の制御中枢であり、保護活動の対象として最重要であることは明らかだ。かつて生態学者たちは、大型の捕食者が生態系の要石となる場合が多いのではないかと考えていたが、どうもそうではないようだ。ソレとモントヤは三カ所の生態系で、きわめて多数のつながりをもつ要石となっているのは、たいていは食物連鎖の中位にいる目立たない生物であること、また、食物網の最下位に位置する植物が要石となる場合もあることを明らかにした。このほか、上位の捕食者が要石となっているケースもあった。どの種が要石になる可能性があるかを決める明確な規則はまったくないらしい。規則性がないために、生態学者がいちばん重要な種を突きとめるのはさらに困難になるかもしれない。それでも、どう進めるのが最善かは見えてくる。要石となっている種を突きとめることは、ネットワークの構造を調べ、生物が作る組織的構造の要であるコネクターになっているのはどの種かを把握するのと同じことなのである。

ソレとモントヤがコンピューター上でやって見せたことを、地球レベルでの人類の活動は現実の世界でやっている。要するに、人類のやっていることは生態系の組織的な解体作業なのだ。理論面に関してほとんど知識がない以上、われわれにできるのは、生態系には人類の攻撃に耐えうる能力が備わっていることを願うことだけだ。われわれは何もわかっていないも同然で、はっきりわかっている数少ない事実は、われわれを不安にさせるものばかりである。われわれはやっと生態系をスモールワールドの視点から見るようになったところだが、この見方をすることで、少なくとも二、三、直観的に見通せることはある。それをもとに、要となっている種を突きとめ、種間の濃密な結びつきのより現実に近い構図を得ることができれば、生態系の破壊を軽微なものにする一助となるかもしれない。生態系の安定性を理解し、どうすれば人間と地球上の他の生物とのあいだの相互作用をいまより賢明なものにできるかを学ぶには、特定の生物種についての知識を得ることも重要だろうが、ネットワークを理解することも同じく不可欠のように思われる。

ネットワークという捉え方が大きな力を発揮するのは、こうした見方をすることでさまざまな状況の細部、つまりコンピューター、空港、あるいは生物などの細部を超えて透視でき、「舞台の背後で」作用している深遠かつ影響力の大きい組織化の原理を突きとめることができるからだ。自然界では、ネットワークを構成する個々の要素の性質が最大の問題になるケースはまれで、多くの場合、問題になるのは、ネットワーク内に存在する全体としての規則性——あるいは規則性の欠如——である。この発見はけっして新しいものではない。物理学者たちは一〇〇年以上も前から、氷と水の分子が同一のものであることを知っていた。冬に湖が凍ってスケートリンクに変わっても、それは、水の分子自体が変化した結果ではなく、分子が作る組織的構造のパターンが変化した結果なのだ。このネットワークとしての特性は、単一の水分子をいくら研究したところで予見できるものではない。

しかしながら、このようなネットワークの視点に立った見方がその真価を発揮するようになったのは、ここ一〇年のことである。なかでも物理学者たちは、物理学の新たな局面に足を踏み入れ、物理学がもはやたんに物理的な過程や物理的性質にかかわるだけのものではないことを実感するようになっている。液体、気体、電磁場など、ありとあらゆる種類の物質的なものだけが物理学の対象ではないのだ。じつのところ物理学は、より根源的なレベルでは組織的な構造を問題にしている。それは純粋形態の法則の探究である。

第10章 物理学で「流行」の謎を解く

ぼくが確信しているのは、過剰な意識が病気であるばかりか、あらゆる意識が病気だということだ。

フョードル・ドストエフスキー[1]

ソ連の秘密警察と理論物理学者ランダウ

ソ連の国家秘密警察機構、NKVD（内務人民委員部）の特別捜査員は、一九三八年四月二八日の夕刻、モスクワの有名な物理学問題研究所に所属する三人の物理学者を逮捕した。NKVDはユーリ・ルメル、モイセイ・コレツ、レフ・ランダウを二年余りにわたって監視しており、一九八〇年代になってKGB（ソ連国家保安委員会）が閲覧を許可したファイルによると、NKVDは、ルメルとコレツを「ランダウが率いる破壊的反革命組織」の構成員だとにらんでいた。逮捕劇が起こったのはスターリン一派による粛清の嵐がもっとも激しく吹き荒れた時期で、政敵や不満分子は片端から標的にされていた。直近の二年間だけで、推定では全共産党員の三分の一を優に超す八五万人もの党員と一〇〇〇万人前後の人民が銃殺刑に処せられるか強制収容所送りとなり、二度と帰ってくることはなかった。ランダウらの場合、NKVDは陰謀を企てた三人を有罪にできる十分な証拠を握っていた。捜査員は、ルメル、コレツ、ランダウがメイデー当日に配ろうと準備していた反ソヴィエトのビラを押収していたのである。[2] ビラに書かれた文言からして、三人に死がもたらされるのはほぼ確実だった。

同志諸君！

十月革命の偉大なる大義は無惨にも裏切られてしまった……何百万もの罪なき人民が投獄され、いつ自分の番が回ってくるか知るよしもない……同志諸君は知らないのか。スターリン一味はまんまと極右（ファシスト）クーデターをやってのけたのだ！　社会主義はもはや新聞の紙面に残っているだけだ。だが、その新聞も絶望的なほど嘘にくるまれている。スターリンは真の社会主義を激しく憎悪するがゆえに、ヒトラーやムッソリーニと同じになった。己の権力を守るためなら国家を破壊し、残忍なドイツ・ファシズムの格好の餌食にしてしまうのだ……。

この国の労働者（プロレタリアート）たちはかつてツァーと資本家どもの権力を打ち倒した。ファシストの独裁者とその一味も打倒できるはずだ。

社会主義を目指す闘いの日、メイデーよ、永遠なれ！

反ファシスト労働者党

ふつうなら、このようなビラに関係した者はだれであれ銃殺刑に処せられるはずだった。しかしながら理由は謎だが、三人の物理学者は助命された。コレツはグーラーグ（シベリア以北にあったソ連の強制労働収容施設）送りとなったが、一九五八年にモスクワに生還している。ルメルは科学・工学研究にあてられていた特別なグーラーグ刑務所に送られ、そこで一〇年を過ごした。一方、リーダーと目されていたランダウはモスクワ中心部にあるルビャンカ刑務所に連行され、六カ月後、すべてを告白した次のような文書に署名した。「一九三七年初頭に、私たちが到達した結論は次のようなものだった。共産党は堕落し、ソヴィエト政府はもはや労働者のためにではなく、少数の支配者集団の利益のために動いている。国家のために現政権を打倒しなければならない」。ランダウはそう認めたのだ。しかし意外なことに、ランダウは収監されたまま処刑を免れた。そしてその六カ月後、運命の女神は再度ランダウに味方することになる。一九三九年初頭、世界的に名を知られた物理学者ピョトル・カピッツァはソ連の首相ヴャチェスラフ・モロトフに手紙をしたため、実験室で奇妙な現象「超流動」を発見したこと、この現象を説明できそうな物理学者はランダウをおいて他にはいないことを告げた。このあとすぐ、ランダウは釈放されたのだった。

もしもソ連の国家安全機関が別の決定を下していたなら、今日の物理学はまったくちがったものになっていただろう。ランダウは数カ月のうちにカピッツァの発見した現象を説明し[3]、以後三十余年、天体物理学、宇宙論から磁性体の研究まで、事実上、物理学の全分野に足跡を残すことになる。ランダウは相転移に関してもまったく新しい革命的な理論を作り上げた。その理論は、物質がどのように形態を変化させるかを、物質の種類を問わず説明するものだった。変化する物質は、ジントニックのなかで溶けて水になる氷でも、舞台装置の上で白い煙のような蒸気に変わるドライアイスでも、なんでもいい。そしてランダウの理論は、根本的には一種のネットワーク理論だったのである。

このような相転移を説明し理解しようとするさい、ランダウの理論は、物質そのものは背景に押しやって、分子や原子が作る組織的構造という、より抽象的な要素に焦点を合わせる。ランダウの先見的な着想の結果、現代物理学の大半はいまや物質そのものを実際の問題にすることはなく、相互作用をする「もの」――原子、分子だけでなく、細菌や人間も当てはまる――からなるネットワークのなかに形態の法則を見いだそうとするようになった。スモールワールドという考え方は、ネットワークに関するこの広範な理論の一部にすぎない。そして、そのネットワーク理論がよりどころとしている深遠な事実を最初に示唆したのがランダウだった。彼が示唆したのは、相互作用をする「もの」の集合では、集団としての特性は多くの場合「もの」それ自体の性質にはたいして依存していないということである。

この章の後半でもう一度ランダウの着想に戻って詳しく検討するつもりだが、その前に、重要な問題を二、三、調べておくことは有益だと思う。いずれも、ランダウの着想が理解のための一助となりうるからである。マルコム・グラッドウェルが書いた本、『ティッピング・ポイント』は、多くの人たちの想像力をかき立てたと思われる。同書はアイデア、噂、犯罪の増加傾向をはじめとするさまざまな影響が、時としてウイルスの蔓延の仕方とよく似た形で社会全体に広がっていくという考えを検証している。突き詰めれば、この本が問題にしているのは、相互作用をする「もの」――同書の場合は人間だが――からなるネットワーク内での影響の広がり方なのである。理論物理学が宣伝や販売面に革命を引き起こしている思考法の支柱になりうるなど、想像するのも難しい。けれども、これから見るように、ランダウの理論を現代的に拡張すれば、そこには『ティッピング・ポイント』の結論がぴったり収まる場所があることがわかる。

ティッピング・ポイントという考え方

『ティッピング・ポイント』の中心をなす考えは、些細で重要とは思えない変化がしばしば不相応なほど大きな結果をもたらすことがあるというものだ。そう考えれば、急激に浸透していく変化は多くの場合どこからともなく生じ、産業、社会、国家の様相を一変させるにいたるという事実も説明できるというのである。この考え方の要点は、グラッドウェルが述べているように、「だれも知らなかった本があるとき突然ベストセラーに躍り出るという事実や一〇代の喫煙の増加、口コミによる広まり、さらには日常生活に痕跡をとどめるさまざまな不思議な変化を理解するいちばんいい方法は、こうした出来事を一種の伝染病と考えることである。アイデア、製品、メッセージ、行動様式は、まさにウイルスと同じように広がっていくのだ」[4]。この洞察は社会に急激かつ広範囲にわたって生じるさまざまな変化を説明する一助となるはずだ、とグラッドウェルは述べている。そこで、いくつか例を見ることにしよう。

アメリカのスウェード靴ハッシュ・パピーは昔からあるブランドだが、一九九四年初頭の時点では、年間の販売数は三万足前後の状態がつづいていた。ハッシュ・パピーはヘアカーラーとほぼ同じ運命にあり、アメリカ人の好みに関するかぎり、そのスタイルは文字どおり時代おくれもいいとこだと見られていた。少なくとも販売数が急上昇する一九九五年までは、だれもがそう思っていた。ところがこの年、製造元の販売数は四三万足を超え、翌年はさらに伸びたのである。売り上げの突然の上昇に結びつくようなことは何もしていなかったのだから、この事態は社の重役たちにとっても他の人たちと同じく、青天の霹靂だった。

ほぼ同じころ、ニューヨーク市に急速に広まった一つの変化も、同じように説明のしようのない不可解なものだった。一九九二年のニューヨーク市は犯罪にさいなまれていた。殺人事件は二一五四件、重罪事件は六二万六一八二件に達していた。住民たちはおびえて、暗くなってからはだれも通りを歩かなくなった。特に荒れた一部の地区には警官ですら立ち入りを禁じられた。しかしここでも、理由を正確に指摘することはできないのだが、状況は急激に変わりだしたのである。一九九七年には殺人事件の件数は六四パーセント減少し、重罪事件は半数に減った。警察は当然のように、警官を増員して新たな対応策をとったのがこの好結果につながったと主張した。しかしどこの大都市でも、市当局は毎年のように先頭に立って犯罪に厳しく対処すると宣言しているにもかかわらず、ニューヨーク市のような目覚ましい成果を達成したことは一度もない。この例では、どこにちがいがあったのだろうか？

グラッドウェルが説明を与えたいと思っている変化は、このような類のものである。一九八〇年代にシアトルで生まれてアメリカじゅうを席捲したグランジ・ミュージックや、一九九〇年代の初めにまるで悪性の疫病のようにバルカン半島に蔓延した民族浄化のことを思い出してほしい。あるいは、一九九二年の大統領選で、大波のような支持の高まりが、少なくとも一時期ロス・ペローを第三政党の候補者として激しい選挙戦の渦中に巻き込んだことを考えてほしい。

アイデアやさまざまな行動様式が人から人へと伝わっていくことは、神秘でもなんでもない。実際、このことが認識されたのはずっと以前にさかのぼる。財政家のバーナード・バルークが示唆したように、「あらゆる経済の動きを促進しているのは、本質的には群集心理なのである。集団思考についての十分な認識がなければ……いかなる経済理論も十分と言える域にはほど遠い……。いつも思ってしまうのだが、ときどき人々が熱狂におちいるのは、人類をさいなむものではあるけれども、何か人間性に深く根ざした特質を反映しているにちがいない……。それは、まったく理解し難い力ではあるが……うつろいゆく出来事に正しい判断を下すには、この力について知ることが必要なのである」[5]。バルークの言う「人間性に深く根ざした特質」とは、まわりに影響されやすく、人のまねをしたがることとほぼ同義である。一六三〇年代のオランダではチューリップ熱（マニア）が国じゅうに蔓延し、需要を呼んだあげく、ごくふつうの品種の価格ですら二〇倍以上に跳ね上がった。急激に下落するまでの一時期、たった一個のチューリップの球根が農場の一等地五ヘクタールと同じ値段で売れることもあった[6]。金や投資に関しては、歴史はまさに投機バブルが連なった長い糸と言えよう。人間の行動が他人にうつりやすいことが、こうしたバブルの原動力なのだ。数年前にナスダック市場で「ドットコム」企業の株価が劇的に乱高下したのを考えるといい。こうした現象は、大急ぎで大勢にしたがおうとする、いわゆる「バンドワゴン効果」と呼ばれているものであり、信念が波紋のように伝播していくことに突き動かされて生じるのである。

いまから二五年ほど前、進化生物学者のリチャード・ドーキンスは、思想やアイデアが広まっていく筋道には遺伝のような要素があるかもしれないと示唆した。遺伝子が世代から世代へと受け渡されていくのと同じように、アイデア——ドーキンスは、アイデアは「ミーム」と呼ぶ自己複製子の一種だとしている——も受け渡されていくのではないかと提案したのである。「楽曲や思想、標語、衣服の様式、壺の作り方、あるいはアーチの建造法などはいずれもミームの例である。遺伝子が遺伝子プール内で繁殖するに際して、精子や卵子を担体として体から体へと飛びまわるのと同様に、ミームがミームプール内で繁殖する際には、広い意味で模倣と呼びうる過程を媒介として、脳から脳へと渡り歩くのである。科学者がよい考えを聞いたりあるいは読んだりすると、彼は同僚や学生にそれを伝えるだろう。彼は、論文や講演の中でもそれに言及するだろう。その考えが評価を得れば、脳から脳へと広がって自己複製するといえるわけである」[7]〔訳文は日高敏隆他訳『利己的な遺伝子』（紀伊國屋書店）より引用〕。当然ながら、必ずしもすばらしいアイデアだけが広まるわけではない。病的なものも同じように広まる。キャベツ畑人形やビーニー・ベイビーの大流行を考えてほしい。個々の人が他人に影響されることなく、自分がどう行動するかを理性的に決めるような社会であったなら、あのような現象は存在しえただろうか？　あるいは、グッチマニアがあの生地を好むようになったのは、一人でじっくり考えて、なんて素敵なんだろうと判断してのことだろうか？　もちろん、そうではない。広告産業が巨大なのにはそれなりの理由がある。人々の考えや欲望に影響を与えることができるからなのである。

欲望やアイデアが伝染病のように人の心から心にうつりやすいという事実は、これまでとはちがう広告理論、すなわち「許諾販売（パーミッション・マーケティング）」と呼ばれるものの基礎にすらなっている。テレビ、ラジオによる広告や掲示板などは無視するのだ。これらの媒体では、消費者はメッセージを受け取るためにしばらく釘づけにならざるをえず、人質になっているようなものだ。広告の新たな手法は、感染性の欲望やアイデアを作りだし、人の心から心へひとりでにうつっていくようにすることである。このテーマに関する最近の本のカバーの文句は、企業にこう教えている。「世間の人たちへのマーケティングを止めること！　アイデアを伝染性のものに変え、消費者がマーケティングの代行をしてくれるのを手助けすればいい」[8]。広告を出す側はますます、アイデアや欲望が頭から頭へ移動していくことを当てこむようになっているが、こうした移動こそがまさに流行（ファッション）──一種独特の「カッコよさ」と蔓延する勢いのゆえに、欲望をかき立てる何かが生じること──の不可欠の要素なのである。

しかし実際のところ、欲望やアイデアの広まりと伝染病との対比におおざっぱな類推（アナロジー）以上のものがあるのかどうか、いぶかしく思ったとしても不当ではないだろう。ファッションやアイデアはほんとうにウイルスのように広まるのだろうか？　そして、突然流行しはじめる可能性を秘めたものなのだろうか？　どんな判定を下すにせよ、まず感染症の広まり方を理解しておかなければならない。

ほんの些細なことから感染症は蔓延する

一九九〇年代の半ば、ボルチモア市の旧市街地は深刻な梅毒の流行に見舞われた。一九九三年以前は、市の保健衛生の担当部署が確認していた患者数は毎年一〇〇人前後だった。ところが二年のうちに患者数は突然四〇〇人近くに膨れ上がり、胎内感染して産まれてくる新生児の数は五倍に跳ね上がった。[9] 年ごとのボルチモア市の梅毒患者数をグラフにしてみれば、水平だった線が一九九五年に急上昇しているのがわかる。この二年間に何が起こっていたのだろうか？

原因の一つにあげられるのは丸薬状にした高純度のコカイン、クラックである。一九九〇年代の初期、アメリカではどこの市もコカインの急増と闘っており、ボルチモアも例外ではなかった。コカインは梅毒の原因ではないが、コカインの使用に伴う性行為のなかには人々のあいだに梅毒が広まるのを助長しかねないものがあった。[10] 他にも寄与した要因がある。一九九三年から九四年にかけて、ボルチモア市は性感染症を扱う病院の医師を三分の一に削減してしまった。医師数の減少は、抗生物質による治療を受ける患者数も減ることを意味する。罹患者はそれまでより長い期間梅毒をうつしやすい状態におかれ、より多くの人に広めていたのである。

市当局が街の美観の改善を計画していたことも、折悪しく影響をおよぼすことになってしまった。一九九〇年代の初め、ボルチモア市はそれまでの公共住宅供給計画の多くを白紙に戻し、ダウンタウン地区にあった棟続きの共同住宅（ロウハウス）を何百棟も板張りでふさいでしまった。この地区は薬物使用と売春の温床となっていて、疫学の専門家ジョン・ポッターラットが示唆したように、住人たちの移転が恐ろしい結果をもたらしたのだった。「長いあいだずっと、ボルチモアでは梅毒は特定の地区でしか見られず、ごくかぎられた性的関係のネットワーク内に限定されていた。住居移転の過程はこれらの人々の他地区への移動を助長し、梅毒やその他のさまざまな問題もいっしょに移っていくことになったのである[11]」。

医師たちが梅毒流行の背後にある原因と見たのは、このような出来事だった。どれ一つとして、爆発的な流行を説明できるほど劇的なものには見えないかもしれない。少しずつ変化が積み重なっていっても、ふつうは重大な出来事の原因になることはないからだ。けれども、この点が『ティッピング・ポイント』の本全体を通じての議論の要になっている。原因について前述の考えを提唱したのはアトランタの疾病管理予防センターの疫学者と医師たちで、彼らは感染症対策に精通している。そして彼らは、感染症の場合には、ほんの些細な作用が驚くような結果をもたらすことがあるのを熟知していたのだ。

ある病気が悪夢のように流行しはじめるか、それとも静かに消えていくかは何によって決まるのだろうか？　病気のなかには人から人に比較的うつりやすいものもある。インフルエンザの場合、病院の待合室をウイルスだらけにして、そこにいる人たちを感染の危険にさらすには、咳とくしゃみだけで十分だ。一方、梅毒の原因菌である梅毒トレポネマは細菌自体はきわめて弱く、人から人にうつるには性的な接触が必要となる。伝染病の広がりには人口も関係してくる。インフルエンザが広まりやすいのが、人口の希薄な田園地帯よりも人が密集した都市部なのは、たんに人から人にうつる機会が多いからにすぎない。

実際、人がすぐそばにいることが冬に風邪をひきやすい理由なのだ。祖母あたりからこんな話をたびたび聞かされたのではないだろうか。「よそ様に冷たくしてりゃ、風邪なんかひかないよ」。冬に風邪をひくことが多いのは、みんなが室内にたむろして間近でくしゃみをしたり、唾をとばしてぺちゃくちゃしゃべりまくったり、ぜいぜいと息をすることで、ウイルスが活躍する絶好の機会が与えられるからである。

入り組んだ細かな事柄のすべてが、病気の広まり方に影響をおよぼす。どのくらいの頻度で人はその病気にかかるのか？　その病気はチャンスがあれば、どのように巧みに人から人へと移動するのか？　かかった人はどのくらいの期間、他人にうつしやすい状態にあるのか？　回復したあとは免疫になるのか、それともまたかかることがあるのか？　インフルエンザや梅毒、あるいはＨＩＶ（ヒト免疫不全ウイルス）がどのように広がるかを推測するには、ワクチンによる計画的な免疫化などの公衆衛生対策はもちろん、生物学や免疫反応に関する複雑な問題も取り込まなければならない。けれども、状況は必ずしも見た目ほど複雑ではないのである。

細部は手に負えないほど複雑であるにもかかわらず、疫学の専門家たちは、流行するかしないかには明確な境界点があることを知っている。どんな病気でもこの境界点を越えなければ大きな問題になることはない。問題の核心は、一人の人間が感染したとき、その人物が直接感染させる人は平均すると何人になるかということなのである。

問題は感染者が新たに何人に感染させるかだけ

数学上はきわめて単純だ。もしも一人の感染者から生じる二次感染数が一より大きければ感染者の数は増し、その伝染病は急速に広まることになる。逆に一未満であれば病気は終息していく。そしてもう一つ、ありそうもないことだが、少なくとも理論上は、感染した一人の人間から病気をうつされる二次感染者の数が平均するとぴ<ruby>っ</ruby>たり一人になるという第三の可能性が考えられる。このときには伝染病はかろうじて命脈を保って消えずにいるぎりぎりの限界点にある。この限界点よりも上であれば、病気は広まって多くの人が感染するし、下であれば勢いは弱まり、最後には完全に姿を消す。この平衡点こそが「ティッピング・ポイント」なのである。

このような意味では、病気の広がり方は核分裂反応に非常によく似ている。ウランの塊が小さければ、どうやっても「臨界量」にはならない。ウラン原子一個が分裂すると、中性子が複数放出される。この中性子が他のウラン原子核に衝突すればその原子核を分裂させることができる。しかし、ウラン塊が小さく臨界量になっていない場合、中性子は他の原子核に衝突することなくウラン塊の外に出てしまい、その結果、中性子の放出が引き金となって次に核分裂が起こるウラン原子の数は平均では一未満となる。したがって、とめどなく進行する連鎖反応は、どうやっても始まることがない。けれども、ウランの塊が臨界量以上に大きいときは注意が必要だ。一個のウラン原子の分裂によって放出された中性子は二個以上の原子の核分裂を引き起こし、反応が反応を呼ぶことになるからである。

あまりにも単純すぎて事実とは思えないかもしれないが、他に類のないほど複雑な疫学モデルでも、これとまったく同じパターンが明らかにされている。根本的に異なる二つの状況のあいだには、明確な遷移が存在するのだ。疫学者たちは非常に手の込んだモデルを作って、ありとあらゆる複雑な要素を取り入れている。人々の社会的行動や性行動はまったく同じではなく、なかには他人に病気をうつす機会が相対的に多い人もいる。こうした細かい要素をモデルに取り込むこともできる。また多くの病気では、感染した人はつねに他人に病気をうつすわけではなく、相対的にうつしやすい時期というものがあるかもしれない。一例をあげると、ＨＩＶ感染者の場合、感染後の最初の六カ月間は他の時期よりもウイルスをうつす恐れがきわめて高い。疫学者たちは数十年にわたって、これらをはじめとするさまざまな細かい要素を取り入れたモデルで徹底的な研究をおこない、こうした要素が複雑だからといって、ティッピング・ポイントが消滅することはないのを明らかにしている。どんな場合でも、ティッピング・ポイントは存在するのである。

こうした事実をもとにすれば、疾病管理予防センターの研究者たちが、ボルチモア市での梅毒流行の原因として、社会や医療の実情がほんの少し変化したことをあげた理由がわかる。病気がティッピング・ポイントを越えるには、ほんのわずかな変化が生じるだけで十分なのだ。一九九〇年代の初期、ボルチモア市の梅毒はもはや消滅の瀬戸際にあったのかもしれない。一人の感染によって引き起こされる二次感染者数は平均では一未満であり、したがってこの病気は押さえ込まれた状態になっていたのかもしれないのだ。けれども、このときにクラックの使用が増加し、医師数が減少し、さらに市の一定地域に限定されていた社会集団が広い範囲に転出したために、梅毒は境界を越えてしまった。梅毒をめぐる状況は大きく「傾いた（ティップト）」のであり、こうしたいくつかの些細な要因が大きな差異をもたらしたのである。

このような考え方は、原子炉の安全装置や公衆衛生対策の多くの基礎となっている。そこで意図されているのは、核反応や疾病がティッピング・ポイントを越え、制御が効かない状態になってしまわないようにすることである。言うまでもなく、このような見方は、中性子やなんの意識ももたずに人々のあいだをうつっていく病気に対しては非常に道理にかなっている。しかし、ハッシュ・パピーとその販売数の急上昇、あるいはニューヨーク市の奇跡的とも言える犯罪の減少ともほんとうに何か関係があるのだろうか？　同じような構図がアイデア、ファッション、意見などのもっと漠然としたものの動きにも当てはまるのだろうか？　そこに科学の出る幕はあるのか？　つまるところ、アイデアや製品、メッセージはウイルスとはちがう。もしかすると、ウイルスとはまったく異なる広がり方をするのではないのだろうか。

しかし、これから見るように、グラッドウェルは十中八九、正鵠を射ているように思われる。「アイデア・ウイルス」という概念について判定を下すさいに真に問題となるのは、細かいことがどの程度の重要度をもつかだが、生まれたばかりのネットワークの科学は、どうすればこの問題が明らかになるかを教えてくれる。アイデアの広がり方の法則を把握するのは難しいかもしれない。広まっていく過程のなかに何か数学的な確実性を突きとめることなど、ほとんど不可能に近いように見えるかもしれない。だが、けっしてそんなことはない。実際、ネットワーク理論、そして特に前述したソ連の物理学者レフ・ランダウが得た印象的な洞察は、『ティッピング・ポイント』の発想に確固たる基盤を与える。もしそうした基盤がなければ、同書の発想はどんなに刺激的なものであっても、漠然とした印象を与えてしまっただろう。

氷ができる過程の物理とティッピング・ポイント

レフ・ランダウが魅力を感じたのは、物理学のなかでも、物理学者を除く一般の人々にとっては恐ろしく退屈に感じる部類に属すものだった。だれもが知っているように、水が凝固して氷になるとき、実際には水の分子そのものはなんの変化もしていない。この変化は、分子がどのような振舞いをするかによる。氷のなかの分子は、ひどい渋滞に巻き込まれて身動きがとれなくなった自動車のように、ある位置にしっかりと固定されている。一方、水（液体）のなかでは、分子は固体のなかよりも自由に動き回ることができる。同じように、ガソリンが気化して蒸気になるときや、熱した銅線が溶けるとき、あるいは無数の物質がある形態から別の形態に突然変化するときも、原子や分子は同じであり、変化するわけではない。いずれの場合も、変化するのは、原子や分子の集団が作る全体としての組織的構造だけである。

なぜ、鉄でできた磁石片を摂氏七七〇度まで加熱すると突然磁力が消えてしまうのだろうか？　このような疑問に答えるためには、ある組織的構造が別の構造に取って代わられる仕組みを問題にしなければならない。それには、このような変化を引き起こす原因を突きとめなければならないのだが、このことは物理学者たちには一〇〇年以上も前からわかっていた。

日常の生活では些細なことが問題になる場合が間々ある。小切手を切るときは口座に十分な残高がなければだめだし、保険契約約款の細目を軽々しく無視してしまう人はまずいない。科学でもふつうは細部が問題になる。なんと言っても、ヒトの遺伝子のたった一個の変異でも、嚢胞性繊維症が発症する可能性があるのだ。突然のように生じる相転移の秘密を探るためには、ありとあらゆる非常に細かい事柄にも取り組まなければならない。分子の形や大きさも関係するし、原子や分子の電子に関する量子力学など、数えあげればきりがない。しかし、たとえそうであっても、ランダウは大胆にも、細こうした細かい事柄の大半はまったく問題にはならないと論じたのだ。ランダウが目論んだのは、細かい事柄の大半はいっさい気にせずに無視して、一つの単純な理論にまとめることであり、この理論なら、考えられるこの種の問題をすべて一気に片づけられるはずだった。

驚くにはあたらないが、ランダウの理論はやや抽象的な形式をとったものだった。ランダウは、少数のごく一般的な力が影響をおよぼすと考えた。たとえば、物理学者にとって、熱は広い意味では原子の激しく無秩序な運動にほかならない。したがって、温度が高くなればなるほど秩序とは反対の方向に進み、高温になるほど、秩序のあった状態がバラバラに壊されてしまう傾向がある。逆に温度が低くなればなるほど、原子は一体となって作用をおよぼしやすくなり、そのため組織的構造化を促進する傾向がある。ランダウは、このような組織的な構造へ向かう動きと、組織的な構造が崩れる方向へ向かう動きに注目することで、秩序と無秩序とのあいだの根本的なせめぎ合いを表す一連の関係式を作り上げた。ランダウの考えでは、これらの式は、あらゆる物質で生じるどんな相転移についても、転移のさいのきわめて重要な魔法を表現しているはずだった[12]。

ランダウの取り組み方はまさに最高の理論物理学そのものだった。大きなスケールで考え、そし努めて大胆に、膨大な量にのぼる不明確な点をごくわずかの手順で一掃してしまうのである。ランダウの理論は、もうちょっとで完璧というところまできていた。ただ、いまにしてみると、ランダウはあまりにも大胆に細部を無視しすぎてしまった。ランダウが誤りを犯した点を正し、無視することができない細かい事柄はどれかを明らかにするには、二〇世紀の第一級の科学者たちの何人かが三〇年余りの歳月をかけて研究をつづけなければならなかった。では、その結論はどうだったのか？　相転移はただ一種類だけではなかったのだ。相転移には、少数とはいえ種類の異なるものが存在する。それでも、ランダウは基本的には正しかった。たとえ周期表には一〇〇種を超す元素が載っているにしても、そしてそれぞれの原子が固有の性質をもつがゆえに、世界はかくも豊かで変化に富んだ場になっているにせよ、原子や分子の集団の状態変化に関しては、わずか数種類の変化の仕方（レシピ）があるだけなのだ。組織的構造の変化を扱う普遍的な理論が存在するのである。[13]

こうした相転移は、ティッピング・ポイントとどのように結びつくのだろうか？　ランダウの考えを現代的に拡張した理論は、臨界現象の理論と呼ばれている。「臨界（クリティカル）」という言葉は、ある特異な条件との関連でつけられたもので、このとき物質は、二種類の組織的構造の完全な中間の状態にあって平衡を保っている。たとえば、このような条件下にある水は気体でも液体でもない。このような状態を臨界状態と呼ぶのは、この状態が二つのまったく異なる状況を隔てる稜線になっているからだ。粗い見方をすれば、ある意味では臨界状態はティッピング・ポイントにちょっと似ているように思われる。だがこの類似点（アナロジー）は、実際にはちょっと似ているどころではない。

ここ二〇年で相転移の理論はランダウの理論をもとにさらに発展をとげ、現在では新たな形を獲得して、組織的構造に見られる変化――あるパターンから別のパターンに変化する現象――だけでなく、たえず変化している現象にも適用されている。つまり、新たな形態を獲得した理論は、静的で何もなかった状態から劇的な変化がつづく状態への移行の局面にも適用できるのだ。この局面こそまさしく、ティッピング・ポイントが関係してくるところである。こうした考え方は物理学のなかでも難解な分野の最前線に位置していて、数学を使わずに表現するのは容易ではない。けれども、もう少し先まで進む価値があるのは、こうした考え方は、さまざまな影響が文化のなかをどのように広まっていくかを扱う社会学に、実際に影響をおよぼすかもしれないからである。

ここでもまた、ランダウの相転移のケースと同じように、細かい問題はまったく関係してこない場合が多いことを物理学者たちは見いだしている。

流行には必ずティッピング・ポイントが存在する

物理学のこの分野の中心に位置しているのは、「コンタクト・プロセス」と呼ばれるちょっとしたゲームである。これは次のように進めていく。格子状の枡目の一つ一つを人間と考え、病気に「感染している」人もいれば「感染していない」人もいるとする（図19）。この状態を、想像上の世界がある瞬間にとる姿だと仮定し、次のようなやり方で進展させていくのである。まず一人をランダムに選ぶ。もしこの人物が病気に感染していれば、いずれは回復して感染状態ではなくなる。一方、感染していない人物を選んだ場合、この人物は病気に感染する可能性があり、その可能性はすでに感染した人が周囲に何人いるかに左右される。たとえば、感染する見込みを、「一〇パーセント×周囲の病人の数」と設定することもできるだろう。したがって、隣人に病人が三人いる人は感染する確率が三〇パーセントということになるし、隣人のだれも病気にかかっていないなら、感染しないですむことになる。

このゲームを実行するには、任意に人物を選び、状況に応じてその人物がおかれている環境を変えつづけるだけでいい。ここで基礎となっている考え方は、感染症の広がる傾向が存在すると同時に滅へ向かう傾向も存在するというもので、どちらが優勢かによって興味深い変化が生じる。コンピューターでこのゲームをおこなうと、感染する確率が小さい場合には――病気の隣人数×一〇パーセントがその例だ――病気は徐々に消えていき、枡目のなかの人は全員健康になることがわかる。これは病気が完全に終息した状態である。一方、感染する確率が十分に高ければ、感染症はしつこく広がっていって、けっして消えることはない。したがって、病気には存続していくための厳密な閾値があることになる。

この状況には、明らかにティッピング・ポイントとの類似点がある。何かが消えていく状況がある一方で、消えていくことのない別の状況があり、また、動きのほとんど見られない世界が存在する一方で、いつまでも活発に動きつづける別の世界が存在する。ここで説明したゲームには、固有の約束事（ルール）がいくつかあるが、病気に関するかぎり、さらに現実に近いものに改良するためにルールを変えるのは簡単だし、わずかな変更でいっそう精密なゲームを提示することも容易にできるだろう。では、アイデアや技術上の新機軸、犯罪行為の広がりをモデル化するためにルールをさまざまに変え、そうした状況の基本的な属性に極力似せてみてはどうだろうか。物理学者たちはこのようなゲームを多数研究しているので、それらをもとにすれば問題の急所に到達することができる。

われわれの複雑な社会は多様で変化に富んでいるのがつねだから、ふつうに考えれば、ルールの変更はゲームの進み方にありとあらゆる影響を与え、動きのない状態から活発な動きの見られる状態が生じるのには何千という道筋（シナリオ）があることが明らかになると思うかもしれない。ところが、どうもシナリオは一つしかないらしい。物理学者たちがこれまで明らかにしてきたことはいずれも、どのように

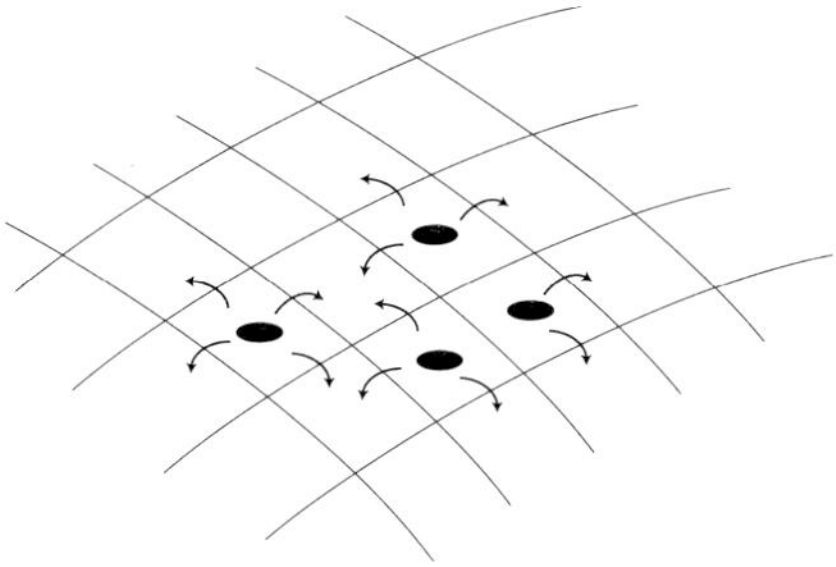

図19　コンタクト・プロセス。病気の広がり方の単純なモデル。

ルールをねじ曲げたところで、つねにはっきりとしたティッピング・ポイントが存在することを示している。さらに、ティッピング・ポイントよりわずかに上のところでは「感染」がどのくらい遠くまで広がる傾向があるかとか、逆に、わずかに下のところではどのくらい速やかに消えていく傾向があるかといった特徴も同様なのである。あたかも、影響の広がり方の細かいちがいは、最終的な状況の進展になんの影響も与えないかのようだ。[14] したがって、アイデアをめぐる心理学や社会学についてのは、わずかというかほとんどわかっていないに等しくても、ティッピング・ポイントの存在は数理物理学によって保証されていることになる。細部がどうなっているのかわからなくても、それらはいずれもティッピング・ポイントが存在するという問題には関係してこない。

数学がこれほど確実に適用でき、しかもこれほど威力を発揮する社会現象はそうめったにあるものではない。ティッピング・ポイントの基本的な考え方には異論をさしはさむ余地すらない。たしかに、なぜアイデアには有効になるものもあれば、そうはならないものもあるのかは、だれにもわからない。アイデアを広めるうえでだれがいちばん大きな役割をしているのか、あるいはどんな類のアイデアや行動なり、製品なりが消えていく運命にあるのかもわかっていない。こうした問題についてなら、果てしなく議論することができるだろう。だが、ティッピング・ポイントの存在に関するかぎり、このような問題はなんら影響しない。どのようにして振舞い方や信念といったものが生まれるのかや、どのようにして人の頭から頭へ動いていくのかは問題ではなく、こうしたものが動いていくことができるという事実があり、しかもそこには物理学から得られた注目すべき結果が結びついているというだけで十分なのである。

ここまで、スモールワールドという考え方にはいっさい言及してこなかったし、この考え方が影響の広まり方という構図のどこに当てはまるのかについても触れなかった。グラッドウェルは、影響を広めるという点では社会におけるコネクター、すなわち非常に多数のリンクをもつ少数の人物が、不相応に大きな役割を演じていると示唆した。これが正しいことは確かだろう。しかし、コネクターが実際に影響の広がり方やティッピング・ポイントの特性にどのような影響を与えているのかは、明らかというにはほど遠い。それでも研究者たちはすでに、スモールワールドの理論と、ランダウの普遍的理論の流れを汲む最新の理論とを結びつけることに成功している。そこから得られた結果は、いくつか憂慮すべき側面があるとはいえ、希望がわいてくる新たな展開をもたらすものである。

第11章

エイズの流行とスモールワールド

エイズから汲み取らなければならない教訓が一つある。それは、世界のどの地域の健康問題も、たちまち、多数どころかすべての人の健康への脅威になりかねないということである。これまでになかった病気の突然の流行や以前からあった病気の異常な広がりを素早くキャッチするには、世界規模での「早期警戒システム」が必要だ。真に地球レベルで機能するシステムがなければ、われわれは無防備も同然で、自分の身を守るには幸運に頼るしかなくなってしまう。

ジョナサン・マン[1]

スモールワールドでは感染症の脅威が増大する

第一次世界大戦前の二〇〇年のあいだに、イギリス人の平均寿命が一七歳から五二歳に急激に上昇したのは、主として栄養状態と衛生状態が改善され、大気と飲み水がきれいになったためだった。これによって、多くの子どもが麻疹(はしか)や結核で死なずにすむようになったのだ。二〇世紀に入ると、抗生物質が発見され、ワクチンも開発されて、アメリカでは感染症による死亡率は数千分の一になった。

たとえばポリオの症例数で見れば、一九五二年には五万八〇〇〇件ほどあったのが、一九六五年には七二件にまで減少している。まさに、医学界に楽観主義が大手を振ってまかり通った時代だった。一九七〇年には感染症の撲滅はもう時間の問題のように見え、アメリカ公衆衛生局局長のウィリアム・H・スチュワートは自信たっぷりに、「そろそろ感染症に関する本をしまってもいいのではないか」と述べた[2]。予想どおりそれから一〇年もしないうちに、医療従事者たちは致死的な天然痘ウイルスを地上から完全に一掃し、最後の数株だけが標本としてアトランタにある疾病管理予防センターの研究室に厳重に保管された。

今日、先進国では、以前のように感染症が主たる死因となることはなくなった。公衆衛生の専門家たちの自負心も、もっともなことだと言える。しかし、彼らは警戒を怠らず注意も払っている。というのも、二一世紀に入って自然が抵抗を見せはじめているからである。

発展途上にある地域ではいまだに四人に一人が結核、肺炎、マラリア、麻疹などの感染症で命を落としており、感染症による死者は毎年一〇〇〇万人を超す[3]。さらに、アメリカやヨーロッパにおいても、生物の営みは新たな凶器を生みだしている。きわめて強力な薬剤にも抵抗する機構を備えた致死的なウイルスや細菌の登場だ。たとえば、病原性大腸菌Ｏ１５７：Ｈ７型は、生物の世界に登場したまったく新たな細菌で、いままでそれほど問題になることのなかった大腸菌Ｏ１５５型が遺伝的に変異して生まれた強化版である。大腸菌Ｏ１５５は過去数十年のあいだに、抗生物質への耐性を巧みに作りだしてきた。このＯ１５５の突然変異種で、加熱が不十分な牛肉などにコロニーを作るＯ１５７：Ｈ７は、さらに危険な毒素を産生する遺伝子をもつようになり、この菌による食中毒で病院に運ばれる患者は毎年数百人にのぼっている。

これよりさらに深刻なのは、後天性免疫不全症候群、いわゆるエイズの恐ろしさである。保健衛生機関の監視網によって初めて出現が確認されてから二〇年のうちに、エイズの流行は最悪の事態にまで進んでしまった。一九九一年に世界保健機関（WHO）がおこなった推定によると、二〇〇〇年までに世界じゅうで一八〇〇万人前後の人々がこの病気にかかるとされていたのだが、実際には、エイズにかかった人の数は三六〇〇万人で、すでにそのうちの半数近くが死亡したことが明らかになっている。サハラ以南のアフリカの国のなかには、現時点での感染者が全人口の二〇パーセントを超えているところもある。国連とWHOが二〇〇〇年一二月に提示した報告書によると、「一大陸が他のどの大陸よりもはるかにエイズに冒されていることは、あまりにも明白である。アフリカには、世界の全エイズ患者のうち、成人の七〇パーセント以上、子どもでは八〇パーセント以上の患者が暮らしている。エイズの流行が始まって以降、この病気で死亡した人は世界で二〇〇〇万人を超すが、そのうちの四分の三はアフリカに眠っている……サハラ以南のアフリカは、このウイルスによって地域社会全体が壊滅の脅威にさらされている」[4]。アフリカの八カ国では、全成人の少なくとも一五パーセントがエイズに感染しており、ウガンダ、ルワンダ、タンザニア、ケニアなどの国々の場合、現在の一五歳の人口の三分の一は、いずれエイズのために命を落とすことになってしまうだろう。

エイズを引き起こすヒト免疫不全ウイルス（HIV）を防ぐワクチンはまだない。さらに、このウイルスはすぐに突然変異を起こしてしまい、研究者たちは目標を絞ることができないので、どうやってもワクチンはできないのではないかという懸念すらある。エイズの流行が自然に消えるまでに、第二次世界大戦よりも多くの人命が失われてしまうのは確実である。医学と生物科学は何世紀ものあいだ目覚ましい進歩を遂げてきたにもかかわらず、現在は人類の歴史における暗い一時期なのである。

現代はもはや楽観的でいられる時代ではなく、世界的規模での疾病の時代である。ハーヴァード大学の疫学と免疫学の教授だった故ジョナサン・マンは次のように書いている。「世界は急速に、新旧いずれの感染症にも見舞われやすくなってしまった。さらに重要なことに、感染症の世界的な蔓延も起こりやすい状態になっている……こうした状況を推し進めた要因は、人や物やアイデアの移動が世界規模で劇的なまでに増えたことである……生命を脅かす微生物を宿している人でも簡単に飛行機に乗れるので、症状が出たときには別の大陸に着いているということもある。飛行機自体あるいは積荷が、昆虫などの病原性微生物の媒介者を新たな生態環境に運んでしまう場合もある」[5]。

マンが指摘した感染症に対する脆弱性が生じるのは、世界がスモールワールドの構造になっていて、世界的な航空網によって結びつけられていることからすれば当然と言える。けれども、われわれの社会の構造そのものが、病気の広がり方にもっと微妙な形でさまざまな影響をおよぼすことが明らかになっている。実際の社会の構造がどのようになっているかを直視するだけで、エイズの蔓延を阻止するのがどれほど難しいかがわかる。けれども同時に、構造をより深く理解すれば、この問題にどのように取り組むのが最善なのか、有力な手がかりが見えてくるかもしれない。

HIVはどこからやってきたか

ＨＩＶはどこで生まれ、どのようにして、世界を覆う有毒な靄のように広がったのか？　細かい点についてはまだ多くの異論があるが、研究者たちによって基本的な状況は把握されている。科学捜査の専門家がＤＮＡを証拠として、現場に残された血だらけのワイシャツと容疑者とを結びつけるように、生物学者たちはＤＮＡを利用することで、このウイルスの出所を突きとめることができる。

実際には、エイズウイルスは一種類ではなく、ＨＩＶ－１とＨＩＶ－２の二種類がある。この二種のウイルスは、遺伝子および構造の細部が微妙にちがっているだけでなく、引き起こす疾患にもちがいがある。世界じゅうに蔓延している病状の大半はＨＩＶ－１によるものである。ＨＩＶ－２のほうは、アフリカ西部に住む住民の大半に蔓延しているが、ＨＩＶ－１に比べると検出されにくいことがわかっている。さらにＨＩＶ－２の感染者は、ＨＩＶ－１の感染者よりも生存期間が長く、症状も比較的穏やかな傾向が見られる。いずれのウイルスについても一九九〇年にＤＮＡの塩基配列が突きとめられ、生物界での容疑者探し、すなわち別のウイルスでＤＮＡのパターンが一致するものを探す調査が始まった。意外なことに、きわめて疑わしい二種のウイルスは、アフリカに棲息するサルの血液中にいることが突きとめられた。

ＨＩＶ－１のほうは、ＳＩＶｃｐｚと呼ばれるウイルスとほぼ完全にＤＮＡのパターンが一致していた。ＳＩＶはサルに感染するサル免疫不全ウイルス（simian immunodeficiency virus）の頭文字をとったものである。ｃｐｚはこのウイルスの特別な株で、チンパンジー（chimpanzee）に感染することから、ウイルス名に小文字のｃｐｚがついている。中央アフリカに棲息するチンパンジーの大半は、このウイルスを大量に宿している。けれども、人間のＨＩＶ－１がおよぼす作用とは対照的に、

SIVcpzはチンパンジーにはなんの害も与えない。実際、もしもエイズの流行がなかったなら、SIVcpzはサルの生理学研究のなかで、せいぜい短い脚注で触れられる程度の意義しかなかっただろう。SIVcpzは何万年ものあいだ、感染したチンパンジーになんの悪影響もおよぼさなかったのである。

HIV-2にも近縁のウイルスが存在する。SIVsmというサル免疫不全ウイルスで、こちらはスーティーマンガベイというアフリカ産のサルに感染する。中型で濃灰色をしたこのサルは絶滅が危惧されている種で、西アフリカの密林に棲息し、果実や木の実を餌にしている。寿命はほぼ三〇年である。このウイルスの場合も、スーティーマンガベイにはなんの害もおよぼさない。マンガベイとSIVsmとは、何万年も安定した関係を保って生存してきたのであり、したがって、マンガベイがこの感染症に対する免疫を自然に獲得してきたことは明らかだ。同じことがチンパンジーとSIVcpzとの関係についても当てはまる。ところが、いまや、これらのウイルスは人間にとって最悪の脅威となってしまったのだ。

二種類のウイルスのどちらも、マンドリルやブタオザルなどの他の種のサルに入り込んだ場合には、エイズに似た致命的な症状を引き起こす。これらの別種に属すサルは、これまで接したことのない外敵に対して免疫になっておらず、完全に無防備の状態なのだ。このような種を超えての感染は、動物園や医学研究施設では頻繁に起こっていることから、エイズ流行の始まりもこうしたことに核心があるように思われる。科学者たちの考えでは、過去のいずれかの時点で、遠く離れたジャングルのなか村落において、SIVsmは理由はともかくスーティーマンガベイから人にうつったのだ。狩りの最中に指を切って感染した可能性もあるし、加熱が不十分なサルの肉を食べたということも考えられる。SIVcpzも、別の機会に同じようにして人に移動した。これらのウイルスは、新たに宿主となった人間には十分適応していなかったから、当然ながら急速に進化していったのだろう。ウイルスは数世代のうちに急激な進化をとげて、きわめて近縁ではあるけれどもわずかに異なるウイルスになった。それがHIV-1およびHIV-2に非常によく似たウイルスであると考えるのは、十分理にかなっている。

エイズの起源をめぐるこの話は、大きな謎の材料には事欠かない。なぜならDNAの鑑定結果が示しているように、ウイルスの種を超えての移動が決定的に重要であることを考えれば、事態はなおさら混沌としたものになるからだ。さまざまな異論が生じるのは当然と言える。アフリカの先住部族は何万年もの長きにわたってスーティーマンガベイやチンパンジーを捕まえて食べてきたのだから、SIVウイルスが最初に、いつどこで、だれに棲みついたのか特定できる見込みはほとんどない。ウイルスが「自然に移動した」とする説はたしかに自然だし、もっともらしく思えるけれど、細部についてはいつまでも闇に包まれたままかもしれない。もっとも、この説と競合する別の考え方もある。

エイズの歴史を扱った大著『川』のなかで、イギリスのジャーナリスト、エドワード・フーパーが追究した仮説は、HIV-1とHIV-2はまさに現代医学そのものが、それも不注意から人間に持ち込んでしまったというものである。[6] フーパーがあげている証拠は状況証拠であり、どうみても決定的なものではないが、それでも簡単に見過ごすことはできない。一九五八年から五九年にかけて、数万人のアフリカの住民にポリオワクチンが投与された。対象となった地域は、かつてポルトガルの植民地だったコンゴ、ルワンダ、ブルンジである。偶然なのだが、このとき使われたワクチンはサルの腎臓組織で培養されたものだった。したがって、もしもチンパンジーかスーティーマンガベイを利用したことが一度でもあったとすれば、少なくともワクチンがＳＩＶｓｍかＳＩＶｃｐｚで汚染された可能性はある。ただし、実際にそうだったのかどうかは、だれにも断言できない。当時ワクチンの製造に当たった研究者たちが現在述べているところでは、利用していたのはいつも他の種のサルの腎臓だったという。そうであれば、エイズとの関連性はすべて排除されるのだが、ほんとうのところはどうだったのか？　五〇年近く経ってしまった現在では、この問題を解明することはできないだろう。

最初どのようにしてＳＩＶが人間に入り込んだのかはともかく、遅くとも一九六〇年にはうつっていたことははっきりしている。一九五九年、アメリカの研究者アーノ・ムタルスキーは、ベルギー領コンゴにある都市レオポルドヴィル（現在のキンシャサ）に赴いた。この地方の住民を対象にした遺伝学研究の一環として、いつもと同じように血液のサンプル集めをするのが目的だった。彼は五ミリリットルのサンプルを七〇〇以上ワシントン大学の自分の研究室に持ち帰ったが、これらの血液は何年間もそのままになっていた。一九八〇年代の初期、エイズの流行が猛威を振るいだしたとき、エモリー大学のアンドレ・ナムハイアスがこのサンプルを検査し、その一つが陽性であることを発見した。これが、現在わかっているなかでは最初のエイズの例である。

したがって、アフリカではＨＩＶはかなり早くから広まっていたのだが、それから優に二〇年以上が経過してようやく、専門家たちはＨＩＶがこれまでになかったきわめて致死的な病気を引き起こすことに気づいたのだった。すなわち、一九八一年にロサンゼルスの病院で、ホモセクシャルの五人の男性が重態になり、不可解な症状を呈したときが最初だった。エイズが流行しはじめるまで、なぜこれほど時間がかかったのだろうか？

ＨＩＶウイルスは一九五九年よりさらに以前から広まっていたとも考えられる。人間のなかに入り込んでから、ＨＩＶ－１、ＨＩＶ－２のいずれも、さらに多数の変異株を生みだしている。ウイルスの変異がどのくらいの速さで生じるかを推測すれば、それに基づいてこれらの系統の分岐がいつ始まったのか、大まかな見当をつけることができる。したがって、ＨＩＶ－１およびＨＩＶ－２の祖先が人間に入り込んだ時期を把握するのも、やってできないことはない。ただし、推測から得られた結果はそれほど正確なものではなく、エイズウイルスが人間に入り込んだのは一六〇〇年代までさかのぼるとする研究者もいれば、一九世紀ないし二〇世紀初期だとする研究者もいる。

ここまできて、当惑するような疑問に直面することになる。なぜエイズは一九八〇年代になって初めて急に流行しはじめたのか、である。もっと以前に流行へ傾く（ティップ）ことがなかったのはなぜか？　ウイルスが広まっていった当の人間社会の複雑なネットワークは、流行とどのようにかかわっていたのか？　このネットワークはずっと流行を抑えつけていたのに、突然エイズウイルスを解き放ってしまったのである。

感染の拡大をシミュレーションする方法

ある病気が広まるのに寄与するどんなことでも、その病気をティッピング・ポイントへと押し動かすことができる。ウイルスは外気中でも生存でき、風に乗って一〇キロメートルも運ばれることがあるのだろうか？　病院の輸血用血液や大都市の水道水にまぎれ込むことはあるのだろうか？　そしてとりわけ重要なのは、ウイルスが「六次の隔たり」を利用しているかどうかである。これまでもたびたび見てきたように、脳やインターネットや生態系の生物群集は、スモールワールドの構造になっているがゆえの利点をもっていた。しかし、病気の蔓延に関しては、スモールワールドの構造は不安の種となる。

一九六八年、香港で発生したインフルエンザは、六カ月のうちに世界の五〇カ国以上に広がった。インフルエンザウイルスが世界を結ぶ航空網によって運ばれたためで、流行の過程で五万人近くの人が犠牲になっている。また二〇〇一年二月には、アジアのどこかから船で運ばれてきたと思われるウイルスがイギリスに上陸し、牛、羊、豚の口蹄疫（こうていえき）の大流行がイギリス全土を襲った（イギリスほど深刻ではなかったがヨーロッパ大陸にも広まった）。流行を察知するかなり前の時点で、この口蹄疫ウイルスはイギリスでの発生元となった農場から、近隣にある他の七つの農場に広まっていた。そして、これらの農場のどれかが羊をトラックで市場に運んだとき、ウイルスもいっしょについていったのだ。さらに羊は、この市場から何百マイルも離れた別の市場に輸送された。流行が明らかになるかなり前から、トラックは口蹄疫に感染した家畜を乗せてイギリスじゅうを走り回っていたのである。[7]

長距離リンクが病気の蔓延に一役買っているのは不思議でもなんでもない。ウイルスからすれば、ロサンゼルスからニューヨークまで行くのに、人から人へ、コミュニティからコミュニティへと地道に大陸を横断していかなければならないのに比べれば、飛行機や自動車に乗ってしまうほうが楽というものだ。けれども、スモールワールドの核心でもあるこの長距離のジャンプは、直観的には認識しにくい影響をおよぼすことがあり、アフリカでは、エイズが流行の境界線を越えて広がるのに寄与した可能性がある。

社会のネットワークの構造が感染症の広まりにどのような影響を与えるのか、そのおおよそのところを理解するには、例によって単純なところから出発するのがいい。ここでは、社会のネットワークとしては非常に粗っぽいモデル――この場合は「規則的な」ネットワーク――を使って、病気がどのように人から人へうつっていくかを見ることにする。人々の集団が円周状に配置されていて（八一ページの図6の左を参照）、各人は直近の数人と「つながっている」状況を想定しよう。最初は一人も感染症にかかっていないが、しばらくして任意のだれかが罹患したとする。この感染症がリンクづたいに人から人へ広がっていくとき、最終的にはどこまで達するだろうか？　このような単純なモデルが現実的でないのは確かだが、それにもかかわらず、アルゼンチンの物理学者ダミアン・ザネッテが明らかにしたように、このモデルからいくつか重要なことを洞察できる。

けれども、非常に興味深い現象がはっきり見えてくるようにするためには、このモデルをもう少し複雑なものにしなければならない。このままの形では、感染症が最後には住民のすべてに蔓延してしまうのは一目瞭然である。つまりこのネットワークでは、病気の広がりを押しとどめるものが何もない。実際には、感染症がこんな簡単に広まることはない。大半の病気の場合、住民のなかにはその病気に対して自然免疫になっている人が多少はいるはずだ。さらに、感染しているからといって、人にうつしやすいとはかぎらない。梅毒の感染者がやがて、この病気が人にうつらなくなる病期を迎えるのはその一例である。インフルエンザの場合、感染した人の大半はいずれ完全に回復し、そのとき流行しているインフルエンザウイルス株に対して免疫をもつようになる。エイズを患っている人ですら、感染者の大半はウイルスを広めないように積極的に努めているので、事実上他人に感染させることはなくなっている。これは一種の学習による非伝染化である。究極的には、病気で死ぬことになれば、それ以上だれかに感染させることもなくなる。これも一種の「免疫」と考えることができる。

こうした性質をモデルに取り込むためには、第三の条件を考慮しなければならない。それは、感染しているかいないかに加えて、人によっては免疫になる、つまり二度と同じ病気にかかることも人にうつすこともなくなる場合があるというものである。この些細な複雑さの要素を一つ加えると、ゲームは今度は次のように進行する。スタート時点では、ネットワーク上のだれも感染していないが、みな病気にかかりやすい状態になっている。突然だれか一人が感染すると、病気は広がりはじめる。けれども広がっていくにつれ、感染者のなかには免疫になる人も出てくる。死ぬにせよ回復するにせよ、いずれにしても彼らは人に病気をうつさなくなる。このことが状況を途方もなく複雑にするのは、病気の側は感染者からまだ感染していない人になんとかうつっていこうとしているのに、一方で、病気を他にうつさなくなった人の存在が病気の広がりを邪魔しはじめるからである。彼らはネットワーク内で、いわば「失われた渡り石」として作用するので、病気の側がなんとか広がろうとしても、もはやそこから先へは進めなくなってしまう。

このような複雑さを加えると、病気がどこまで広がるかは、それほど明確ではなくなってくる。ザネッテは病気の広がり方をコンピューターでモデル化し、どのようになるのかを調べた。このようなアプローチであれば、社会のネットワーク構造が状況にどのような影響をおよぼすかを容易に調べることができる。図6の左のような完全に規則的なネットワークでシミュレーションすることもできるし、長距離リンクを数本投入して（図6の右）、スモールワールドにすることも可能である。そして、これら数本の長距離リンクによって、病気の広がりに大きなちがいが生じることがわかった。

長距離リンクが加わることでエイズは広がった？

インフルエンザにかかった人は、友人のだれか一人にうつす場合もあれば、だれにもうつさない場合もあるだろう。うつす場合、だれがインフルエンザをもらうかは主として偶然に左右される。だれが薬局に連れていったのか？　だれが職場から家に送ってあげたのか？　このように、病気の広がりには偶然という固有の要素があるのだが、このことは、同じ感染症でも結果はつねに同じものにはならないことを意味している。先のネットワークのモデルでも、偶然性が一定の役割を果たしているのは必然である。それでもコンピューターを利用すればゲームを何千回となくくりかえすことができるので、どのようなことになる可能性が高く、どのようなことになる可能性は低いか、さらに、どのようなパターンが生じるかを簡単に見ることができる。重要なのは、どんなことが起こりやすいのかを知ることだ。

ザネッテは、規則的なネットワークでは結果がまるでちがうものになることを見いだした。病気がはるか遠方まで広がることはけっしてなかったのだ。一人が感染した状態からスタートした場合、病気は数人にうつるだけで、そのあと次第に消えていく。実際、ネットワーク内の人間が非常に多人数になる（実際の世界の人口に近づける）と、このような規則的なネットワークでは、最終的な感染者の割合は急激に小さくなってゼロに近づいていく。最初にコンピューターで実行したときは一パーセントで、二回目は一・五パーセント、三回目は〇・五パーセントになるかもしれない。それでも、つねにゼロに近いのである。したがって、規則的なネットワークでは、病気は広がろうとしても、あの「失われた渡り石」、つまり死んでしまったか他人にうつさなくなった人がいるために、すぐに打ち負かされてしまうらしい。ウイルスが最初にかかった人の近くから離れようとしても、感染させなくなった人が障壁となって病気は閉じこめられてしまう。しかもその障壁は、病気自身が作りだしたものである。規則的なネットワークでは、感染症が戦いで勝利を収めることは絶対にありえない。

一方、数本の長距離リンクが状況を一変させてしまうこともある。離れた二つの地点を最短で結ぶ経路、すなわち短絡路（ショートカット）を何本かネットワークに入れると、感染症の盛衰はますます不確かなものになる。ショートカットの数がごく少数なら、感染症はまだ早期に消えていくが、それでも前よりは少し広い範囲に広まるようになり、人口の二パーセントないし三パーセントが感染する。流行に近づいてきたということである。このように、変化は徐々に進行していくが、長距離リンクの割合が臨界閾値――ほぼ五本に一本の割合――に達すると、様相は急激かつ劇的に変わる。今度は、病気は比較的短期間で消えていくか、あるいは流行して大変な事態をもたらすかのいずれかで、流行する場合は、人口の三分の一近くに広がることもしばしばである。流行するか消えていくかの境界を越える原因は、ある人から別の人にうつっていく病気自体にあるのではなく、社会のネットワーク構造そのものの変化にありそうだ[8]。

このモデルは、エイズ流行の起源に関するどんな議論とも関係がないように見えるかもしれない。しかしながら、ザネッテが提示したスモールワールドでの「流行」というシナリオは、二〇世紀後半のアフリカに生じた社会学的な変化をもとにした説明に理論的な支えを与える。一九六〇年代に西アフリカと中央アフリカの社会構造は著しく変化した。自動車の数が増え、道路が整備されるにつれて、人々は以前よりもはるかに遠くまで頻繁に出かけるようになった。そして、大勢の人々が集団で地方から都市へ流入した。人の動きは、遠く離れた村の住人を接触させる。彼らは、そんなことがなければけっして出会うはずのなかった人々であり、このことは、結果的には長距離リンクが作りだされたのに等しい。こうした変化の引き金となったのは、かつてのイギリス、フランス、ベルギー領での植民地支配の終焉だった。パリのパスツール研究所に在籍するイギリス人のウイルス学者で、エイズの研究者でもあるサイモン・ウェイン゠ホブソンは、独立後のアフリカで生じた過渡的な混乱がエイズ蔓延の重要な要因になっている可能性があると見ている。「イギリス人もフランス人も住民を厳格な支配下においていた。住民が移動することも旅することも認めなかった。そして、イギリス人が出ていったとき何が生じたかといえば、結局は、野放しも同然の状態だった。組織的な大虐殺もあれば汚職もあり、強請（ゆすり）もあった。住民の移動もあり、自動車も入ってきた。アフリカの都市化が始まっていたが、これも戦後の出来事の一つである[9]」。

一九五〇年代には保健衛生従事者がこの地方に注射器を持ち込み、採血と大規模なワクチンの試用をおこなっている。不幸なことに、注射器の数が足りなかったため、大勢のあいだで同じ注射器がたらい回しに使用された場合もあり、ウイルスが一人の人間から多数の人々にうつるための潜在的なルートを、もう一本用意することになってしまった。

一九七八年には、タンザニアとウガンダのあいだで戦争が勃発した。軍隊の移動は、もう一つ別の原動力として作用し、ふだんは離れた場所に暮らしている人々どうしを結びつけることになった。一九七八年秋、ウガンダ軍はタンザニア領内になだれ込み、カゲラ川が作った面積一三〇〇平方キロメートルの氾濫原「カゲラ・サリエント」を占領した。一九七九年四月、タンザニア人民防衛軍（TPDF）がカゲラ・サリエントを奪還、以後TPDFはウガンダ領内を席捲しつづけ、ウガンダの独裁的指導者だったイーディ・アミンはリビアに脱出せざるをえなかった。この戦争の間、タンザニア全土から招集された四万人を超す軍隊はウガンダ全土を進軍し、行く先々の村で数週間ないし一カ月あまり駐屯することもしばしばだった。

科学者たちが大筋で認めているところでは、最初にエイズが実際に多数の人々に広まった地域は、ウガンダとタンザニアの国境付近のヴィクトリア湖周辺で、時期はウガンダ・タンザニア戦争終結直後から一九八〇年代にかけてである。このとき、タンザニア軍の行軍は、エイズを流行させるうえで決定的な役割を演じていたようだ。兵士たちはエイズにとってはお誂え向きの標的だったのだ。軍隊内でのエイズ感染者の実態を調査した報告が述べているように、「軍人はとりわけエイズにかかりやすい。概して若く、精力も旺盛で、しかも故郷から離れていることが多いため、慣習になっていた社会的な禁忌よりも仲間からの圧力に左右されてしまう。自分は絶対大丈夫だという感覚に染まり、危険覚悟で行動する傾向がある。そしてつねに、行きずりのセックスをする機会には事欠かない環境下におかれている」[10]。

こうしたいくつかの変化が重なったことで、エイズの流行は境界を越えてしまったのかもしれない。先にザネッテのネットワーク・モデルで見たのと非常によく似たことが、アフリカでも同じように生じていたのではないだろうか。このことから、病気はかなり長期にわたって事実上狭い地域に隔離された状態になったまま、少数の人には感染してもけっして大流行にはいたらないということも十分考えられる。少数の変化といえども、本来隔てられていたはずの地域どうしの結びつきを助長するものが存在すれば、そのために劇的かつ危険な影響がおよぶことがある。エイズの場合もまさにそうで、一世紀以上も少数の村でひっそりと息づいていたかもしれないのだ。それが、一見重要そうには見えないいくつかの変化が社会に生じ、中央アフリカの社会がますますスモールワールドの構造になっていったことで、この病気を世界のすみずみに向けて送り出す発射装置（カタパルト）のような仕組みができあがってしまった可能性がある。

ダンカン・ワッツとスティーヴン・ストロガッツが規則的なネットワークに長距離リンクを数本加えて初めてスモールワールド・ネットワークを作り上げたとき、それは新たな幾何学の世界へと向かう、とりあえずの第一歩を踏み出したにすぎなかった。同じことは、ザネッテが提示したスモールワールドにおける感染症のティッピング・ポイントという構図にも当てはまる。前章で見たように、影響の広まりに関して言えば、どんな種類の影響であってもつねにティッピング・ポイントは存在する。従来の疫学理論でも、ティッピング・ポイントの存在については疑問の余地はないように見える。そして、これは救いでもある。なぜなら、感染症の蔓延と闘うチャンスは、どんな場合にも存在することになるからだ。実際、保健衛生に従事する人々はさまざまな活動をしているが、そのほとんどすべてが、病気をティッピング・ポイントより下の状態に抑え込み、その状態を維持することを目指している。

しかし、社会のネットワークをもっと詳しく眺めると、このような戦略では必ずしも十分とは言えない場合があることがわかる。病気のなかには、より的確な「スモールワールド」からのアプローチをしなければ対処できそうにないものもあるのだ。

多数のセックスパートナーをもつ人を免疫にすべし

これまでの章で見たように、スモールワールドには二種類あった。コネクターが存在するものとしないものである。くりかえしになるが、コネクターとは、非常に多くのつながりをもつ少数の要素であり、ネットワーク内の全リンクのうち、不相応なほど大きな割合を占有している。性感染症は経路を問わずうつっていくのではなく、人々のあいだのセックスのリンクが作るネットワーク上を伝わって広がっていく。そして、これも前章で見たことだが、このネットワークを特色づけているのがコネクターの存在らしい。つまり、このネットワークは貴族主義的なスモールワールド・ネットワークだということになる。セックスのネットワークがまさしくこのパターンになっていることは、スウェーデン在住の約三〇〇〇人をランダムに選んで調査した研究から明らかになっている。ごく少数の人が、コミュニティ内のセックスのリンクのほとんどを占有するスモールワールドである。

コネクターは感染症の広まりにどんな影響をおよぼすのだろうか？　長距離リンクとよく似た影響を与え、コネクターが存在するために感染症は周囲に広がりやすくなって、ティッピング・ポイントの障壁は多少低くなると考えていいかもしれない。長距離のリンクもコネクターも同じように障壁を低くするので、そのため感染症は流行する側に傾きやすくなるにちがいない。けれども、ほんとうのところ、コネクターはどんな影響を与えるのだろうか？　イタリアの物理学者アレッサンドロ・ヴェスピニャーニとスペインの物理学者ロマルド・パストル＝サトラスは最近おこなった研究のなかで、実際の影響がはるかに劇的なものになることを発見した。コネクターはティッピング・ポイントの障壁を低くするだけでなく、障壁の高さを完全にゼロの状態にしてしまうのだ。貴族主義的ネットワーク内を広がっていこうとする感染症には、まったくティッピング・ポイントは存在しないらしい。この場合、病気はつねに流行する側に傾いていて、どうあっても広がってしまうのである。

　これは奇妙な結論だが、数学による裏づけもある。病気がそう簡単には人にうつらなかったり、あるいはそれほどすぐにはうつらない場合や、非常に多くの人がワクチンの接種を受けている場合、さらに、感染するとすぐに死にいたる場合は、一人の患者が原因となる二次感染者数は平均すると一人に満たないだろう。その結果、感染症はティッピング・ポイントよりも下の状態になっているから、終息していって、最後には完全に消えるはずである。しかし、ヴェスピニャーニとパストル＝サトラスが明らかにしたのは、これが貴族主義的ネットワークにはけっして当てはまらないということだった。[11] たとえ、ある特定のリンクを通ってしか伝わらず、人から人にうつる可能性がほとんどない病気であっても、たんにコネクターがもっているリンクの数が多いというだけで、全体の感染者数は確実に増えていってしまう。中心に並はずれて行動的なコネクターがいれば、一人の感染者から平均してさらに一人を超える感染者が出ると十分に断言できるのだ。したがってこの種のネットワークでは、病気はつねに流行する側に「傾いている」ことになる。

この発見は厄介だ。というのも、われわれの社会では、セックスでつながったネットワークは貴族主義的なネットワークなのだから、われわれはおぞましい可能性に直面していると考えられるからだ。性感染症の原因となるウイルスや細菌は、われわれが伝播の可能性を小さくしようとどれほど懸命に努めても広がっていき、はびこってしまうだろう。この意味で、少なくとも性感染症に関しては、保健衛生に過度な期待をかけても無駄なように思われる。ヴェスピニャーニとパストル＝サトラスが結論で述べているように、貴族主義的なスモールワールド・ネットワークを広がっていく病気には「流行の閾値はない。閾値があり、それより下の状態であれば、病気が突発的に大流行することはなく、風土病として定着する兆候を示すこともない。だが、こうしたネットワークでは、病原性微生物の毒性がいかなるものであろうと、感染症は広がりやすく、しかもいつまでもはびこる傾向がある」[12]。

ＨＩＶの場合、この結論の要点は、すべての人が治療とワクチンの接種を受けないかぎりエイズの流行はけっして止まないということであり、ほんとうに気が滅入ってしまう。この病気が人から人にうつりにくくするためにどれほど資金をつぎ込んだところで、流行は消えることなくくすぶりつづける。人類は永遠にエイズとともに生きていくことになるだろう。

より効果的に性感染症に立ち向かうために、そしてエイズの流行を止めるなんらかの可能性を得るためには、これまでにない新しい考え方が必要だ。ありがたいことに、「知は力なり」である。ネットワークの視点に立つことで、多少とも希望を与えてくれそうないくつかの方策が見えてくる。
ふつう公衆衛生計画で目標とされるのは、人口の一定の割合に予防のためのワクチン接種をすることである。だれに接種するかは事実上ランダムだが、感染症をティッピング・ポイントより下にもっていくことを期待して実施される。けれども、もしもティッピング・ポイントがまったく存在しないのなら、このやり方は有効ではない。たしかに、流行のスピードを遅くすることはできるかもしれないが、これは山火事の広がりを遅らせるために木を間引くのと同じことにすぎない。それによって、流行の範囲を狭くすることができるかもしれないが、流行が止むことはけっしてない——あいかわらずコネクターは活動しているから、流行はつづくだろう。十分な効果を上げるには、コネクターそのものに焦点を当てなければならないのは明らかである。この考え方なら、たしかにうまくいく可能性がありそうだ。いくつかの研究チームが指摘しているように、コネクターに的を絞った治療計画によって社会のネットワーク構造そのものを変えてしまえば、存在しなかったティッピング・ポイントを出現させることができるからである。[13]
かりの話ではあるが、たとえば過去二年間にセックスパートナーが二六人以上いた人をすべて突きとめることができたとしよう。性的関係でつながったネットワークにおけるコネクターの定義として、二年間で二六人以上のパートナーというのはそう非現実的でもないだろう。もしも、これら少数の人たちを薬ないしは教育によって事実上の免疫にすることができれば、彼らコネクターは実質的にはもはや病気が伝わるネットワークからはずれたことになる。その結果、ネットワークの残りの部分は、貴族主義的なスモールワールド・ネットワークではなくなるから、ティッピング・ポイントが存在するはずである。原理上は、流行を急速に抑制することも可能なのだ。言うまでもなく、性行為はプライベートな問題だし、しかも、聞き取り調査の実施に動員できるソーシャルワーカーや医師の数も財源的に限界があるから、どうしてもコネクターのごく一部しか突きとめることはできないだろう。それにもかかわらず、数学的に考えれば、コネクターのうち一部の人たちだけでもきちんと治療することで、うまくいく見込みがあることが明らかになっている。特別の位置にいるごく少数の人たちを治療することが、おそらく性感染症を撲滅する秘訣なのだろう。

新しいエイズ対策のあり方とはどのようなものか

性感染症を防ぐための公衆衛生対策では、セックスに関してもっとも行動的な人たちをターゲットにすべきだというのは、驚くような新発見でもなんでもない。疫学者たちはもう何年ものあいだ、コアグループと呼ぶ部分に焦点を合わせて懸命に取り組んできた。コアグループとは、非常に行動的な人々の主たる出どころ(プール)であり、彼らは行動的であるがゆえに、感染症を蔓延させつづけ、またコミュニティの遠く離れたところにまで病気を送り込むのである。たとえば、一九七〇年代後半にコロラド・スプリングスでおこなわれた一連の調査のなかで、ウィリアム・ダロー、ジョン・ポッターラットをはじめとする名だたる疫学者たちは、性感染症のほとんどすべての症例は住民のごく一部の集団がもとになってもたらされたのだろうと結論している。その集団とは、売春婦たちもその一つだが、さらに、近くの基地に駐屯していた軍人や、セックスに関してきわめて行動的なごく一部の男女のグループである。疫学者たちは、どんな性感染症であってもその広がり方に関しては、コアグループが絶対的な重要性をもっていると考えている。そして、コアグループはコネクターとほぼ一致するのである。[14]

実際、保健衛生に携わる人たちの努力をこれら特定の少数者に集中させるのがすぐれた考えであることは明らかである。ただ、そのような的を絞った計画にどの程度必然性があり、実際にはどのくらい決定的なものとなるのか、明らかになっているとはとうてい言えない。けれども一方で、貴族主義的な種類のスモールワールド・ネットワークの場合、コネクターが非常に多くのつながりを有しているために、他の全員が彼らの振舞いに支配されることになり、したがって、コネクターに的を絞らなければどんな治療計画も成功する見込みはまったくないとも言える。全体の九割を超す人たちを免疫にすることができたとしても、病気はいつまでも消えないかもしれない。一方、飛び抜けてつながりの多い人のごく一部を治療するだけでも、感染症を抑える可能性が生まれ、もしかすると一掃できるかもしれないのだ。

皮肉なことに、たとえばエイズについて言えば、流行を押しとどめるための妙案は、現在実施されているような大勢の人を対象にした治療や教育ではなく、少数の特定の人たちにうまくねらいを定め、特に念入りに選び抜いた対策を施すことなのだ。複雑なネットワーク理論からこのことを洞察して実地に移すのは、たしかに容易なことではないだろう。けれども、少なくともこのことを理解していれば、疫学者や保健衛生に携わる人たちは基本的な作戦と戦略が見えてくるし、それが、エイズの流行だけでなく、将来新たな病気が出現したさいにも、いい結果をもたらしてくれるかもしれない。

第12章

経済活動の避けられない法則性

古代ギリシア人に始まる還元主義の勝利は、痛み分けにも等しい。通常の物質のあらゆる振舞いを、簡単で誤りのない「万物の理論」に還元することができたとはいえ、結局のところ、この理論は非常に重要な事柄の多くを何も明らかにできないことがわかったのだ。

ロバート・ラフリン、デヴィッド・パインズ[1]

還元主義では説明できない社会的現象

『コンサイス・オックスフォード英語辞典』の第六版によれば、還元主義(リダクショニズム)は次のように定義される。「複雑な事物を単純な構成要素に分解すること。システムや思想は、全体から切り離した要素や簡単な概念に基づいて完全に理解することができるという考え方」[2]。車の調子がわるいとき、整備士はバッテリーが消耗していないか、ファンベルトは切れていないか、燃料ポンプは故障していないかなど、部品のどこに問題があるのかを調べていく。同じように、脚の痛みを訴える患者に対して、医者は骨折や筋肉の断裂を疑う必要があるし、コンピューターを修理しようとしている技術者なら、機能していないマイクロチップやソフトウェアの欠陥を探していく。つまり還元主義とは、複雑な物事や状況を理解するには、個々の要素の性質と働きを調べるのが最善であるとする考え方である。このようなアプローチの仕方は、われわれが何かの問題を解くときの手法であり、科学の基礎そのものとなっている。

けれども、システムの場合は必ずしもそうは言えない。辞典に書いてあるのとはちがって「切り離した要素に基づいて完全に理解することができる」とはかぎらないのだ。前章で見たように、ウイルスやヒトの生物学に関してどんなに知識をもっていても、それだけではエイズの流行に大きく影響するネットワークの働きについて、なんの手がかりも得られない。同じく、地球の生態系の安定性についても、生物を個別に研究しただけでは確かなことは言えない。さまざまな要素の性質を個別に把握しても、要素が集まったときどのような働きをするか、ヒントになるものはほとんど見えてこないのだ。還元主義は役に立たない考え方だと言うのではない。先の定義の仕方では不十分なだけである。

つまり、より正しくは、「システムは個々の要素と、それら要素間の相互作用に基づいて、初めて完全に理解することができる」とすべきだろう。さらに、要素間の相互作用によって組織全体としてのパターンが生じる場合がしばしばあり、しかもそのパターンは個々の要素に原因を帰すことができない、と理解することも大事だ。ネットワークの構造は、ネットワークを構成する要素の特性ではない。あくまで全体としての特性なのだ。ティッピング・ポイントが存在するかしないかについても同じである。三〇年以上も前にハーヴァード大学のトマス・シェリングという社会学者が指摘したことだが、社会のネットワークでは、このような全体としての影響が予想外の重大な結果をもたらすこと

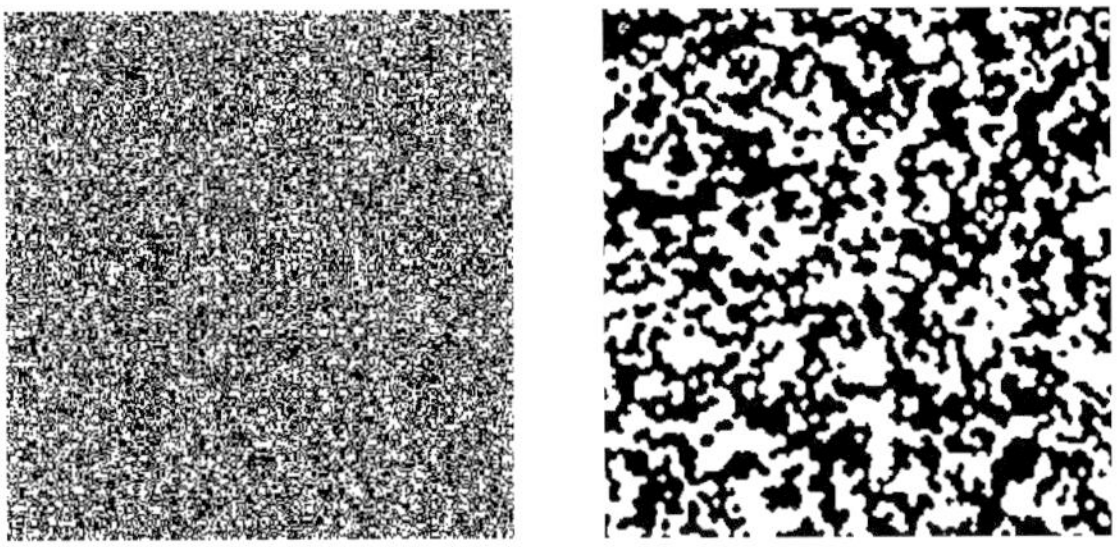

図20　シェリングの人種分離モデルがもたらす厳然たる結果。左の図では、人々は最初かなりよく混じり合った状態になっており、コミュニティとしての一体性も強い。しかし、極端な少数派になってしまう地域にとどまるのを避けようと移動していくにつれて、自然に、ほぼ黒人か白人だけからなる均一の集団へと分離していく。

がある。たとえば、人種間の分離は何に原因があるのだろうか？　アメリカで人種隔離が根強く残っているのは、ふつうは、人種差別があるせいだとか、行政ないし不動産業者が偏見を抱いて仕事をしているせいだとされる。だが、もう一つ、それほど目立たない要因が同じように大きな影響をおよぼしている可能性がある。

　シェリングは一つの社会を想像することから出発した。その社会では、人々の大半が本心から、人種の枠を越えて一体となった調和のあるコミュニティに暮らしたいと考えている。ただし、些細な条件が一つだけある。大多数は、結果的に近隣で極端な少数派として暮らすことになるのは好まないというものである。ある白人男性は黒人の友人や同僚が何人もいて、近所には黒人のほうが多いけれども快適に暮らしているかもしれない。それでもこの男性は、付近に住む唯一の白人にはなりたくないのだ。この気持ちはいささかも人種差別ではなく、黒人であれ、白人であれ、ヒスパニックであれ、中国人であれ、だれもが同じ気持ちをもっていると思われる。人は本質的に、同じような趣味、環境、価値観をもった人々のなかで暮らすのを好むものなのだ。

ところが、シェリングが明らかにしたように、このようななんの悪意もない個人の好みが驚くような影響力をもつことがある。シェリングの発見は、一枚の紙に格子状の枡目を描き、問題を明らかにするための一種のゲームをやって得られたものだった。彼は最初、同じ数の黒と白の小片をランダムに枡目においた。二つの人種が均等に混ざり合って一体となっている社会を表したのである。このあとシェリングは、どの小片も少数派の状態でいるのを嫌うと仮定した。たとえば、それ以下になるのを嫌う限界を三〇パーセントだとする。そこで、一つの小片に注目し、周辺で同じ色の小片が三〇パーセント以下になっているかどうかを調べ、もし三〇パーセントに達していなければ、注目した小片をいちばん近くの空いた枡目に移動させる。シェリングはこの手順を何回もくりかえし、最後にはどの小片も、局所的に見れば三〇パーセント以下の少数派の状態ではなくなるようにした。結果は意外だった。シェリングは、黒と白の小片が最初より均一に混じり合っていないだけでなく、まったく別々の小集団に分かれた状態になることに気づいたのだ。[3]言いかえれば、極端な少数派にはなりたくないという個人のささやかな好き嫌いは、奇妙ではあるが厳然たる影響をおよぼし、種々雑多な人々からなる社会を完全に消し去ってしまうのである（図20）。

こうした事実はなにも、人種差別や公平を欠いた諸制度は、少数民族の隔離がいまだにつづいていることとはなんの関係もないと証明しているわけではない。けれども、この事実からはっきりとわかることがある。複雑なネットワーク内に予期もしなかった組織的構造がまったく自然に生じる場合があり、なぜそのような結果が生じるのかを理解しようとするなら、どうしても「個別の要素」を越えて、さらにその先に目を向けなければならないということである。たとえ明日、あらゆる人種差別の名残が消えたとしても、人種ごとに分離していく自然の流れは残るだろう。このことは水と油が混じらずに分離していくのとよく似ている。社会の現実の姿を形作るのは、人々の強い願望だけではない。無意識のうちに盲目的に作用する力も社会を形作っているのだ。そして、いまの例で言えば、そのような力によって、個人のうちにある一見無害な、どうということのない好みの問題が増幅され、劇的で厄介な結果が生じてしまうのである。

すでに見たように、スモールワールドの理論は、なぜわれわれの社会が六次の隔たりになっているのかという謎に答えを与えてくれた。しかし、これはネットワーク理論のごく一部にすぎない。もっと一般的に言えば、あらゆる種類のネットワークで自然に生じる組織的構造がどんなパターンを示すのか、その大要を明らかにすることの一部なのだ。今日、ますます多くの研究者たちがシェリングを先例として、ネットワークがおよぼす影響をさまざまな社会的状況のなかで探っている。この取り組みが「還元主義を越える」ことになるのかどうかは、さほど問題ではない。大切なのは、こうしたより先端的な見方をすることで、社会科学、なかでも経済学に新たな可能性がもたらされることである。

「神の見えざる手」はどこから現れるのか

経済学の自由市場理論は、少なくとも一八世紀後半のスコットランド人、アダム・スミスにまでさかのぼる。有名な『国富論』のなかで、スミスは次のように述べている。市民社会の構成員間の自由競争では、各人はもっぱら自らの利益のみを追求しているにもかかわらず、社会全体にとっての利益をもたらすことになる。「われわれが食事をあてにできるのは、肉屋や酒屋やパン屋の博愛心のおかげではない。彼らが自分たちの利益に関心をもっているからである。われわれは、彼らの博愛心に訴えているのではなく、彼らの自愛心に訴えているのであって、彼らに語りかけているのは、けっしてわれわれ自身の必要性のことではなく、彼ら自身の利益なのである」[4]。スミスによれば、個人の集まりである社会では、各人が自らの利益を合理的に追求することが公益を達成する最善の道となる。製品を作ったりサービスを提供したりして儲けが得られるのなら、だれかがそれをやるだろう。そして実際にやれるということは、社会の他のメンバーがそうした商品やサービスを望んでいる証となる。当然の結果として、たとえ個人的な利益が原動力となっているとしても、社会のさまざまな需要はすべて満たされるだろう。このような自由市場経済は、全体をいっさい管理しなくても、円滑かつ効率的に機能するはずだ。スミスのお馴染みのメタファーを使えば、自由市場経済はまるで「見えざる手」に導かれ、組織化されているかのようなのだ。

今日、スミスのメタファーは、欧米の経済思想全体の中心に位置している。すでに一世紀以上にわたって、多数の理論経済学者たちは懸命に研究をおこない、スミスの言うことはまさに正しく、個人の飽くなき欲望は実際に、必ず集団の利益になることを明らかにしようとしてきた。そのさい、経済学者たちはふつう、経済活動の主体となる人間は強欲なだけでなく、完全に合理的でけっして誤りを犯さないと仮定する。この仮説では、感情に妨げられて合理的な決定が下せなかったり、格別の理由もないのに単純に他人のまねをしたりする愚か者は一人もいないことになっているのだ。ある経済学者はこの仮説について次のように述べている。「人はだれでも自分のためにできるだけ多くを手に入れたがると想定され、さらに、この目的を達成するにはどうするのが最善かを考え出すことにかけては、申し分なく頭が回るものとされる。実際に、経済学者は頭の痛い問題——たとえば、失業したときに職を見つける最善の方法は何かなど——に新しい解決策を示すまでに一年あまりを費すくせに、失業者というものはその問題を先に解決していて、それに沿って職を探すという仮定を喜んで受け入れているのだ」[5]。いささかばかげた話であることは言うまでもない。それでもここには一つの手本が示されている。つまり、人がどう行動するかはわかっていないけれども、そんなことを気にとめなければ、あたかも原子や分子を扱っているかのように理論を展開させることができ、見えざる手が実際に働いていることを「立証」できるのである[6]。

いまだに現代の経済理論のほとんどいたるところに、この「合理性の礼賛」なるものが執拗に取り憑いている。合理性が企業の構造や富の分布を説明するのに適用できるのかどうかにはおかまいなしだ。幸いなことに、経済理論が引き継いできたこうした柔軟性のなさは、徐々にではあるが、もっと賢明な捉え方、すなわち、数学を単純にするために複雑な問題を背景に押しやってしまおうなどとはせず、むしろ経済の実態がもつ複雑さを積極的に取り扱おうとする捉え方に取って代わられつつある。「行動経済学」という新たな分野に取り組む研究者は、ますますその数を増している。行動経済学は、人間の不合理性を認めて従来の経済理論の欠陥を解消することを目指すもので、より現実に即した人間行動の描像に基づいて経済理論を構築しようとしている[7]。たとえば一例だが、研究者たちはこうした手法で、きわめて現実的な株式市場のモデルを作り上げている。市場で株価が不規則に大きく変動するのは、投資家には互いに同じ行動をとる傾向があり、それが盲目的な集団行動に起因する暴落やバブルをもたらすからなのである。[8]

けれども、相互作用をする「もの」からなるネットワークでは、たとえ「もの」が人間の場合でも細かな事柄は問題にならないと認識することで、研究者たちは別の方向にも踏み出している。人が合理的であろうと無分別であろうと、あるいはそのどちらでもないまったく別の何かであろうと、人の行動の細部は、経済の実態の基本中の基本にはほとんど影響を与えないのかもしれない。経済の世界に注目すべきパターンが多数見られることは、一世紀以上も前から知られている。どの国でも金持ちはごく少数で、大多数は貧しいというのはその一例だ。この二つの層の比率は国によって異なるはずだと考えるかもしれない。国ごとに独自の製品と技術があり、ハイテクや重工業で繁栄している国もあれば農業で栄えている国もあるからだ。文化も歴史も世界の国々でさまざまに異なるから、富の蓄積の仕方に一般的なパターンがあると考える根拠はほとんどない。しかし一八九七年、技術者から転身したイタリアのヴィルフレード・パレートという名の経済学者は、それとは反対のことを発見した。パレートが発見した富の分布パターンは、あらゆる点で熱力学や化学の法則と同じくらい普遍的なもののように思われる。

富の八割を二割の人々が所有するという法則

ドイツあるいは日本やアメリカで、たとえば一万ドルを所有している人の数を数えるとしよう。このあと、一万ドル以下と一万ドル以上のいずれについても、さまざまな資産の額で同じように人数を数え、最後に結果をグラフに表す。こうすれば、パレートが見いだしたのと同じく、グラフで資産の少ない側にいけば人数は増え、逆に資産の多いほうにたどれば人数は減ることがわかるだろう。ただし、パレートはもっと細かく人数を調べ、減少の仕方に特有のものがあることを発見している。富裕な側の分布端に向かって見ていくと、資産が二倍になるごとに、その資産額を所有する人数は一定の割合で減少していくのだ。[9]最新の数字からも、世界のあらゆる国で同じパターンが見られることが明らかになっている。たとえば日本の場合、その係数は〇・二五に近い。[10]

このパターンもまた、くりかえし述べてきた例の裾の厚い分布になっている。これもすでに取り上げたことだが、もし一〇〇〇人の身長を測ったら、測定値の分布は、明確に定義される平均を中心とした幅の狭いパターンを作る。結果的にはベル型曲線になり、平均から著しく外れるものはきわめて数が少ないことを意味している。富の分布がこれと同じにならないのは明らかである。パレートの法則の曲線は、ベル型曲線に比べると下がり方がもっとなだらかなのだ。このことから、とんでもない資産家が相当数いることがうかがえる。「八〇 - 二〇の原理」と呼ばれることもあるこのパターンは、富の大半が少数の人々の手に集中していることを示している。たとえばアメリカでは、人口の約二〇パーセントが富の八〇パーセントを所有している。メキシコ、アルゼンチン、イギリス、ロシア、あるいは他の西欧諸国のどこでも、この数字はほぼ同じだ。けれども、八〇 - 二〇という分布に真の重要性があるのではない。国によっては厳密には九〇 - 二〇かもしれないし九五 - 二〇かもしれない。重要な点は、富の分布は——少なくとも富裕層の側にいけば——必ず非常に簡単な数学曲線にしたがうことにある。すなわち、つねに一握りの人々が富の大部分を所有しているのである。

人間の行動や文化のどのような不変性が、このようなパターンをもたらすのだろうか？　金持ち連中は共謀して、悪意をもって何かを企んでいるのだろうか？　金銭が絡めば強い感情が湧き上がること、さらに富には不均衡がつきまとうことを考えれば、経済学者たちが大挙してこの問題に手を染めてきたのも驚くことではあるまい。ジョン・ケネス・ガルブレイスが書いているように、経済学の中心をなす課題のなかで筆頭にくるのは、「所得の配分がどの程度、公平あるいは不公平になっているかである。その結果生じる不平等をどう説明し正当化するのか。もっとも有能な経済学者の一部、あるいはいずれにせよ抜きん出て独創的な経済学者たちの一部は、この問題で頭がいっぱいだった」[11]。しかしながら、数学の観点からは、パレートの法則はどうしても説明できなかった。もちろん、ごく一部の人は大半の人に比べて、並はずれて創造的で才覚があるというだけのことかもしれない。そうであれば、富の分布を説明するには、まず人間の才能や能力に固有の差がある理由を説明しなければならない──これは、まさに無理な注文というものだ。けれども、これとはまた別の可能性もある。

パレートの法則を説明しようと思うなら、そもそもどのように取り組んだらいいのだろうか？　裕福な人もいればそうでない人もいる理由を解明するには、歴史学の手法を取る以外に手はない。遺産や教育、生まれながらに備わった金儲けの才覚、あるいは欲望、さらにはたんに過去のある時期「ツキ」が回ってきたことがあったかどうかなどの細部まで徹底して調べなければならない。医者や金融業を営む家に生まれた子どもは、多くの場合親と同じ職に就く。その一方で、スラム地区に生まれた子どもは貧困にはまりこんだまま、取り巻いている環境から抜け出せないことが多い。マイクロソフト社の設立者の一人で、同社の会長を務めるビル・ゲイツはなぜあれほどの金持ちなのかを理解するのは、ミシシッピの大河がメキシコ湾に注ぎ込む場所はなぜニューオリンズの近くであって他の場所ではないのかを理解することに等しい。コンピューター革命という好機にあったことと相まって、ゲイツの生い立ち、教育、気質のすべてが、巨万の富をもたらす歴史の唯一の道にぴったりはまったということなのだ。

けれどもパレートの法則は、個人に関するものではない。この法則が表しているのは、多数の個人が集まった集団レベルで出現するパターンである。一人一人の歴史を考慮しているわけではない。この意味では、パレートが発見したパターンは、第六章で述べた河川水系の場合の組織全体としてのパターンに類似している。河川の場合もパターンに関係していたのは、あれこれの支川の形状ではなく、河川水系全体のネットワーク構造だった。そして河川のネットワークについては、科学者たちによって、たとえ個々の支川レベルでは偶然の出来事が状況を支配していても、集団としてのネットワークには規則性や秩序が出現することが明らかにされている。富についても、大筋では同じことが言えるかもしれない。おそらくパレートの法則は、人間の文化や行動、知性の特徴を反映したものではなく、むしろもっと根源的な組織化原理のようなものがもたらした結果なのだろう。

金儲けの才覚に関係なく貧富の差は生じる

富の分布を調べるというと、創造性や大胆さ、知力の差など、さまざまな要因が思い浮かぶが、それらはしばらくおいて、純粋に本質的な事柄だけに焦点を当てることにしよう。経済活動が相互作用をする人々の一種のネットワークであることには、だれも異存はないだろう。個人として行動する人もいれば、大小さまざまな組織のなかで行動する人もいるだろうが、いまはそんなややこしい問題はうっちゃっておいていい。状況を目に見える形にするために、ネットワークには多数の人がいると想像しよう。ネットワークは、ランダム・ネットワークでも規則的なネットワークでもスモールワールド・ネットワークでも、なんでもいい。ネットワークの種類がどうあれ、各人は一定の資産をもっている。この資産は毎日、そして毎週変化する――変化の仕方は基本的には二通りあるが、通常はそのうちの一方による。第一に、人々はあらゆる種類の製品やサービスを売買する。月々の給与が振り込まれたり車を売却したりすれば、金融資産は増える。休暇を取ってイタリア旅行をしたりパティオを新調したりすれば減る。このような売買によって、富はある人から別の人へと移転していく。けれども、富は新たに生まれたり消えたりすることもある。家や土地を購入した場合、その価値は上がるかもしれないし下がるかもしれない。同じように、株式市場に投資する人はみな、株価の動きに金をかけている。一九九〇年代、アメリカの株式市場は急騰し、そのおかげで巨額の金融資産がまったく新たに生まれたのだった。

重要なのは、個人の資産は他の人とのあいだの売買、あるいは投資の見返り（プラスになる場合もマイナスになる場合もある）のいずれかを通じて、増えもすれば減りもするという点だ。これは何も目新しいことではないが、富のウェブではこの二つの要因が数字を上下させているにちがいないことを示している。支払いを受けたり、家賃を払ったり、食品を買ったりするときには、富はパイプを流れる水のように、ほぼ規則的な流れ方でネットワークを動いていく。一方、投資をしていれば、個人の資産はゆるやかな上昇傾向を示すはずだが、投資がうまくいっているときもあればそうではないときもあるため、これには不規則な上下の動きが伴う。

もちろんこの構図はもっとも基本的な場合を除けば、現実の細部はほとんど抜け落ちている。だとしても、こうした基本的な要因が、富の分布が最終的にどうなるかについて何かヒントを示すことができるのかどうかを考えてみるのもおもしろい。数年前、パリ大学の物理学者ジャン・フィリップ・ブーショとマルク・メザールは、先の構図にもう一つ「明白な」事実を取り込むことで、富の分布の問題に大きな前進をもたらした。その事実とは、資産の価値は相対的だということである。たとえば、億万長者は株式市場で数千ドルを失っても、ふつうは気にもとめないだろう。だが、子育てをしながら大学を卒業しようとしているシングル・マザーにとっては、同じ数千ドルを失うことはまずまちがいなく破滅的な事態だろう。金の価値は、その人がすでにどれだけ金をもっているかによってちがってくる。だから、金持ちになるほど、より多くの金を投資する傾向が見られる。

ブーショとメザールは、この単純な経験的事実を用いれば、ネットワークの構図を明快な一連の基本的な方程式に変換し、富が人から人へ移転するさい、および個々の人が投資からランダムに利益を得たり損失をこうむったりするさい、富がどう変化するかを表せることに気がついた。彼らは一〇〇〇人の人間からなるネットワークを対象とした方程式で、コンピューターを利用してどんな結果がもたらされるかを調べる研究に着手した。売買のネットワーク内で人々が互いにどのように結びついているのか正確にはわからなかったので、二人はさまざまなパターンを試してみた。また、個人間の売買と投資の見返りとの重要性の兼ね合いをどう設定するかもはっきりしていなかったので、両者の比重をあれこれ変えることもやってみた。その結果彼らが発見したのは、こうした細部の問題のどれ一つとして、基本的な富の分布の形を変化させるものではないということだった。

ブーショとメザールは、スタート時点では人々にランダムな額の富を所有させた。それから、コンピューターで長期間にわたる経済活動を実行させると、どんな場合でも、最後はごく一部の人が富の大部分を所有するようになることが明らかになった。そればかりか、数学を使って求めた分布は、完全にパレートの法則にしたがっていた。現実の世界で得られたデータと見事に一致していたのだ。[12] モデルでは各人の「金儲け」の才能はあらゆる点で等しいとされていたにもかかわらず、この結果が得られたのである。このことから、大半の社会で見られる富の分布の不平等は、金儲けの才能とはほとんど無関係であることがわかる。むしろ、ここに見られるのは、経済の実世界の根本的な法則によく似たものだった。しかも、それは、ネットワークの組織的構造の特徴から自然に姿を現すのだ。

こんなことがわかったところで、なんの役にも立たないように見えるかもしれない。ある意味ではたしかにそのとおりだ。けれども、ブーショとメザールが発見した事実からは、富の分布の背後にある複雑な原因を見いだしたいと考えるのははなはだ見当ちがいである可能性がうかがえる。そして、このモデルはさらに多くのことを教えてくれる。

貧富の差は投資により増大し税や売買により減少する

なぜ富は少数の人々の懐に集まってしまうのだろうか？　秘密はまったく単純なように見える。一方では、人々のあいだでの売買は、富を広くまき散らす一助となる。もし、だれかがとてつもなく裕福になれば、その人は事業に乗りだすかもしれないし、家を建てたり、いまより多くの製品を買うようになるかもしれない。いずれにしても、富はネットワーク内で他の人々に流れていきやすくなる。同じように、もし非常に困窮した状態になれば購入する製品は減るから、流出していく富は少なくなるだろう。全体で見れば、ネットワーク内をリンクづたいに流れる資金は、富の格差を平準化する働きをしているはずだ。

ところが、ブーショとメザールが明らかにしたように、この平準化作用が優勢になる状況はどうやっても生じることがないのだ。というのは、投資によるランダムな見返りが、一種の「金持ちほどますます豊かになる」現象を引き起こし、これを打ち消すのは容易ではないからである。一〇〇〇人のうち、投資運がだれかとまったく同じになる人は一人もいないだろう。大半の人は勝ったり負けたりが半々で、非常な幸運に恵まれたり、とんでもない災難に遭ったりするのは少数だろう。けれども思い出してほしいのは、金持ちほど多額の投資をする傾向があり、したがって、より大きな利益を得るチャンスがあるということだ。それゆえ、一連のプラスの見返りは、たんに個々に加算されて個人の富を蓄積するだけでなく、それを投資に回すたびにより大きな利益を生むので、いわばねずみ算的な富の蓄積をもたらす。すべての人が平等で、各人がまったくランダムな投資の見返りを受け取る社会においてすら、人々のあいだに大きな富の格差を生じさせるにはこれだけでも十分なことは明らかである。

それでも、ブーショとメザールのネットワーク・モデルは、不平等の程度には幅があり、それがパレートの法則に影響をおよぼすかもしれないことを示している。裾の厚い分布のパターンでは、所有している資産が二倍になるごとに、その額の資産所有者の人数は一定の比率で減少していくことを思い出してほしい。その係数は、一・八分の一かもしれないし、二分の一、三・四分の一、あるいはこれ以外の数字かもしれない。いずれの場合もつねに、ごく一部のきわめて富裕な人々が所有する富は、人数には不釣り合いなほど大きな部分を占めているが、係数が大きくなるほど富の格差は著しいものになる。ある係数では一〇パーセントの最富裕層が富の九〇パーセントを所有し、別の係数では五パーセントが富の九八パーセントを所有することになるかもしれない。要するに、微妙な数値は変わっても裾の厚い分布パターンは依然としてそのまま残るのだ。

この点に関して、ブーショとメザールのネットワーク・モデルは概括的な教えを与えてくれる。それは、他の状況が同じであれば、「交換」を促すことが、富をより平等に分配するのに役立つというものだ。ブーショとメザールは、リンクを伝わって移動する富の量を増やしたり、あるいはそのようなリンクの数を増やしたりしたとき、つねに平等性が増すことを発見した。逆に、投資の見返りに伴う変動の激しさと予測の不確実性を大きくすると、逆方向の作用が働き、平等性は減少した。後者の場合、「金持ちほどますます豊かになる」影響が増幅されるのだから、不平等性が増すことになんの不思議もない。もちろん、このモデルはきわめて観念的なものであり、社会政策に事細かな勧告を提供するためのものではない。それでも、明白なものもあればそれほど明白でないものもあるとはいえ、どのようにすれば富の分布を変更できるか、いくつかの非常に基本的な提言を与えてくれるかもしれない。

たとえばこのモデルから、金をまがりなりにも平等なやり方で社会に再分配することを考えるなら、(別に驚くことではないだろうが)課税が財産の格差を平準化する一助となりそうなことがわかる。結局のところ、課税はネットワークに何本かのリンクを人工的に加えることと同義で、富はそれらのリンクづたいに富者から貧者へと流れていく。課税によってパレートの法則が変わることはないが、課税によって富の分配は多少なりとも平等なものとなり、富者のパイの分け前はそのぶん小さくなる。ちょっと意外かもしれないが、ブーショとメザールのモデルは、経済全体での消費の増大を目指す経済手段であれば、どんなものでも結果的には同様の富の再分配がもたらされることを示唆する。ということは、たとえば贅沢品の販売にさまざまな税を課すのは、消費を抑えることになるため、富の格差を拡大するのに資しかねないのだ。

富の分布に関するこのネットワーク・モデルは、政治家たちがさまざまな政策を正当化するさいにしばしば用いる論点の一部を検証する、絶好の場も提供してくれるかもしれない。たとえば、一九八〇年代から九〇年代にかけてアメリカを支配していたのは、自由市場思想と政府による規制の撤廃だった。こうした政策を擁護したのは、多くの場合、そうすれば富が貧者に「浸透する(トリクルダウン)」だろうという考え方である。大きな危険が伴い、また環境を損なう恐れがあったにもかかわらず、投資を活発にするためであれば、ありとあらゆることが実施された。当時がジャンクボンド[元利金の返済の可能性が低い債券のこと]や貯蓄、融資破綻の時代だったのはけっして偶然ではない。こうした政策によって、富は浸透したのだろうか? ネットワークの構図に基づくなら、浸透したとはまず考えられない。

実際、反対のことが予想される。投資活動が劇的なまでに拡大する一方で、それに見合う形で人々のあいだの資金の流れを増加させる対策をとらなければ、富の分配の不平等は加速されるはずである。そして、現実に起こったこともそのとおりだった。今日のアメリカの富の分布は、三〇年前に比べて著しく不平等なものになっている。アメリカでの富の集中度はヨーロッパ諸国よりも顕著で、ラテン・アメリカ諸国の水準に近づきつつある。

しかし、くりかえしになるが、このネットワーク・モデルの主眼は、経済を導くための原理に、NASAがロケットを月に誘導するのと同様の精密さを与えることではない。このモデルは出発点となるためのものである。このモデルがもたらす結論はきわめて抽象的であるとはいえ、少なくとも、人間の心理や完璧な合理性について、疑問の多い仮定はおいていない。さらに、どこかへ浸透していくことも浸透していかないこともあるものについて、想像を巡らせたすえに思いついた、曖昧で検証不能な考えに基づいてもいない。可能なかぎり少数の仮定ですますことを試み、限定的とはいえ信頼するに足る成果を得たことで、ネットワークの視点は富の分配の問題に向かうための希望のもてそうな出発点を提示してくれている。

社会の問題に対して、十分な知識に裏づけられた賢明な決定を下せるようになるには、富の分布など経済に見られる重要なパターンが何に由来するのか、それらのパターンに影響を与える基本的な力は何かを、より深く理解しなければならない。さもないと、やっかいな不測の事態に巻きこまれてしまうかもしれない。そしてやっかいといえば、富のウェブにはもう一つ、経済にまつわる真に憂慮すべきメッセージが隠されている。

市場や政情の不安定が「悪徳資本家」を生む

すでに見たように、投資から得る利益の不規則な変動が富の格差をもたらす一方で、人々のあいだでのあらゆる種類の売買は格差を一掃する傾向がある。この二つの力の競合がパレートの法則を導き、程度の差はあっても、富は最終的にごく一部の人々の手に集中する。しかしながら、ブーショとメザールは自分たちのネットワーク・モデルを研究して、投資の不規則な変動があまりに激しくなると、売買によって自然に生じる富の分散を完全に圧倒してしまう場合があることを見いだした。このケースでは、経済は突然かつ劇的に遷移状態を通り越す。つまり、加速的に広がる富の格差があまりにも著しく、そのことだけで、人々のあいだの富の流れでは格差を十分に軽減することができなくなり、経済はティッピング・ポイントを越えて傾いてしまうのだ。こうなると、富は、たんに一部の人々が握っているという状態ではなくなり、ほんの一握りの飛び抜けて富裕な「悪徳資本家(ロバーバロン)」に「凝縮」してしまう。

こんなことは驚くほどのことに思えないかもしれないが、非常に多数の人々からなる社会では劇的な結果をもたらすだろう。アメリカ市民のうち最富裕の一〇パーセントを構成しているのは三〇万人だが、彼らの富が五人か六人の手に集中すれば、それは劇的な社会の変質を意味する。富の集中とともに権力の移行も生じるだろうし、政治的にも大きな問題が派生するだろう。不安を覚えるようなシナリオだが、SFではないのだ。ネットワーク・モデルはたとえ抽象的であっても、抽象的という特性ならではの利点ももっている。基本的な数学を根拠に、不確かな仮定をほとんど用いることなく、あらゆる種類の経済の世界にこのようなティッピング・ポイントが存在することを証明しているからである。たとえば、現在のアメリカ経済はティッピング・ポイントにはほど遠い状態かもしれないし、ティッピング・ポイントまでもう少しのところまできているのかもしれない。それはだれにもわからないが、いずれにせよ、少なくとも政策立案者は、経済が転がり落ちるかもしれない「崖」が存在することを承知しておかなければならない。

一部の国、特に開発途上国で、すでに富がごく一部の手に集中する「凝縮相」に入ってしまっている国があるかどうかを考えてみるのも興味深い。たとえばメキシコでは、最富裕層の四〇人が金のほぼ三〇パーセントを所有していると見積もられている。さらに、歴史的に見れば、かつては経済の世界がこうした状況下におかれることがかなり頻繁にあったとも考えられる。過去一世紀にわたる長期的な経済の趨勢を見ると、この考え方にもそれなりの信憑性がある。というのは、イギリスを例にすると、最富裕層が所有する富の総計が占める割合は過去一世紀にわたって減少してきており、とりわけ一九五〇年から一九八〇年の期間はその傾向が著しいからである。

一方、政情の不安定さも、経済が「凝縮相」に突入しやすくなる状況を生みだすのかもしれない。ソ連崩壊後のロシアでは富の著しい集中が見られ、その結果、不平等は欧米諸国に比べると驚くほど深刻なものとなっている。はっきりした理由はわからないが、ネットワーク・モデルからうかがえるのは、政情の不安定さの増大と富を再分配する機会の欠如のいずれもが働いているらしいことだ。ソヴィエト時代の終焉によって生まれた一種の社会的真空状態では、環境を守ったり労働者たちの安全を確保したりするための規制はほとんどなく、したがって、経済活動は欧米諸国に比べると制約を受けることが少なかった。制約がないことは、環境の汚染や多数の人々の搾取につながるだけでなく、一部の企業に莫大な利益をもたらす一方で、それ以外の企業を完全に破産させることにもなる。経済学者たちは、課税は富を再分配する役目を果たすのに、ロシアは課税策の実施で後れをとっていると指摘している。[13] 課税は強制的な交換の一形態であり、課税がなければ富の格差は急速に拡大する。

何度も同じことを言うようだが、ここで述べたモデルの目的は、富の分布を説明したり、富の分配をうまく処理する最善の手法についての手引きを与えたりすることではない。しかし、ブーショとメザールは非常に単純な仮定から出発して、相互作用をする主体が構成するネットワークに必然的に生じるいくつかのパターンを調べ、そうすることで、経済の世界に見られるもっとも基本的なパターンの一つを見事に解き明かした。とはいえ、彼らの仕事は、世界各地の研究拠点に現れてきた、従来とは異なる新しい経済学の一例にすぎない。人間がどう行動するかは一部しかわかっていないのに、それでも正しい経済理論を打ち立てることができるのだろうか？　その答えがまさにイエスであることは明らかだ。たしかに、流動している経済現象の細部はまず予測不可能だろう。最終的にだれが富裕になり、どの企業が成功を収めるかは特定できないかもしれない。あるいは、株式市場の動向の予言についてもまったく同じことが言えるだろう。けれども、経済法則に関するいくつかのパターンが現れるのは、人々や企業が多数集まった集団レベルや価格変動の統計をより長期間にわたってとった場合である。市場での価格の変動や企業規模も、パレートの法則に非常によく似た裾の厚い分布パターンにしたがっており、パターンの出現のし方は、同じように簡単に説明がつくことがわかっている。

人間の行動レベルでの知識がないのだから、総体としての経済の働きのレベルで何もわからなくてもやむをえない、ということでは必ずしもないのである。

第13章

偶然の一致を越えて

懸命に追い求めていることを達成するために、われわれは年月を重ねるごとにますます優れた力を身につけてきている。だが実際のところ、何を懸命に追い求めているのか？

ベルトラン・ド・ジュヴネル[1]

ネットワークの科学から得られる教訓とは？

物事はしばしば見かけより単純である。不思議な巡り合わせのように見えるものも、必ずしもそうとはかぎらない。バーミューダ沖の青い海で、シュノーケリング中にかかりつけの歯科医の妹の友人と鉢合わせしたとしても、これは不思議な巡り合わせというわけではない。実際のところ、その日の出来事の多くはまったくちがった形で起こったかもしれないのだ。あの特別な出会いはまったく偶発的なもので、なんの教訓も引き出すことのできない偶然の事件だった。しかしながら、このような偶然の事件の背後には、同一のものと認められる原動力（エンジン）が存在する。なぜなら、少数の人々だけがリンク数にしてわずか数本離れたところにいるのではなく、ほとんどすべての人が同じ距離にいるからである。われわれは、スモールワールドゆえの遭遇に気づかずにいる。出会いが生ずるすんでのところで、なんらかの理由から機会を逸してしまっているのだ。人でごったがえした大都市の大通りからどの二人の人間を選んでも、両者のあいだを隔てているリンクは数本でしかない。それほどわれわれはみな近しいのである。実際のところ不思議なのは、ごくたまにしかスモールワールドに気づかず、他人とは遠く離れていると信じているケースがあまりにも多いことである。

もう一つ別の面で言うと、人間の脳の配線が社会のネットワークと同様のスモールワールドの構造をもつようになったのも、偶然の一致ではない。さらに、これらのパターンが、インターネットやワールド・ワイド・ウェブ、生態系の根幹をなす食物網、言語における単語どうしの結びつきに生じるのも、偶然ではない。ほんとうにたんなる偶然の一致なら、見事としかいいようのない偶然の一致ということになるだろう。しかし、物事は見かけよりもずっと単純なのだ。社会のネットワークは偶然の出来事を通して発達し、文化や経済に起こった事件の影響を受けるとするなら、また、脳神経のつながりは進化の過程が強いた効率性の要請の結果として生じたのであれば、さらに、インターネットはその網目に偶然の出来事が縫い込まれていながら、商業や技術の必要を満たしているとするなら、この世界には共通の糸が走っていて、こうしたさまざまなネットワークをつないでいることになる。

ダンカン・ワッツとスティーヴン・ストロガッツが発見したように、長距離リンクを数本加えるだけで、それまで規則的なネットワークだったものをスモールワールドにするには十分である。また、アルバート゠ラズロ・バラバシとレカ・アルバートが気づいたように、成長のパターンとして考えられるもっとも単純なもの、すなわち、もっとも豊かでもっとも人気のあるものほどさらに豊かになり人気を獲得するというパターンは、ワッツとストロガッツのものとは若干種類を異にするスモールワールド・ネットワークをもたらす。ここにあげた二つのきわめて単純な規則から、さまざまなスモールワールドが生じるのだが、これはけっして偶然の一致ではない。

歴史学の意図が、差異を説明する物語の叙述にあるとすれば、科学が主としてかかわるのは、類似性の発見とその探究である。あるいはハーバート・サイモンがうまい言い方をしたように、「秩序なき複雑性のうちに意味ある単純性を見いだす」[2]ことである。それまで面識のなかった人と話をしているときでも、あるいは実験中でも、類似性に気がつけば必ずはっとするものだ——突然、まったく別の経験とつながったときに、深遠な原理に戸惑いを覚えるのだ。科学者たちは、どう見てもランダムで、明らかにできるような規則性はいっさいないとしか考えられない世界に、実際には秩序が満ちあふれているのを見いだしてきた。それはたとえ無秩序が圧倒している状況であっても同じなのである。

複雑性の科学が真に目指しているのは、あらゆる種類の複雑なネットワーク内にパターンを発見し、われわれ自身を向上させて世界をよりよいものにするために、こうして得られた知識をどのように利用できるかを突きとめることだ。複雑性の研究の中心となっている概念に「創発(エマージェンス)」がある。これは、相互作用をする多数の要素からなる複雑な系の内部には、重要なパターンがまったくひとりでに出現するという考え方である。経済の分野では、アダム・スミスのあの「見えざる手」とパレートの法則の二つが、創発的な特性の代表的なものだ。言うまでもないが、これらのパターンを認識し、由来を理解するのは第一歩にすぎない。どうすればこのパターンに影響を与えることができるか、さらにどのようにすればネットワークの特性を有効に利用できるかも知る必要がある。

本書を終えるにあたって、これまで調べたネットワークに関する発見からどんな教訓が学べるか、その一部をごく簡単に探ってみたいと思う。たとえば、スモールワールドの理論は、効率的な組織やうまく機能するコミュニティを作るうえでどんな助言を与えてくれるのだろうか？　われわれは、まだネットワークの科学のスタート地点を出発したばかりで、終点——終わりがあるとしてだが——がはるか彼方であることはまちがいない。しかし、たとえそうであっても、多数の実際的な教訓がすでに明らかになっているかもしれない。

協力や服従を促す社会的絆のネットワーク

ネットワークの構造について言えば、スモールワールド・ネットワークには緊密につながっているがゆえの利点がある。コンピューター・ネットワークや神経系、あるいは一人一人の努力を組織化しなければならない企業などの場合、スモールワールド・ネットワークの接続パターンは、異なる要素——それぞれのコンピューター、ニューロン、従業員——間での瞬時の情報の伝達を促す。けれども前に見たように、ランダム・ネットワークも、隔たり次数は小さな値になっていた。ということは、スモールワールド・ネットワークの特徴は、隔たり次数が小さいことだけでなく、高度にクラスター化した状態を保っていることでもある。このネットワークの布地はきわめて密に織られていて、そのためどんな要素も、つながり合った局所的な網構造に無理なくしっかりと取り込まれている、と言ってもいいかもしれない。したがって、スモールワールド・ネットワーク全体はクラスターが集まって構成されていて、クラスター内の各要素は、友人の集団内と同じように緊密につながっていると見ることができる。クラスターどうしをつないでいる少数の「弱い」絆は、ネットワーク全体を狭い状態に保つ働きをしている。

長距離リンクがネットワークの良好なつながりを保っているとすれば、クラスターは多数の強い絆を与え、各要素がしっかりとはめ込まれる状況を作りだしている。経済活動については、たとえば迅速な取引を可能にするなど、長距離リンクが利点をもたらすであろうことは想像に難くない。けれども、長距離リンクに比べると見えにくいかもしれないが、クラスター化も、同じように非常に重要な影響をおよぼしている。ここ数十年のあいだに、ますます多くの経済学者が、個人の行動は純粋で完全な理性に基づくとしたのでは説明しきれないことを認めるようになっている。われわれの理性の力が制約されたものであるのは明らかだ。それでも経済学者の大半は、各人はほとんどどんな場合でも自分の利益の実現のために最善を尽くし、たとえ人は完璧に合理的ではないにせよ、貪欲で、自身の利得を最大限にするべく行動すると主張している。しかしながら、マーク・グラノヴェターが論じたように、この限定をつけた見方ですらも、現実の経済生活の中心をなす特徴を消し去ってしまうのである。[3]

グラノヴェターは、組織や家族や友人の集団内では、時間をかけて確立された関係もまた、経済上の出来事に対してどんな行動をとるかの原因になることがあると指摘している。個人が孤立した存在として行動することはめったにないことから見ても、ひたすら自分の個人的な課題のみを追い求めるのはまず不可能である。われわれは、社会生活のなかで生じる他の多数の目標や制約を考慮して行動することが多い。さらにこうした目標や制約は、経済上の目的とはほとんど関係しないことがしばしばで、より大きくかかわっているのは、共通にもっている一連の規範や倫理観にしたがうことである。近年になってグラノヴェターが主張しているように、「人間の相互作用についてのいかなる説明も、原因を個人の利益に限定してしまうのであれば、経済のみならず他のあらゆる行動を特徴づけている人と人の関係の根本的な側面を捨象してしまうことになる。ことに、横の関係では信頼と協力が、また縦の関係では権威と服従が、個々人の動機で説明できることをはるかに越える要件となっているのかもしれない。信頼と権威は私利私欲と行動とのあいだに楔(くさび)を打ち込むのである」[4]。一例をあげれば、われわれは上位の者の命令にしたがったり、絶好の機会であっても友人に不公平になるからといって見送ったりする場合があるということである。人間の行動は経済的な側面だけではないし、人と人との関係、およびそのよりどころである倫理観も、目標の達成を目指す個人の行動に劣らず重要なのである。

こうした社会的な絆はどのような働きをするのだろうか? もちろん、いろいろなことが考えられる。たとえば三〇年以上も前だが、スタンレー・ミルグラムは「権威への服従」に関する実験(第一章を参照)で得られた薄気味わるい結果を説明しようとして、そのような社会的な絆がもたらす結果に言及している。個人としてのわれわれは十中八九、無実の人を苦しめたいなどとは思わないだろう。生を受けて以降、社会に順応してきたわれわれは、そのような拷問まがいの行為は許し難いと見るようになっているからだ。けれども、ミルグラムの実験に協力を申し出た人は、他者から切り離された個人ではない。ミルグラムとともに実験をするのに同意したことで、各人はすでに一つの社会的ネットワークに足を踏み入れていたのである。その決定的な一歩がもたらした結果は、たぶん各人が想像していた以上に大きなものだったと思われる。

社会的世界が有効に機能するのは、われわれが多くの場合、命令に基づく関係を当然のものとして受けいれるからである。いかなる軍隊であれ、隊員の一人一人がもっぱら自分のために行動したのでは、有効に機能することはありえない。実際、軍事訓練の大半は、一人一人に自分がより大きな全体のなかの歯車であることを受けいれさせるのに費されている。しかもその全体は、階級制に基づく共通の構造を通して上から統合することができるようになっている。命令に基づく関係は、家族、企業、政府、学校などでも同様に中心的な役割を担っている。これらの集団の場合、ラインによる上意下達が効率性を高め、個人間に生じる摩擦を最小限におさえていることは明らかである。しかしながら、このようなネットワーク内での自分の位置を受けいれた個人には、それなりの代償もある。集団が機能できるようにするためには、どうしても、自分を支配する権利をある程度譲り渡し、自律性を抑制しなければならないからである。

したがって、ミルグラムが示唆したように、彼の実験で協力者たちがちょっと意外なほど命令にしたがってしまったのは、人間が集団内で暮らすよう順応させられてきたことの反映にすぎないのかもしれない。ミルグラムはこの実験に言及して、次のように述べている。「階級制の組織に足を踏み入れると、人はもはや自分が自らの意志で行動しているとは考えなくなり、自分のことを、他人の願望をその人に代わって達成する代行者だと見るようになる。自分の行動をひとたびこの観点から考えるようになると、行動や精神面の働きに大きな変化が生じる。その変化はきわめて大きく、個々の人はこの態度の変化によって、階級制に統合される以前とは異なった状態におかれることになると言ってもいいかもしれない」[5]。

もちろん、このような社会へ組み込まれること——いずれにしてもあるとすれば、これがネットワーク効果である——の結果は、けっして、つねに好ましくないというわけではない。好ましくない場合が多いということですらない。最近、アメリカの政治科学者フランシス・フクヤマが研究したように、もう一つの結果として、社会へ組み込まれることはいわゆる社会資本の創生をもたらす。社会資本という言葉を最初に使用したのは社会学者のジェームズ・コールマンだが、社会資本とは、経済的繁栄を決定づけるものでありながら、従来の経済学の構図では完全に欠落していた要因の一つを指している。フクヤマが示唆するところによると、国やコミュニティや企業の経済面での競争力は、間接的ではあるけれども、メンバー間にどの程度固有の信頼感があるかに左右される。信頼は無形の社会資本になるというフクヤマは、それを次のように定義している。「[社会資本は] 信頼が社会やその一定の部分に行き渡っていることから生じる力である。この力は、最小にしてももっとも基本的な社会集団である家族のみならず、最大の集団である国家においても、さらにその中間に位置するすべての集団においても具現することができる。社会資本は、通常は宗教や伝統や歴史的な習慣のような文化的な機構を通して創造伝達されるがゆえに、人的資本の他の形態とは異なっている」[6]。おおざっぱな言い方をすれば、社会資本とは、人々が容易かつ効率的に協働する能力をもっていることだ。その根底にあるのは、信頼、親近感、思いやりなのである。社会資本の重要性は、取引のための効率的なネットワークを作りだす力となることにある。たとえば、企業どうしのネットワークでは、人々が社会資本を備えたネットワークを通してつながっている必要がある。こうしたネットワークなら、法的拘束力をもつ契約書を立案するのにかかるコストは減少する。規範や目標などを共有しているために、意志決定はより容易に、しかも速やかにおこなわれるようになるからである。

不思議なことに、社会資本は、ネットワークの構造を調べたさいに見たクラスター化の数学的特性と密接な関係があるらしい。

競争力のある強い集団は「強い絆」で結ばれている

クラスター化が生じているネットワークでは、クラスター内の人々を結んでいるリンクの大半は強い絆である。こうした絆は歴史があり、また頻繁な相互作用によってがっちり固められている。さらに、ネットワーク内のかなりの部分の人々が、このような絆を共有しあっている。この事実は、友人や職場の同僚のネットワークにも、あるいは部隊の隊員どうしのネットワークにも当てはまる。こうしたネットワークでは、共通の体験を有し、しょっちゅうそばにいることで、時間とともに道徳的な感情や共通の規範が醸成される。たとえば組織内では、新規に雇用された者は他の被雇用者の行動を模倣することで仕事のコツを学び、このときに、その人物と相互作用をすることになる。同僚はどのように行動し、組織はどのように機能しているかを新参者が理解するのは、明確な指示によるのではなく、おそらく言葉によらないコミュニケーションによるケースが大半だろう。

一般的には、規範の共有とそこから生まれる期待感は、組織の目標をより高いところにおかせることになる。結局のところ、グループのメンバーは暗黙のうちに非常に多くの行動原理を共有しており、そのおかげで数えられないほど多くの業務がより効率的なものになる。したがって、ネットワーク内でクラスター化が生じていれば、それだけで社会資本の形成に資するのであって、クラスター化していなければこうはいかないだろう。これがどんな結果につながるのだろうか？　もしもフクヤマが正しければ、社会資本は容易に評価できるし、社会資本のあるなしが経済的な成功と失敗の差をもたらす場合も多いと考えられる。この問題を明らかにするのには、例を二つか三つあげれば十分だろう。

フクヤマは例として、ドイツとフランスの工場における組織と労働者たちの行動を比較している。ドイツでは、現場の職工長は部下のほぼ全員について、彼らがどのように仕事をやっているかを掌握している場合が多い。必要とあれば、躊躇することなく作業現場に赴き、部下に代わって作業をする。職工長はたんなる監督ではなく、グループの親密な一員として信頼されている。職工長は、自身の経験をもとに部下たちの働きぶりをじっくり見て彼らを評価するし、効率を改善するために彼らの持ち場を変更することもできる。

対照的に、フランスの工場では、職工長と部下の労働者たちの関係にドイツよりも形式的で非効率的な傾向が見られる。それは、両者の関係がドイツに比べて、信頼を確立した状態のうえに成り立っていないためだ。歴史的・文化的理由から、フランス人は上司を信用しない傾向があり、上司が自分の仕事に対して公平無私な評価をするとは考えない。さらに、パリの省庁はさまざまな規則を課して、職工長の裁量の範囲を定めている。職工長は部下の労働者を他の仕事に移すことはできないので、当然ながら、能率は低くなりがちである。信頼の絆が欠如しているため、連帯感は損なわれるし、より効率的な新たな生産方式の導入への抵抗を招くことになる。

総じて言えば、社会資本とは、集団が集団として自律的に自ら進んで仕事をする能力のことであり、拘束力のある規則によって無理やり参加させる必要をなくしてくれる。規則や規制の必要性自体、すでに、効率性の欠如の現れなのだ。職場の場合には、社会資本の欠如がもとになって能率がわるくなったり、市場から学んで適応していく組織としての能力が損なわれたりしがちである。同じく、社会資本の欠如はコミュニティの安寧（あんねい）を向上させようとする努力を妨げることもある。けれども、もし頭を働かせて社会資本をうまく育成することができれば、ときには数人の人々を結びつけて人工的に社会的クラスターを作りだすだけで、目覚ましい改善が可能になることもある。

たとえば、グラミン銀行と呼ばれるものを例として取り上げてみよう。これはバングラデシュの経済学者ムハマド・ユヌスによる、これまでになかったまったく新たなすばらしい着想で、貧しい人たちが融資を受けられるようにすることを目指したものだ。[7] どんな金融機関にとっても、貧しい人々は通常大きなリスクになる。貧しい人々は、事業を始めるためであれ、大学に通うためであれ、あるいは窮乏を軽減するのに役立つと思われるどんな手だてを講じるためであっても、簡単には融資を受けられない立場におかれている。ユヌスの発想は、人々を互いに結びつけてクラスター化することだった。融資を受けたい人は、五人で構成される借入グループの一員になるのだ。この五人のグループ全体が、メンバーのだれかのローン返済の責任を負い、もしグループが債務不履行におちいったときは、グループのメンバーのだれ一人として新たな融資を受けることができない。

メンバーのなかにはローンを希望する以前からの顔なじみがいるかもしれないが、このようにして作られたメンバー間の関係ははるかに強く、また主として、信頼、経験、共通の価値観を基礎として成り立っている。このような絆は、個人が金融機関とのあいだにもっているであろうつながりに比べれば、どんな場合でもはるかに強いし、ずっと長く継続する。さらに重要なことに、メンバー間での自由で詳細な情報の交換がおこなわれるので、メンバーの一人が債務不履行を回避してなんとか返済していくために思いついたうまい方策は、どんなものでも他のメンバーも利用できることになる。クラスター化した集団は密に編まれた構造になっているおかげで、個々の要素を加算した以上のものとなる。その結果、バングラデシュではローンの返済率は九七パーセントに達している。

社会資本の重要性はこれまでにもたびたび指摘されていて、議論のうえでは大方の支持を得てきた。その結果、ユヌスをはじめ多くの経済学者たちは、経済活動を突き動かしているのは個人の飽くなき利益の追求だけではないという事実を重く受けとめるようになっている。社会生活に見られる重要な特徴は、効率的な経済活動に必要な組織的な仕組みの原形を与えてくれるのだ。いずれにしても好奇心をそそられるのは、現実世界のさまざまなネットワークでごく自然にクラスター化が生じていること、そしてクラスター化しているという特性のゆえに、社会資本を創出する状況がもたらされるらしいことである。スモールワールド理論の手法を用いれば、社会学者や企業の経営者たちは社会資本を計量したり、ことによると、社会資本を増大させるための方策を採用したりすることができるようになるかもしれない。

その一方で、グラノヴェターが職探しの研究で指摘したように、過度のクラスター化にはマイナス面もある。クラスター内で暮らせば考えを異にする規範から守られるが、同時に、真に斬新な考え方や行動のパターン、さまざまな情報からも隔絶されてしまう。「仕事を探している」というメッセージを友人たちのネットワークに発信してもそれほど効果がないのは、しばらくするうちに友人たちは同じメッセージを二度三度と聞くことになるからである。メッセージを大勢の人、特にさまざまな産業や企業、地方の情報に通じている人物に伝えるには、異なるクラスターとつながっている弱いリンクを利用しなければならない。弱い絆を数多く有してコネクターとなっている人物は同様の役割を演じ、内部が緊密につながっている別個のクラスターどうしを結びつけるうえで一役買っている場合が多い。このあと見るように、このような弱い絆が存在しないと、好ましくない結果が生じてしまうこともある。

「弱い絆」を欠く集団は潜在的能力を発揮できない

社会学者たちがずっと頭を悩ませてきたのは、もてる力を有効に結集して危機に対処しているコミュニティや企業がある一方で、そうしないコミュニティや企業があるのはなぜなのかという疑問だった。状況はどれもきわめて込み入っているし、個々の人たちの性格や、特殊かつ固有の環境が一定の役割を果たしていることはまぎれもない。けれども、それ以外に社会の構造がスモールワールドであるかないかも、影響を与える要因となることがある。

たとえば、一九六〇年代の初期、ボストンは「都市再生」のためにウエストエンド地区の大規模な取り壊しを計画していた。社会学者のハーバート・ガンズは、主としてイタリア系の労働者で構成されたこのコミュニティがどのような対応をとったかを調査した。彼は、矛盾しているように見るかもしれないとしたうえで、コミュニティは社会として「まとまりがある」ように思えたし、大部分の人は取り壊しが実施されそうなことに一様に不安を抱いていたにもかかわらず、その地区の指導的人物のもとに集結して連携することができなかったと述べている。[8] ガンズはウエストエンド地区を他のコミュニティと比較してみた。いずれも、表面的には同じような労働者で構成されているのに、同様の難問に直面しながらも見事に組織をまとめて行動にまでもっていったコミュニティである。そのうちの一つに、同じボストンのチャールズタウンという別の地区がある。ボストンの二つの地区で対応が異なった原因はなんだったのだろうか？

ガンズ自身の説明は、労働者階級に特有の文化のせいで、コミュニティの構成員は「利己主義」の指導者は信用できないと思うようになっており、したがって、力になってくれたかもしれないのに、政治的な組織に加わるのを嫌がったというものである。けれどもグラノヴェターは、弱い絆の強さについての最初の論文でこれとは別のもっと単純な解釈を示し、ネットワークからの視点と、コミュニティをまとめるうえで弱い絆が果たす重要な役割に基づいて説明を与えている。グラノヴェターは、ボストンのウエストエンド地区では「近隣に住む人々はネットワーク内で密にまとまったクラスターを作っていたけれども、クラスターどうしはきわめて遠く離れた状態になっていた。断片化されていたために、個々の人がどんな意図をもっていたにしても、結集するのは困難だったということも十分に考えられるのではないか」と述べている。

さらに、グラノヴェターはこの出来事を記録したガンズ自身の記述に立ち返って、人々が地区ごとに作っているクラスターではなんとか力を結集するところまでいったケースもあること、しかしながら協力関係がコミュニティ全体には広がらなかったことを見いだした。さまざまな小（サブ）コミュニティには、どうやら弱い絆をもったコネクターとなる人物がいなかったらしい。コネクターがいれば、異なるサブコミュニティどうしをつないで、グループ全体をしっかり束ねることもできたはずなのだ。そのような絆がなかったことが、指導的な立場の人々、とりわけ異なるサブコミュニティから立ち上がった人々のあいだに信頼が生まれないままだった理由なのかもしれない。もし、自分の友人の友人が、ある一人の指導者と面識があり、話をしたこともあるのを知っていれば、二人のあいだをつなぐ短い連環（チェーン）が存在することになる。このような連環は、指導者たちの意図や動機のうさんくささを減らすのに役立つ。なぜなら、「だれでも連環を通して、利己主義の抑制のために影響力を行使することが可能になるからである」[9]。

グラノヴェターも認めているように、コミュニティ内に弱い絆がまったく存在しなかったとは考えにくい。だが、疾病の突然の流行を説明するザネッテのモデルが、コミュニティの行動を一つにまとめるのに関係する噂や情報の広がりにも同じくらいうまく当てはまるのかもしれない。つまり、もしも弱い絆の密度がある閾値より低かったなら、情報が住民の一部を超えてさらに外側に広がることはけっしてなかっただろうということである。この解釈が正しいとすれば、コミュニティを強固にまとめる弱い絆がなかったことが、信頼などの社会資本の欠如につながったのだろう。そのような社会資本は、コミュニティを救う力となりえたかもしれないのだ。たとえ、ボストンで実際に起こったことがこのとおりではなかったとしても、ボストンの事例は、要点を明確にするには十分である。すなわち、似たような出来事はきわめて簡単に生じうるということだ。スモールワールド効果はとてつもなく大きな影響をおよぼすのである。

実際、大都会ボストンのルート128沿いのハイテク産業地域とは対照的に、シリコンヴァレーが成功を収めた背景には、これと非常によく似たシナリオがあるのかもしれない。一九七〇年代、この二つの地域は、アメリカの技術の中心地の座をめぐってほぼ対等の競争をくりひろげていた。その後、サン・マイクロシステムズ、ヒューレット＝パッカード、シリコン・グラフィックスなどのシリコンヴァレーの企業が勝ち組として抜きん出た存在となった一方で、ボストンのデジタル・イクイプメント、プライム・コンピューター、アポロ・コンピューターなどの会社は、買収されるか解散するかのいずれかだった。ハイテク競争が別の道を歩まなかったのはどうしてなのだろうか？　地域のちがいによって結果が分かれたのだろうか？　社会学者のアナリー・サクセニアンは、いちばん決定的な要因には、一企業内ではなく複数の企業間でのアイデア、資本、人の移動が容易だったかどうかも含まれると論じている。[10]

ふつう、競合している組織間では、それぞれの組織に所属するメンバーどうしが信頼し合っていることはほとんどない。しかし、シリコンヴァレーの場合、個別の企業どうしはちょっと異常なくらい進んで協力し合ったらしい。従業員は頻繁に転職したので、別の企業にいても以前はいっしょに仕事をしていたというケースが多かったし、コンピューター技術者の文化のために、堅固な忠誠心や高給よりも技術面での協力や成果のほうが重視されたのである。ボストンも同じだったのかもしれないが、シリコンヴァレーでは、企業は会社という枠を超えて、人と人との重要なつながりを積極的に利用した。ボストンのあるニューイングランド地方のややもすれば閉鎖的な風土とは対照的に、だれもが比較的自由に行動できたことと、開放的なカリフォルニアの文化が大きな差を生みだしたように見える。結果的に、ボストンではアイデアの交換や人の交流は生まれず、生産性や機敏に事に対処する能力を損なうことになったようだ。機敏な対応が取れないことは、動きの激しいハイテク分野では致命的な欠陥だった。

もう一つ別の例をあげると、一九七〇年代から八〇年代にかけて、イタリアの自動車メーカー、フィアットとアルファ・ロメオは、コストを削減し効率を改善するために同じようなリストラを実行しなければならない事態に直面した。フィアット社は労働組合を弱体化させてリストラを敢行しようとし、労働者たちとのあいだに激しい紛争を引き起こした。一方、アルファ・ロメオ社のほうは、もっと対等な立場での交渉を成立させ、それが経営者、労働者いずれの側にも助けとなった。アルファ・ロメオ社の取り組み方は望ましいものだったのだが、なぜそれがうまくいったのだろうか？　社会学者のリチャード・ロックによると、この結果は、両社の本拠地であるトリノとミラノにおける社会の権力構造の差異に由来する可能性があるとのことである。[11]

ロックがおこなった研究から、フィアット社の本拠地トリノは、政党のネットワークに著しい偏りがあることがわかる。事実上、トリノは二つの別々のネットワークに分裂していて、一方は企業家と、もう一方は労働者と手を結んでいる。どちらのネットワークもそれぞれの内部ではよくつながっているが、二つのネットワークを結びつけるリンクはほとんど存在しない。対照的に、アルファ・ロメオ社が本拠をおくミラノでは、政治的な結びつきのネットワークははるかに多様なつながりをもち、企業家、労働者をはじめ、両者の仲介役となる団体や協会のあいだを重要な弱い絆が縦横に走っている。このネットワーク構造のおかげで、アルファ・ロメオ社はフィアット社に比べてうまくリストラを進めることができたのである。

したがって社会的な事例では、スモールワールド・ネットワークは、クラスター化と個々のクラスターどうしを結びつける弱いリンクがともに有効に組み合わされているように見える。クラスター化は、社会という織り地をきめの細かいものにするのに寄与し、社会資本の形成を可能にする。そして、この社会資本が今度は、決定を下すさいの効率性を高める。同時に、弱い絆のほうは、コミュニティがどれほど大きなものであろうと、すべての人がコミュニティの残りの人たちと社会的な意味で身近な状態になっているのを保ち、そうすることで、だれもがより大きな組織がもつ情報や財産を利用できるようにしている。おそらく、組織やコミュニティは、スモールワールドの線に沿って意図的に作るべきなのだろう。

さらに、スモールワールドという発想は、複雑な世界でどう生きるべきかについて、より深遠な洞察をいくつか読みとってもらおうと、懸命になっているかのように思えてくる。その中心にあるのは、規則正しさや馴染み深さも度が過ぎるといいものではなくなる、という考え方である。あまりの秩序のなさや、度を超した斬新さがいいとはかぎらないのと同じなのだ。必要なのは、この二つの中間で微妙なバランスを保つことなのである。

複雑さのなかに単純な法則を見いだす知恵

皮肉なことに、本書で見てきた研究の大半は物理学者の手になるものだが、彼らの研究領域は通常ならまず物理学の一部とは見なされない社会のネットワークやコンピューターのネットワーク、細胞生化学、経済学だった。けれども、この意味では物理学は進化しつづけている。かつては、もっぱら物質と基本的な物理法則を研究していた物理学は、その段階を越えて、あらゆる形態の組織を研究する分野となっている。あらゆる形態の「創発」の研究は現代科学のもっとも重要な取り組みであり、この方向性は今後一世紀のあいだ変わることはないだろう。近年、二人の著名な物理学者が評したように、「いま理論物理学の中心を占める仕事は、もはや究極の方程式［万物理論の方程式］を書き留めることではなく、さまざまな形態の創発的振舞いの目録をつくり、理解することである。そこにはおそらく、生命そのものも含まれるだろう。この来るべき世紀の物理学を「複雑系適合性物質」［創発的な振舞いをするすべての「もの」の研究と呼ぶことにする……いまわれわれが目の当たりにしているのは、還元主義ときわめて緊密に結びついた過去の科学から複雑系適合性物質の研究への遷移であり……この科学は、新たな発見、新たな概念、新たな知恵に到達するための出発点を与えてくれる可能性をもっている」[12]。

科学へのこの新たな取り組み方の核心には、われわれの世界は多くの点で見かけよりも単純なのだという認識がある。富の分布の問題はおおいに白熱した論争を引き起こすが、分布の原因となっているのは、互いに矛盾する無数の要素の絡み合いではなく、ランダムな成長という単純な過程である。じつを言うと、数学的には、この過程はインターネットの成長の仕方とほぼ同一と見なすことができる。インターネットでは、もっとも多数のリンクをもつサイトには、他のどのサイトよりも先に新たなリンクが集まってくる。さらに、企業や都市が発展していくときの過程もほぼ同じである。研究者たちによって、都市や企業の規模別の分布がパレートの単純な法則にしたがうことが発見されている理由もここにある。適切な視点から眺めれば、われわれの世界は見かけよりも単純な側面をもっていることが多いのである。

スモールワールドという考え方そのものは驚くほど単純である。必要なのは、少数の長距離リンク、もしくはきわめて多数のリンクをもつハブだけで、これでもうスモールワールドになる。こんな単純な事実が、人間の脳や、われわれを社会につなぎとめているさまざまな人間関係の網(ウェブ)、さらには話したり考えたりするときに使う言語にいたる、あらゆる構造にスモールワールド・ネットワークが生じる理由を明らかにする。五年、一〇年先にスモールワールドという考え方によってどこまで到達できるかはだれにもわからない。けれども、スモールワールドという考え方は、さまざまなアイデアを互いに結びつけるためのなんらかの方法を教えてくれるだろうし、生物学、コンピューター科学、社会学、物理学で発見された事実がどうしてきわめて密接なつながりをもつのか、どうすれば熱帯のホタルの研究からほんの数段階で科学の全領域にわたる新たな洞察にまで到達できるのかを明らかにしてくれそうである。これもまた、おそらくたんなる偶然の一致を越えたことなのだろう。

訳者あとがき

本書はMark Buchanan, *Nexus : Small Worlds and the Groundbreaking Science of Networks*（Norton, 2002）の全訳である。ネットワークの視点に立てば、複雑な世界に単純な法則が見えてくる——アメリカの科学ジャーナリストで、『ネイチャー』『ニューサイエンティスト』の編集にも携わったマーク・ブキャナンが本書で語っている核心は、まさしくこの点にある。相互作用をする多数の「もの」からなる系（システム）をネットワークとしてとらえれば、「もの」が原子であろうと人間であろうと、構成要素がなんであるかにはかかわりなく、これまで見えなかったものがはっきりと浮かび上がってくる。表面的には無秩序としか見えないところに、あるいはなんの特徴もない一様な状態としか思えないところにも、重要なパターンと規則性が存在することがわかるのである。しかも、そのパターンと規則性は、物理学、生物学、医学から社会学、経済学、政治学などさまざまな領域の数多くの現象に共通したものであり、見かけの複雑さにもかかわらずきわめて単純な形を取る。ブキャナンが言うように、われわれの世界は、普遍的な原理によって支配されているかのように思えてくる。もちろん、そのような原理がほんとうに存在するのかどうかはわからない。けれども、ネットワークの科学は、社会科学、自然科学を問わず、すべての分野の思考法に大きな変革をもたらしていることは確かだ。

従来の還元主義の手法の限界が見えてきた自然科学、なかでも物理学の領域では、ネットワークの視点は大きな力になりそうだ。いままでは、多数の要素からなる系の性質や振舞いは、個々の要素を足し合わせたものとはまったく異なることがますますはっきりとしてきた。さまざまな要素の性質を個別に理解しても、それらの要素が集まったときにどのような働きをするかを教えてくれるヒントさえ見えてこない場合が多い。組織全体が示すパターンは要素間の相互作用によって生じる場合がしばしばで、その原因を個々の要素に帰すことができないからである。こうした創発的な自己組織化現象の代表的な例は相転移だが、複雑系の理論の発達に伴って、自己組織化は物理的な自然の世界にとどまらず、生命から生態系、人間社会にいたるまで、あらゆる領域で広く普遍的に見られる過程であることもわかってきた。相互作用をする多数の要素からなる系をネットワークと見ることで、現代科学の最先端の問題への新たなアプローチが可能になっているのである。

ネットワーク理論そのものはけっして新しいものではない。数学の分野ではグラフ理論という名で数百年の歴史をもつ。けれども、新たな展開が始まったのは、一九九八年にスティーヴン・ストロガッツとダンカン・ワッツがスモールワールド・ネットワークの不思議な世界を明らかにしたときだった。詳しくは、本文を読んでいただくとして、彼らの発見が契機となって、いろいろなところに、同じようなネットワーク構造が生じていることがわかってきた。人と人とのつながりや経済活動から線虫の神経系、脳のニューロン、生態系、河川水系、細胞の生化学反応、電力網、インターネット、ウェブページ、航空網、言語構造、科学者の共同研究にいたるまで、人間社会だけでなく、自然界も人工の世界も同じようなスモールワールドの構造になっている。ブキャナンが、スモールワールド・ネットワークには世界を読み解くための鍵が隠されていると言うのも、もっともに思われる。

本書で取り上げている具体的なテーマは、社会のネットワーク、コンピューターのネットワーク、細胞の生化学、経済学に関係したものだが、それらの研究の大半は物理学者の手になるものである。従来の物理学とはたしかに違うが、じつは、どれもが自己組織化によるパターンの出現と密接に関係している。一九九八年にノーベル物理学賞を受賞したロバート・ラフリンは、近著のなかで、「物理学はいま、還元主義から創発、すなわち自己組織化の時代へと大きく変わろうとしている」と述べている。その意味では、物理学は、社会学、経済学、生物学、医学などさまざまな分野と複雑に絡み合ったネットワークを作りながら進化しつづけていると言ってもいいのではないだろうか。もっとも、ネットワークの科学は始まったばかりである一見、なんの関係もないと思われていたさまざまなところに類似のパターンと規則性が存在することを明らかにしたとはいえ、なぜそのパターンが生じるのかを「完全に」解き明かしたわけではない。何か普遍的な原理のようなものがあるのかもしれないし、単なる偶然の一致にすぎないのかもしれない。いずれにしても、パターンを見いだすことと、個々の現象の背後にある原理を説明することとは、まったく次元を異にする。一時期、物理学の領域ではほとんどすべてが解明され、残された問題は細部を埋めることぐらいだと考えられたこともあったが、どうやら課題はまだまだ尽きないようだ。

広範囲のトピックを扱った本書の翻訳にあたっては、多くの方々のお力添えをいただいた。なかでも、いくつかの疑問点や当たるべき資料についてご教示いただいた科学ジャーナリストの垂水雄二氏、湘南鎌倉総合病院循環器科医長の田中慎司氏、かつての同僚で昆虫に造詣の深い亀澤洋氏に心からお礼を申し上げる。また、装丁に使う図版を提供してくださった韓国科学技術院の鄭夏雄(チョン・ハウン)教授にもあつくお礼申し上げる。最後に、訳稿を丁寧に読んで、訳者の読み落としや思いちがい、まずい表現を仮借なく指摘し、読みやすい文章にするためのさまざまな助言をしてくださった草思社編集部の久保田創氏に深く感謝する。

二〇〇五年一月　　阪本芳久

図版出典

図 1　ピーター・ヨジスの許可を得て掲載
図 3　オールデン・クロヴダールの許可を得て掲載
図 8　ビル・チェスウィックとルーセント・テクノロジーズ社の許可を得て掲載
図 9　M. Faloutsos, P. Faloutsos, C. Faloutsos, On power-law relationships of the Internet Topology, *Comput. Commun. Rev*. 29, 251（1999）をもとに作成
図 10　マニュエル・ヴェラーデの好意により、許可を得て複写
図 11　ハリー・スィネリー、ポール・アンバノーワー、ダニエル・ゴールドマンの好意により、許可を得て掲載
図 12　写真はスヴァールバル諸島のスッピツベルゲン島西部でマーク・ケスラーが撮影したもの。許可を得て掲載
図 13　イグナチオ・ロドリゲス＝イターベとアンドレア・リナルドの許可を得て、*Fractal River Basins*［Cambridge University press, 1997］から転載
図 14　イグナチオ・ロドリゲス＝イターベとアンドレア・リナルドの許可を得て、*Fractal River Basins*［Cambridge University press, 1997］から転載
図 15　ポール・ミーキンの好意により、許可を得て掲載
図 16　アルバート＝ラズロ・バラバシの好意により、許可を得て掲載
図 17　鄭夏雄の好意により、許可を得て掲載
図 18　ピーター・ヨジスの許可を得て掲載
図 20　ナイジェル・ギルバートとクラウス・トロイツシュの好意により、許可を得て掲載

1, 168 (2001).
9 Vilfredo Pareto, *Cours d'economique* (Macmillan, London, 1897). 厳密に言えば、パレートが発見した富の分布パターンは一律に成立するわけではないが、分布の富裕層の側へいくほど正確に当てはまる。しかも、一律に成立しないからといって、導かれる結論が影響を受けることはない。
10 Wataru Souma [相馬亘], "Universal Structure of the Personal Income Distribution," *arXiv : cond-mat*/0011373, November 22, 2000.
11 John Kenneth Galbraith, *A History of Economics*, pp. 6-7 (Penguin, New York, 1987). [ガルブレイス/鈴木哲太郎訳『経済学の歴史』(ダイヤモンド社)]。
12 Jean-Philippe Bouchaud and Marc Mézard, "Wealth Condensation in a Simple Model of Economy," *Physica A* 282, 536 (2000).
13 John Flemming and John Micklewright, "Income Distribution, Economic Systems and Transition," *Innocenti Occasional Papers, Economic and Social Policy Series*, no. 70 (UNICEF International Child Development Center, Florence, 1999).

第13章

1 Alan Mackay, *A Dictionary of Scientific Quotations*, p. 133 (IOP Publishing, London, 1991) から引用。
2 Herbert Simon, *Models of My Life*, p. 275 (Basic Books, New York, 1991).
3 Mark Granovetter, "Economic Action and Social Structure : The Problem of Embededness," *American Journal of Sociology* 91, 481-510 (1985).
4 Mark Granovetter, "A Theoretical Agenda for Economic Sociology," in Mauro F. Guillen, Randall Collins, Paula England, and Marshall Meyer, eds., *Economic Sociology at the Millennium* (Russell Sage Foundation, New York, 2001).
5 Stanley Milgram, *Obedience to Authority*, p. 151 (Tavistock, London, 1974).
6 Francis Fukuyama, *Trust*, p. 26 (Free Press Paperbacks, New York, 1995). [フランシス・フクヤマ/加藤寛訳『信無くば立たず』(三笠書房)]。
7 Muhammad Yunas, "The Grameen Bank," *Scientific American* 281, 114-119 (November 1999).
8 Herbert Gans, *The Urban Villagers* (Free Press, New York, 1962).
9 Granovetter, "A Theoretical Agenda for Economic Sociology."
10 Analee Saxenian, *Regional Advantage : Culture and Competition in SiliconValley and Route 128* (Harvard University Press, Cambridge, 1994). [アナリー・サクセニアン/大前研一訳『現代の二都物語』(講談社)]。
11 Richard Locke, *Remaking the Italian Economy* (Cornell University Press, Ithaca, N. Y., 1995).
12 Robert Laughlin and David Pines, "The Theory of Everything," *Proceedings of the National Academy of Sciences of the United States of America* 97, 28-31 (2000).

and Sailors Are at Greater Risk," *AIDS Analysis Asia* 1, 8-9 (1995).
11 Romualdo Pastor-Satorras and Alessandro Vespignani, "Epidemic Spreading in Scale-Free Networks," *Physical Review Letters* 86 3200-3203 (2001).
12 Romualdo Pastor-Satorras and Alessandro Vespignani, "Optimal Immunisation of Complex Networks," *arXiv : cond-mat*/0107066, July 3, 2001.
13 Pastor-Satorras and Vespignani, "Optimal Immunisation of Complex Networks." Zoltán Dezsö and Albert-László Barabási, "Can We Stop the Aids Epidemic?" *arXiv : cond-mat*/0107420, July 19, 2001 も参照。
14 簡潔な解説は、William W. Darrow, John Potterat, Richard Rothenberg, Donald Woodhouse, Stephen Muth, and Alden Klovdahal, "Using Knowledge of Social Networks to Prevent Human Immunodeficiency Virus Infections: The Colorado Springs Study," *Sociological Focus* 32, 143-158 (1999) を参照。

第12章

1 Robert Laughlin and David Pines, "The Theory of Everything," *Proceedings of the National Academy of Sciences of the United States of America* 97, 28-31 (2000).
2 *The Concise Oxford Dictionary*, 6th ed. (Oxford University Press, Oxford, 1976).
3 Thomas Schelling, "Dynamic Models of Segregation," *Journal of Mathematical Sociology* 1, 143-186 (1971).
4 Adam Smith, *An Enquiry into the Nature and Causes of the Wealth of Nations*, book I, chapter 2 (A. Strahan, London, 1776). [アダム・スミス『国富論』]
5 Richard Thaler, *The Winner's Curse* (Princeton University Press, Princeton, 1994).
6 もちろん、生産活動をどう定義するかはさまざまに論じることができる。現在、経済学者の大半は、国内総生産（GDP）で見た経済成長を経済の健全さの尺度としている。しかしこのアプローチの仕方では、汚染されていない環境、低失業率、住宅の取得のしやすさなど、社会の安寧という点で評価しなければならない多くの要因は除外されてしまう。現在実践されている経済学が、厳密な金銭関係で計測できる問題に適合するように歪められていることは明白である。
7 たとえば、Robert Shiller, *Irrational Exuberance* (Princeton University Press, Princeton, 2000) や Andrei Shleifer, *Inefficient Markets* (Oxford University Press, Oxford, 2000) を参照。
8 これらの魅力的なモデルの実例については、以下を参照。Jean-Phillipe Bouchaud and Rama Cont, "Herd Behavior and Aggregate Fluctuations in Financial Markets," *arXiv : cond-mat*/9712318, December 30, 1997; Thomas Lux and Michele Marchesi, "Scaling and Criticality in a Stochastic Multi-Agent Model of a Financial Market," *Nature* 397, 498-500 (1999); Damian Challet, Alessandro Chessa, Matteo Marsili, and Yi-Chen Zhang, "From Minority Games to Real Markets," *Journal of Quantitative Finance*

1976).［リチャード・ドーキンス／日高敏隆他訳『利己的な遺伝子』（紀伊国屋書店）］
8 Seth Godin, *Unleashing the Ideavirus* (Do You Zoom, Dobbs Ferry, N. Y., 2000).［セス・ゴーディン／大橋禅太郎訳『バイラルマーケティング』（翔泳社）］
9 Peter Beilenson et al., "Epidemic of Congenital Syphilis—Baltimore, 1996-1997," *Morbidity and Mortality Weekly Report* 47, 904-907 (1998).
10 Peter Beilenson et al., "Outbreak of Primary and Secondary Syphilis—Baltimore City, Maryland, 1995," *Morbidity and Mortality Weekly Report* 45, 166-169 (1996).
11 Gladwell, *The Tipping Point*, p. 17 から引用。
12 ここに微妙な問題がある。実際のところ物理学者たちは、相転移の生じ方には大きくは2種類あることを知っている。いわゆる連続（2次）相転移と不連続（1次）相転移で、ランダウの理論はこのうち一方の記述を意図したものだった。それでも扱っている現象の範囲はきわめて広い。
13 組織的構造の変化に関する普遍的な理論は、専門的な細部を理解するのは容易ではないが、この問題をできるかぎりわかりやすく扱った優れた資料に、James J. Binney, Nigel Dowrick, Andrew Fisher, and Mark Newman, *The Theory of Critical Phenomena* (Oxford University Press, Oxford, 1992) がある。
14 Haye Hinrichsen, "Critical Phenomena in Nonequilibrium Systems," *Advances in Physics* 49, 815-958 (2000).

第11章

1 Laurie Garrett, *The Coming Plague*, p. xv (Penguin Books, New York, 1994) から引用。［ローリー・ギャレット／山内一也監訳『カミング・プレイグ』（河出書房新社）］
2 Mitchell Cohen, "Changing Patterns of Infectious Disease," *Nature* 406, 762-767 (2000) から引用。
3 World Health Organization, *Removing Obstacles to Healthy Development* (World Health Organization, Geneva, 1999).
4 UNAIDS, Joint United Nations Programme on HIV/AIDS, AIDS Epidemic Update: December 2000. www.unaids.org/wac/2000/wad00/files/WAD_epidemic_report.htm で入手できる。
5 Garrett, *The Coming Plague*, p. xv から引用。
6 Edward Hooper, *The River* (Penguin Books, London, 2000).
7 この病気を広めた動物が初期の段階でどう移動したかを示した図は www.maff.gov.uk/を参照。
8 Damián Zanette, "Critical Behavour of Propagation on Small-World Networks," *arXiv: cond-mat*/0105596, May 30, 2001.
9 Josie Glausiusz, "The Year in Science: The Chasm in Care," *Discover* 20, 40-41 (January 1999) から引用。
10 Norman Miller, and Roger Yeager, "By Virtue of Their Occupation, Soldiers

から引用。

15 Robert M. May, *Stability and Complexity in Model Ecosystems* (Princeton University Press, Princeton, 1973).

16 Peter Yodzis, "The Stability of Real Ecosystems," *Nature* 289, 674-676 (1981).

17 David Tilman and John A. Downing, "Biodiversity and Stability in Grasslands," *Nature* 367, 363-365 (1994).

18 Stuart L. Pimm, John H. Lawton, and Joel E. Cohen, "Food Web Patterns and Their Consequences," *Nature* 350, 669-674 (1991).

19 Kevin McCann, Alan Hastings, and Gary Huxel, "Weak Trophic Interactions and the Balance of Nature," *Nature* 395, 794-798 (1998).

20 このエニシダに覆われた97ヘクタールの区画は、シルウッド・パークで調査されている多数の実験生態系の一つにすぎない。

21 Richard Solé and José Montoya, "Complexity and Fragility in Ecological Networks," working paper 00-11-060, Santa Fe Institute, Santa Fe, N. M., 2000. www.santafe.edu/sfi/publications/00wplist.himl で入手できる。

22 Richard J. Williams, Neo D. Martinez, Eric L. Berlow, Jennifer A. Dunne, and Albert-Lászlő Barabási, "Two Degrees of Separation in Complex Food Webs," working paper 01-07-36, Santa Fe Institute, Santa Fe, N.M., 2001. www.santafe.edu/sfi/publications/01wplist.himl で入手できる。

23 Stuart Pimm, and Peter Raven, "Extinction by Numbers," *Nature* 403, 843-844 (2001).

24 McCann, "The Diversity-Stability Debate."

第10章

1 フョードル・ドストエフスキー『地下室の手記』。

2 ユーリ・ルメル、モイセイ・コレツ、レフ・ランダウにまつわる話、および彼らとNKVDのあいだで起こった出来事については、Gennady Gorelik, "The Top Secret Life of Lev Landau," *Scientific American* 277, no. 2, 72-77 (August 1997) に載っている。

3 ランダウはこの現象を説明したことで後にノーベル賞を受賞をする。彼は、量子論の法則のために、極低温の液体ヘリウムが「超流動」状態に変わることを明らかにした。超流動状態の液体は、これまでには見られなかったまったく新たな物質形態で、わずかな内部摩擦もまったく存在しない。超流動状態の液体は容器中で回転させてやると、いつまでも回転しつづけ、けっして静止することがない。

4 Malcolm Gladwell, *The Tipping Point*, p. 7 (Little, Brown, New York, 2000).

5 Robert Prechter Jr., *The Wave Principle of Human Social Behaviour* (New Classics Library, Gainesville, 1999) から引用。

6 Robert J. Shiller, *Irrational Exuberance*, pp. 177-178 (Princeton University Press, Princeton, 2000).

7 Richard Dawkins, *The Selfish Gene*, p. 209 (Oxford University Press, Oxford,

final report, Northern Cod Review Panel, 1990.（漁業担当相 Thomas Siddon への答申）

7　この論争の優れた解説としては、David M. Lavigne, "Seals and Fisheries, Science and Politics,"（1995 年 12 月 14 日〜18 日にフロリダ州オーランドで開催された第 11 回海洋哺乳類生物会議での講演）を参照。www.imma.org/orlando.pdf で入手できる。

8　Jeffrey A. Hutchings and Ransom A. Myers, "What Can Be Learned from the Collapse of a Renewable Resource? Atlantic cod, *Gadus morhua*, of Newfoundland and Labrador," *Canadian Journal of Fisheries and Aquatic Science* 51, 2126-2146（1994）.

9　S. Strauss, "Decimated Stocks Will Recover if Fishing Stopped, Study Finds. East Coast Decline in Cod Resulted from Overfishing, Not Seals." *Globe and Mail*, August 25, 1995.

10　1995 年、世界各国の 97 人の海洋生物学者は、カナダ政府の対応への抗議文に署名した。「われわれ一同は、海洋哺乳類の生物学に携わる専門家として、北大西洋のアザラシは自然保護の『厄介者』であるとするカナダ政府の発言に異議を申し立てる。アザラシによるカナダの底魚資源の捕食の影響を明らかにすることを目的に、全力をあげておこなわれた科学的調査はいずれも、いかなる影響も見いだすことができなかった。水産資源の急激な減少に関する保護問題で、科学的に実証されたものとして残るのは唯一乱獲である」（『カナダのアザラシ対策への声明』。1995 年 12 月 14 日〜18 日にフロリダ州オーランドで開催された第 11 回海洋哺乳類生物会議の場で署名された）。www.imma.org/petition.html を参照。

11　S. D. Wallace, and J. W. Lawson, "A Review of Stomach Contents of Harp Seals（*Phoca groenlandica*）from the Northwest Atlantic : An Update," technical report 97-01, International Marine Mammal Association, Guelph, Ontario, Canada, 1997. "Report of the International Scientific Workshop on Harp Seal-Fishery Interactions in the Northwest Atlantic, 24-27 February, St. John's, Newfoundland," p. 37, International Marine Mammal Association, Guelph, Ontario, Canada, 1997 も参照。www.imma.org/workshop.pdf で入手できる。

12　1000 万というのはおおざっぱな見積もりである。ピーター・ヨジスは南アフリカ沖合のベンゲラ生態系の食物網でもっと正確な見積もりをおこなっている。ここでは水産業者たちはミナミアフリカオットセイの間引きを要求し、オットセイがメルルーサをあまりにも大量に食べていると主張している。しかしヨジスは、ミナミアフリカオットセイとメルルーサをつないでいるリンクの数は、その中間にたかだか 8 種が介在するものだけでも 2872 万 2675 にのぼることを明らかにしている。Peter Yodzis, "Diffuse Effects in Food Webs," *Ecology* 81, 261-266（2000）.

13　Peter Yodzis, "The Indeterminacy of Ecological Interactions, as Perceived through Perturbation Experiments," *Ecology* 69, 508-515（1988）.

14　Kevin McCann, "The Diversity-Stability Debate," *Nature* 405, 228-233（2000）

15 John M. Deutch, Office of the Director of Central Intelligence, Foreign Information Warfare Programs and Capabilities（1996年6月25日のアメリカ上院の情報小委員会での発言）。www.odci.gov/cia/public_affairs/speeches/archives/1996/dci_testimony_062596.html で入手できる。
16 Robert H. Anderson, et al., "Securing the Defense Information Infrastructure: A Proposed Approach," p. ii, report of the RAND National Defense Research Institute, RAND Corp., Santa Monica, 1999. http://graylit.osti.gov/で入手できる。
17 Colonel Daniel J. Busby, "Peacetime Use of Computer Network Attack, U. S. Army War College Strategy Research Project"（U. S. Army War College, Carlyle, 1999）. http://graylit.osti.gov/で入手できる。
18 平等主義的なタイプのネットワークも、同じように頑健だと考えられそうだが、理由は若干異なるように思われる。この手のネットワークでは、ネットワークを狭いものにしているのは少数の長距離リンクで、こうしたリンクにかかわっている要素はごく少数である。したがって、ランダムな攻撃では、こうした架け橋となっているリンクを機能停止にすることはできず、ネットワークはほとんど無傷のままだろう。
19 Réka Albert, Hawoong Jeong, and Albert-Lászlő Barabási, "Error and Attack Tolerance of Complex Networks," *Nature* 406, 378-381.
20 Anderson et al., "Securing the Defense Information Infrastructure."
21 Institute of Medicine, *Emerging Infections : Microbial Threats to Health in the United States*（National Academy Press, Washington, D. C., 1992）.
22 Mitchell L. Cohen, "Changing Patterns of Infectious Disease," *Nature* 406, 762-767.
23 J. S. Edwards and Bernhard Palsson, "The *Escherichia coli* MG1655 *in silico* Metabolic Genotype: Its Definition, Characteristics and Capabilities," *Proceedings of the National Academy of Sciences of the United States of America* 97, 5528-5533（2000）.
24 Hawoong Jeong, Sean Mason, Albert-Lászlő Barabási, and Zoltan Oltvai, "Lethality and Centrality in Protein Networks," *Nature* 411, 41-42.

第9章

1 Max Gluckman, *Politics, Law and Ritual*（Mentor Books, New York, 1965）.
2 Doug Struck, "Japan Blames Whales for Lower Fish Catch," *International Herald Tribune*, July 28-29, 2001.
3 Jeremy B. C. Jackson et al., "Historical Overfishing and the Recent Collapse of Coastal Ecosystems," *Science* 293, 629-638（2001）.
4 Ibid., 635.
5 United Nations Food and Agriculture Organization, "Review of the State of World Marine Fishery Resources," technical paper 335, UN Food and Agriculture Organization, New York, 1994.
6 Leslie Harris, "Independent Review of the State of the Northern Cod Stock,"

第8章

1 D'Arcy Wentworth Thomson, *On Growth and Form* (Cambridge University Press, London, 1917).［ダーシー・トムソン/柳田友道他訳『生物のかたち』(東大出版会)。ただし抄訳である］

2 Nebojša Nakićenović, "Overland Transportation Networks: History of Development and Future Prospects," in David Batten, John Casti, and Roland Thorn, eds., *Networks in Action* (Springer-Verlag, Berlin, 1995).

3 Cynthia Barnhart and Stephane Bratu, "National Trends in Airline Flight Delays and Cancellations." これは2001年3月15日〜16日にメリーランド大学で開催された『定期航空と空港および空域の混雑に対処するための国家計画』に関するワークショップで発表されたもの。http://www.isr.umd.edu/airworkshop/Barnhart-Bratu.pdf で入手できる。

4 John Hilkevitch, "FAA Says Some of the Flak It Takes Is Right on Target," *Chicago Tribune*, July 18, 2001.

5 2001年3月15日のアメリカ議会下院交通運輸歳出小委員会でのジョージ・L・ダナヒューの証言。www.isr.umd.edu/airworkshop/Donohue2.pdf で入手できる。

6 Keith Harper, "Britain's Crowded Skies Most Dangerous in Europe," *Guardian*, July 23, 2001.

7 M. Hanson, H. S. J. Tsao, S. C. A. Huang, and W. Wei, "Empirical Analysis of Airport Capacity Enhancement Impact: Case Study of DFW Airport." これは1999年1月10日〜14日に開かれた全米研究評議会交通運輸研究部会の年会で発表された。

8 Luís A. Nunes Amaral, Antonio Scala, Marc Barthélémy, and H. Eugene Stanley, "Classes of Behaviour of Small-World Networks," *arXiv: cond-mat*/0001458, January 31, 2000.

9 Peter Fitzpatrick, "Aircraft Industry Flying High after Bombardier Deal," *Financial Post* (Canada), July 10, 2001.

10 Soon-Hyung Yook, Hawoong Jeong, and Albert-László Barabási, "Modeling the Internet's Large-Scale Topology," *arXiv: cond-mat*/0107417, July 19, 2001.

11 Office of the President of the United States, *A National Security Strategy of Engagement and Enlargement* (White House, Washington, D. C., 1996). www.fas.org/spp/military/docops/national/1996stra.htm で入手できる。

12 *Presidential Decision Directive 63. The Clinton Administration's Policy on Critical Infrastructure Protection* (White House, Washington, D. C., May 22, 1998). www.cybercrime.gov/white_pr.htm で入手できる。

13 Bill Gertz, "Computer Hackers Could Disable Military," *Washington Times*, April 16, 1998.

14 スティーヴ・ギブソンは、このエピソードについてぞっとするような報告を書いている。これは彼のサイト www.GRC.com で見ることができる。

れば不自然に見えるかもしれない。グラノヴェターは、集団を構成している人々の閾値がある平均値、たとえば25の近辺にかたまっているケースも調べ、閾値のばらつきの幅ないし広がりが集団行動にどのような影響を与えるかに注目している。このさらに現実に近い仮定のもとで、グラノヴェターは予想もしていなかった驚くべき事実を発見した。閾値のばらつきの幅がかなり狭いときは、暴動に加わった人数は6人に満たなかった。ところが、幅が大きくなるにつれて集団の力学は劇的に変化し、今度は100人の大半が暴動に加わるようになった。このより現実的な枠組みは、一見重要には見えない特性の変化が大きな影響を与える場合もあることを例証している。

4 Steve Lawrence and C. Lee Giles, "Accessibility of Information on the Web," *Nature* 400, 107 (1999).

5 Albert-Lászlő Barabási and Réka Albert, "Emergence of Scaling in Random Networks," *Science* 286, 509-512 (2001).

6 Fredrik Liljeros, Christofer Edling, Luís Nunes Amaral, H. Eugene Stanley, and Yvonne Åberg, "The Web of Human Sexual Contacts," *Nature* 411, 907-908.

7 Malcolm Gladwell, *The Tipping Point*, p. 36 (Little Brown, New York, 2000). ［マルコム・グラッドウェル／高橋啓訳『ティッピング・ポイント』(のち、『なぜあの商品は急に売れ出したのか』に改題)(飛鳥新社)］

8 Liljeros et al., "The Web of Human Sexual Contacts."

9 このべき乗則の分布は、「典型的な」リンク数が存在しないという点で特殊なものと言える。別の言い方をすれば、ネットワークには、ある予想されるリンク数をもつ要素を生みだすような偏りはいっさい存在せず、むしろリンク数は広い範囲にわたってさまざまな値になっている。すなわち、リンク数には固有の尺度（スケール）はまったくなく、したがって、このネットワークはスケール・フリーなのである。

10 Solomon Asch, "Effects of Group Pressure upon the Modification and Distortion of Judgement," in H. Guetzkow, ed., *Groups, Leadership, and Men* (Carnegie Press, Pittsburgh, 1951).

11 Irving Janus, *Groupthink* (Houghton Mifflin, Boston, 1982).

12 Mark Newman, "Clustering and Preferential Attachment in Networks," *Physical Review E* 64, 25102 (2001).

13 Hawoong Jeong, Zoltan Neda, and Albert-Lászlő Barabási, "Measuring Preferential Attachment for Evolving Networks," *arXiv : cond-mat/*0104131, April 14, 2001.

14 Gerald F. Davis, Mina Yoo, and Wayne E. Baker, "The Small World of the Corporate Elite," preprint, University of Michigan Business School, Ann Arbor, 2001.

15 Mark S. Mizruchi, "What Do Interlocks Do? An Analysis, Critique and Assessment of Research on Interlocking Directorates," *Annual Review of Sociology* 22, 271-298 (1996).

World Wide Web," *Nature* 401, 130-131（1999）.
15 Hawoong Jeong, Balint Tombor, Rēka Albert, Zoltan N. Oltvai, and Albert-László Barabási, "The Large-Scale Organization of Metabolic Networks," *Nature* 407, 651-654（2000）.
16 Sidney Redner, "How Popular Is Your Paper?" *European Physics Journal B* 4, 131（1998）; Mark E. J. Newman, "The Structure of Scientific Collaboration Networks," *Proceedings of the National Academy of Sciences of the United States of America* 98, 404-409（2001）.
17 Ramon Ferrer i Cancho and Ricard V. Solé, "The Small World of Human Language," working paper 01-03-016, Sante Fe Institute, Sante Fe, N. M., 2001.

第6章

1 Alan Mackay, *A Dictionary of Scientific Quotations*, p. 152（IOP Publishing, London, 1991）から引用。
2 Fritz Stern, ed., *The Varieties of History: From Voltaire to the Present*, p. 57（World Publishing, Cleveland, 1956）から引用。
3 Ralph H. Gabriel, *American Historical Review* 36, 786（1931）.
4 しかしながら、状況はそれほど単純ではない。というのは、理論の提唱者はどんな場合でも、理論を斥ける代わりに、証拠を無視して議論を進めたり、理論に多少の修正を施したりすることができるからである。しかし実験は、理論にさらなる重要性を与え、理論をよく考え抜かれた検証に付すための機会を与えてくれる。理論を実験的証拠に基づいて判定するのが現実の世界ではいかに難しいかを鮮やかに解説したものとして、Harry Collins and Trevor Pinch, *The Golem*（Cambridge University Press, Cambridge, 1993）がある。
5 Stephen Jay Gould, *Wonderful Life*, p. 283（Hutchinson Radius, London, 1989）.［スティーヴン・ジェイ・グールド／渡辺政隆訳『ワンダフル・ライフ』（早川書房）］
6 現在では科学者たちが理解しているように、ベナールの実験で実際に対流を生じさせているのは表面張力であり、レーリーが考えたような浮力による暖まった水の上昇ではない。
7 Edward Hallett Carr, *What Is History?*, p. 102（Penguin, London, 1990）から引用。
8 Ignacio Rodríguez-Iturbe and Andrea Rinaldo, *Fractal River Basins*（Cambridge University Press, Cambridge, 1997）.

第7章

1 Alan Mackay, *A Dictionary of Scientific Quotations*, p. 244（IOP Publishing, London, 1991）から引用。
2 "Eight Injured in Bradford Riots," *The Guardian*（*London*）, April 16, 2001.
3 Mark Granovetter, "Threshold Models of Collective Behavior," *American Journal of Sociology* 83, 1420-1443（1978）. この単純な閾値の例は、ややもす

3 Katie Hafner and Matthew Lyon, *Where Wizards Stay Up Late : The Origins of the Internet*, p. 22 (Touchstone, New York, 1996).
4 Paul Baran, "Introduction to Distributed Communications Networks," report RM-3420-PR (RAND Corporation, Santa Monica, Calif., August 1964). この報告書は、www.rand.org/publications/RM/baran.list.html で入手できる。
5 Hafner and Lyon, *Where Wizards Stay Up Late*.
6 Bernardo Huberman, Peter Pirolli, James Pitkow, and Rajan Lukose, Strong Regularities in World Wide Web Surfing, *Science* 280, 95 (1998). ゼロックス社パロ・アルト研究センターのインターネット・エコロジー部門のウェブページ (www.parc.xerox.com/istl/groups/iea/dynamics.shtml) も一見の価値がある。
7 Peter Drucker, "Beyond the Information Revolution," *Atlantic Monthly* 284, 47-57 (October 1999).
8 "IBM's Gerstner Speaks on e-Commerce," *Newsbytes News Network*, March 19, 1998.
9 Les Alberthal, "The Once and Future Craftsman Culture," in Derek Leebaert, ed., *The Future of the Electronic Marketplace* (MIT Press, Cambridge, 1998).
10 Pete Fingar, Harsha Kumar, and Tarun Sharma, "21st Century Markets : From Places to Spaces," *First Monday* 4 (December 1999). http://firstmonday.org/issues/issue4_12/fingar/index.html で入手できる。
11 Michael Faloutsos, Petros Faloutsos, and Christos Faloutsos, "On Power-Law Relationships of the Internet Topology," *Computer Communication Review* 29, 251 (1999).
12 Réka Albert and Albert-László Barabási, "Statistical Mechanics of Complex Networks," *Reviews of Modern Physics* を参照。
13 専門的なことだが、ファローツォスらの研究では、主としてインターネットを「インタードメイン」のレベルで見ている。個人の利用者であるにせよ、あるいはなんらかの組織に属しているにせよ、使っているコンピューターは本来、「ルーター」と呼ばれるコンピューターとつながっている。ルーターおよびルーターがサービスを提供しているすべてのコンピューターで構成されるのがローカルエリア・ネットワーク、いわゆるLANである。このルーターは、他のいくつものルーターで構成されるネットワーク、すなわち「ドメイン」につながっている。事実上ドメインは、ルーターからなるネットワークなのである。けれども、少なくともあるドメイン内の一部のルーターは、別のドメインのルーターともつながっている。このため、インターネットの構造を研究する場合、一つのドメイン内でのルーターのつながり方を調べることもできるし(ルーターのレベル)、ドメインどうしのつながり方を調べることもできる(インタードメインのレベル)。ただし、本書の目的にとっては、この区別はさほど重要ではない。実際、ファローツォス兄弟は、どちらのケースでも同様のパターンになることを見いだしている。
14 Réka Albert, Hawoong Jeong, and Albert-László Barabási, "Diameter of the

もからして、手拍子のリズムが合う期間と乱れる期間を交互にくりかえす傾向が見られる。Zoltán Néda, Erzsébet Ravasz, Yves Brechet, Tamás Vicsek, and Albert-László Barabási, "Self-Organizing Processes: The Sound of Many Hands Clapping, *Nature* 403, 849-850 (2000) を参照。

6 Duncan J. Watts and Steven H. Strogatz, "Collective Dynamics of 'Small-World' Networks," *Nature* 393, 440-442 (1998).

第4章

1 Manfred Eigen, *The Physicist's Conception of Nature*, ed., Jagdish Mehra (Reidel, Dordrecht, 1973).

2 1798年にフランツ・ヨーゼフ・ガルが友人の Joseph von Retzer 宛に書いた手紙。John van Wyhe の優れたウェブサイト "The History of Phrenology on the Web" (pages.britishlibrary.net/phrenology) を参照。

3 Ibid.

4 J. W. Scannell, "Determining Cortical Landscapes," *Nature* 386, 452 (1997).

5 Vito Latora and Massimo Marchiori, "Efficient Behavior of Small-World Networks," *arXiv: cond-mat*/0101396, January 25, 2001.（この論文をはじめ、本書で引用した論文の多くは、物理学分野の「予稿」集としてオンラインで入手できる。現在管理しているのはロス・アラモス国立研究所で、アドレスは http://xxx.lanl.gov。ちなみに、この論文の場合は、http://xxx.lanl.gov/cond-mat/0101396 で入手することができる。以降この種の論文については、http://xxx.lanl.gov/を *arXiv*: と略記する)。

6 Miguel Castelo-Branco, Rainer Goebel, Sergio Neuenschwander, and Wolf Singer, "Neural Synchrony Correlates with Surface Segregation Rules," *Nature* 405, 685-689 (2000). Marina Chicurel, "Windows on the Brain," *Nature* 412, 266-268 (2001) も参照。

7 Kate MacLeod, Alex Bäcker, and Gilles Laurent, "Who Reads Temporal Information Contained across Synchronized and Oscillation Spike Trains ?," *Nature* 395, 693 (1998).

8 Luis F. Lago-Fernández, Ramón Huerta, Fernando Corbacho, and Juan A. Sigüenza, "Fast Response and Temporal Coding on Coherent Oscillations in Small-World Networks," *arXiv: cond-mat*/9909379, September 27, 1999.

9 Anthony Gottlieb, *The Dream of Reason*, p. 28 (Allen Lane, London, 2000) から引用。

10 Alan Mackay, *A Dictionary of Scientific Quotations*, p. 25 (IOP Publishing, London, 1991) から引用。

第5章

1 Alan Mackay, *A Dictionary of Scientific Quotations*, p. 39 (IOP Publishing, London, 1991) から引用。

2 William J. Jorden, "Soviets Claiming Lead in Science," *New York Times*, October 5, 1957.

3 Renato E. Mirollo and Steven Strogatz, "Synchronization of Pulse-Coupled Biological Oscillators," *SIAM Journal of Applied Mathematics* 50, 1645-1662 (1990).

4 ワッツとストロガッツは「クラスター化指数」および「隔たり次数」について、これよりももう少し具体的に述べている。ネットワーク内のある点（X と呼ぶことにする）を思い浮かべ、X が直接つながっている他のすべての点について考えてみよう。原理的には、X に直接つながっているすべての点と点のあいだにもリンクを張ることができる。もしすべての 2 点の組み合わせのあいだにリンクが張られていれば、X 周辺の領域は極限まで「クラスター化している」ことになる。これは、ある人の友人どうしは 1 人の例外もなく、全員がお互いを知っているという状況と同じである。実際には、ほとんどのネットワークは X 直近の点のうち、ごく一部が互いにつながっているだけだろう。その比の値は 0 と 1 のあいだにあり、X 近傍の領域がどの程度クラスター化しているかを簡単に知るための尺度になる。ネットワーク全体のクラスター化指数を計測するには、すべての点について順番に同じことをくりかえし、最後に平均をとればいい。

ワッツとストロガッツは、隔たり次数についても同様の定義を用いている。どこでもいいからネットワーク内の 2 点を選び、両者のあいだを最短で行くには何段階必要かを調べる。これが選んだ 2 点間の「距離」である。今度も、組み合わせが可能なあらゆる 2 点について同じ計算をくりかえし、最後に平均をとる。得られた数字がネットワークの隔たり次数になる。つまり、ネットワーク内の 2 点を結ぶのに、基本的には何段階が必要かを表す数である。

5 答えが見つかっていない重要な問題の一つに、ホタルの群れのなかでも、個体によって自然発光の周期に変異があることがあげられる。すべてのホタルがまったく同じ周期で発光するようになれば、ホタルの集団が同期発光するのはもっと容易になるように思われる。自然発光の速さの変異があまりにも大きくなると、同期しての発光をもたらすはずの影響力が無効になってしまうこともある。興味深いことに、種が異なると変異の幅もちがってくるらしく、このことが、同期して発光する種もいれば同期して発光しない種もいる事実を説明できるかもしれない。Ivars Peterson, "Step in Time," *Science News* 140, 136-137 (1991) を参照。

手拍子の話はさらにおもしろい。調子を合わせた手拍子が起こるのは、閉幕時の嵐のような拍手がひとしきりつづいたあとである。いくつかの研究から、調子を合わせた手拍子が始まると、拍手の周期は自然に 2 倍に伸びることがわかっている。つまり前の 2 分の 1 のスピードで手をたたくようになる。この場合も、原因は変異に関係しているように見える。いくつかの実験によって、ゆっくり拍手をする人のほうが、速く拍手をしている人に比べると、周期の変化が小さいことが明らかにされている。さらに、拍手を録音してみると、調子をそろえて拍手をしていても、しばらくするとだんだんペースが上がっていく傾向があり、そのため、全体としては雑音に近くなってしまうことがわかる。それがさらに、拍手をしている人たちすべてにより大きな周期の変化をもたらす結果になり、最後には手拍子は完全にばらばらになってしまう。群集にはそもそ

4　Stanley Milgram, "The Small-World Problem," *Psychology Today* 1, 60-67 (1967).
5　Stanley Milgram, *Obedience to Authority*, p. 22 (Tavistock Publications, London, 1974). ［スタンレー・ミルグラム／岸田秀訳『服従の心理』（河出書房新社）］。
6　Ibid., p. 23.
7　インターネット・ムービー・データベース（Internet Movie Database）は www.imdb.com でアクセスできる。
8　David Kirby and Paul Sahre, "Six Degrees of Monica," *New York Times*, February 21, 1998.

第2章

1　Stanley Milgram, *Obedience to Authority*, p. 30 (Tavistock Publications, London, 1974).
2　Paul Hoffman, *The Man Who Loved Only Numbers*, p. 7 (Fourth Estate, London, 1998). ［ポール・ホフマン／平石律子訳『放浪の天才数学者エルデシュ』（草思社）］。同書はポール・エルデシュの生涯とその数学研究をユーモアあふれる筆致で描いた魅力的な１冊である。
3　Ibid., p. 6.
4　数学者の Jerrold Grossman は、ポール・エルデシュのスモールワールドと結びついている共同研究のグラフなどに関するホームページを公開している。アドレスは、www.oakland.edu/~grossman/。
5　Hoffman, *The Man Who Loved Only Numbers*, p. 45.
6　数学を使って表せば、この結果は次のようになる。すなわち、N 個の点（頂点）をもつネットワークでは、ネットワーク全体を完全なつながりをもった一つの「巨大な要素」にするのに必要なリンクの割合は、$\ln(N)/N$ で与えられる。ここで、$\ln(N)$ は N の自然対数である。必要なリンクの割合は N が大きくなるにつれて小さくなる。
7　Mark Granovetter, "The Strength of Weak Ties," *American Journal of Sociology* 78, 1360-1380 (1973).
8　Ibid., p. 1373.
9　Anatol Rapoport and W. Horvath, "A Study of a Large Sociogram," *Behavioral Science* 6, 279-291 (1961).
10　Mark Granovetter, "The Strength of Weak Ties: A Network Theory Revisited," *Sociological Theory* 1, 203-233 (1983).
11　George Polya, *How To Solve It* (Princeton University Press, Princeton, 1957). ［G・ポリア／柿内賢信訳『いかにして問題をとくか』（丸善）］。

第3章

1　John Tierney, "Paul Erdös Is in Town. His Brain Is Open," *Science* 84, p. 40-47 (1984).
2　H. M. Smith, "Synchronous Flashing of Fireflies," *Science* 82, 151 (1935).

原注

序章

1 Henri Poincaré, *La science et I'hypothèse* (Flammarion, Paris, 1902). Introduction. ［アンリ・ポアンカレ／河野伊三郎訳『科学と仮説』(岩波文庫)］。
2 Karl Popper, *The Poverty of Historicism*, p. v (ARK Publishing, London, 1957). ［カール・ポッパー／久野収・市井三郎訳『歴史主義の貧困』(河出書房新社)］。
3 Herbert Simon, *Models of My Life*, p. 275 (Basic Books, New York, 1991).
4 John Guare, *Six Degrees of Separation : A Play* (Vintage, New York, 1990).
5 科学者たちは以前は、それぞれの遺伝子はただ1種類のタンパク質を合成するための指令を有していると考えていたが、近年の生物学の研究によってそうではないことが明らかになっている。細胞で遺伝子情報を読み取ってタンパク質を作りだす複雑な過程では、選択的スプライシングという巧妙なやり方がおこなわれることがあり、この場合には、遺伝子中の遺伝情報を選択的に読み取らなかったり変更したりする。その結果、一つの遺伝子は潜在的には、多数の異なるタンパク質をもたらすことができる。ドイツのマックス・デルブリュック分子医学センターの Peer Bork によると（私信）、このトリックは少なくとも遺伝子の半数で生じ、なかには結果として、100 種を超すタンパク質を作りだすものもあるという（もっとも、2、3 種類のタンパク質を作る遺伝子が大半である）。
6 Peter Yodzis, "Diffuse Effects in Food Webs," *Ecology*, 81, 261-266 (2000).
7 George Joffee の言。Mohamad Bazzi, "'A Network of Networks' of Terror," September 16, 2001 に引用されている。これは、www.newsday.com で入手できる。

第1章

1 Ivor Grattan-Guinness, *History of Mathematics* (HarperCollins, London, 1977).
2 Duncan J. Watts and Steven H. Strogatz, "Collective Dynamics of 'Small-World' Networks," *Nature*, 393, 440-442 (1998).
3 Thomas Blass, "Stanley Milgram : A Life of Inventiveness and Controversy," in G. A. Kimble, C. A. Boneau, and M. Wertheimer, eds., *Portraits of Pioneers in Psychology*, vol. 11 (American Psychological Association, Washington, D.C., 1996).

編集協力……岩崎義人
装丁図版提供……鄭夏雄

複雑な世界、単純な法則
ネットワーク科学の最前線

❀❀❀❀❀

2005年3月3日　第1刷発行

著　者　マーク・ブキャナン
訳　者　阪本芳久
装丁者　間村俊一
発行者　木谷東男
発行所　株式会社 草思社
〒151-0051　東京都渋谷区千駄ヶ谷 2-33-8
電 話　営業 03(3470)6565　編集 03(3470)6566
振 替　00170-9-23552
印　刷　株式会社 精興社
製　本　大口製本印刷株式会社
ISBN4-7942-1385-9
Printed in Japan